JN269348

大人の
算数・数学
再学習

小中高
12年

饒村 曜 著
Nyomura Yo

Ohmsha

本書を発行するにあたって，内容に誤りのないようできる限りの注意を払いましたが，本書の内容を適用した結果生じたこと，また，適用できなかった結果について，著者，出版社とも一切の責任を負いませんのでご了承ください．

本書は，「著作権法」によって，著作権等の権利が保護されている著作物です．本書の複製権・翻訳権・上映権・譲渡権・公衆送信権（送信可能化権を含む）は著作権者が保有しています．本書の全部または一部につき，無断で転載，複写複製，電子的装置への入力等をされると，著作権等の権利侵害となる場合があります．また，代行業者等の第三者によるスキャンやデジタル化は，たとえ個人や家庭内での利用であっても著作権法上認められておりませんので，ご注意ください．
　本書の無断複写は，著作権法上の制限事項を除き，禁じられています．本書の複写複製を希望される場合は，そのつど事前に下記へ連絡して許諾を得てください．

(社)出版者著作権管理機構
(電話 03-3513-6969，FAX 03-3513-6979，e-mail：info@jcopy.or.jp)

JCOPY ＜(社)出版者著作権管理機構 委託出版物＞

はしがき

　社会人になると、自ら機会を作らない限り、基礎的な事柄、特に小学～高校までの学習内容を学習することはほとんどありません。夢を抱き、その夢を実現するために学習に励むものの、難しいとあきらめたあなた。でも、大丈夫。

　人生を重ねた分だけ文章を読む力、理解する力がついていますので、中学1年生の時には1年間かかっても良く分からなかった説明が、今なら一読で理解できるということも少なくありません。恥ずかしいことではありませんので、どうどうとさかのぼればよいのです。急がば回れで、基礎的な事柄もう一度始めればよいのです。特に算数・数学はそうです。

　気象予報士として活躍している真壁京子さんは、著書の中で気象予報士の受験勉強について書いています。生まれて初めて具体的に夢を抱き「気象予報士になりたい」と、理系の難しい試験である気象予報士試験に合格するだけの数学の実力をつけて実現したということです。

　分数の掛け算、割り算がよく分からず、sin、cos、tanを「シン、コス、タン」と呼んでいた文系の人間が、分数や小数の計算問題が載っている小学生用ドリルを買い、それから勉強を始めたとのことです。本屋で買うときは小学生の子どもを持つ母親のフリをしたので恥ずかしくなかったものの、電車の中など公衆の面前や職場では恥ずかしくてドリルを広げることができず、家にこもって練習したそうです。でも、そのような代償を払うことで大きな夢がかなったのです。

数学は積み重ねの学問です。十分に理解していないところがあると、そこから先がどんどん分からなくなりますが、これに気が付くのは、学年等が進んでからです。そのため、中学3年生の数学がわからないなら、中学3年生の数学を一生懸命にとりくむより、中学2年生の数学はどうか、中学1年生の数学では、小学校6年生の算数では…とさかのぼって行けば、どこかでスラスラと理解できるところにあたります。その直後が十分理解していない場所であり、そこからやりなおせばよいのです。日本の算数・数学の教育は系統的に行われていますので、この方法が特に有効です。

　本書は、社会生活の中で学習に励む人にとって、より学習に取り組みやすい書籍として企画したものです。小学低学年の内容まで入れ、各テーマの基礎からをていねいに、かつ、手短に解説しました。また、各節の始めには、教科書の枠組みを規定している文部科学省学習指導要領に記されている事項をまとめましたので(注)、子供への手ほどきのネタにも使えます。

　理数工系全分野の入門書として、また理数系一般教養分野の読み物としても使えます。何よりも、算数・数学に苦手意識を持ちながらもその必要性を感じている方々の一助となれば幸いです。

平成24年6月
著者記す

（注）「学習で習う内容」：執筆時点の文部科学省学習指導要領より記したもので、学習指導要領の改正に伴って、内容の一部や学ぶ学年等が変更される場合があります。

目次

はしがき ... 3

1章 数学と人間の活動

1.1 数学とヒトの歴史 ... 10
 1 紀元前の線刻画
 2 ヨーロッパ数学と中国数学

1.2 数学好きな日本人 ... 13
 1 中国から伝来した算木
 2 江戸時代の数学、和算

1.3 データベースやセキュリティも数学から ... 17
 1 情報（データ）の基地（ベース）、データベース
 2 データベースのかたち
 3 天気と売れ筋商品の分析にも数学
 4 数学は情報の暗号化の要

2章 数と計算

2.1 数の理解は、個数を数えることから始まる ... 24
 1 個数を数える
 2 数の意味
 3 まとめ数えと等分
 4 数の表し方

2.2 整数と小数，概数 ... 37
 1 整数
 2 小数
 3 概数

2.3 加法および減法 ... 46
 1 加法
 2 減法

2.4 乗法 ... 50
 1 乗法の意味
 2 小数の乗法

2.5 除法 ... 56
 1 除法の意味
 2 小数の除法
 3 約数と素数

- **2.6 分数** ——— 61
  - 1 分数の意味
  - 2 分数の加法と減法
  - 3 分数の乗法および除法
  - 4 比
- **2.7 算盤** ——— 68
  - 1 算盤による数の表し方
  - 2 算盤による加法と減法の計算
- **2.8 分かりやすい表現** ——— 73
  - 1 グラフ
  - 2 割合と百分率
  - 3 平均

3章 数と式

- **3.1 正の数と負の数と平方根** ——— 80
  - 1 正の数と負の数
  - 2 平方根
- **3.2 方程式は文字を用いて関係を表現** ——— 91
  - 1 比例・反比例
  - 2 1次関数の理解
  - 3 方程式とは
  - 4 1元1次方程式
  - 5 連立2元1次方程式
- **3.3 方程式を解く** ——— 99
  - 1 多項式の展開や因数分解
  - 2 2次方程式
  - 3 方程式の解き方
  - 4 式と証明
  - 5 高次方程式を解く
- **3.4 いろいろな関数** ——— 123
  - 1 三角関数
  - 2 指数関数
  - 3 対数関数
- **3.5 数列と行列** ——— 138
  - 1 数列
  - 2 行列とその応用

4章 図形

- **4.1 基本的な図形** —— 148
  1. ものの形と基本的な図形
  2. 平面図形
  3. 基本的な平面図形の性質
  4. 立体図形

- **4.2 面積と角度と体積** —— 166
  1. 面積
  2. 角度
  3. 体積と表面積

- **4.3 図形と計量** —— 174
  1. 三平方の定理
  2. 三角比
  3. 角の大きさなどを用いた計量
  4. 図形と方程式
  5. ベクトル

5章 量と測定

- **5.1 いろいろな量** —— 198
  1. 長さ
  2. 大きさと重さ
  3. 時間

- **5.2 微分と積分** —— 208
  1. 極限
  2. 微分・積分の考え
  3. 微分法
  4. 積分法

- **5.3 確率** —— 234
  1. 場合の数と確率
  2. 確率分布

- **5.4 統計** —— 240
  1. 集合と論理
  2. 統計処理
  3. 身近な統計

参考文献 —— 258

索引 —— 259

1章 数学と人間の活動

1.1 数学とヒトの歴史
1.2 数学好きな日本人
1.3 データベースやセキュリティも数学から

I章 数学と人間の活動

学校で習う内容
- 数量や図形についての概念が人間の活動とともに発展してきたことを理解し、数学に対する興味・関心を高める（数学基礎）。
- 社会生活において数学が活用されている場面や身近な事象を数理的に考えることを通して、数学の有用性などを知り、数学的な見方や考え方を豊かにする（数学基礎）。

1.1 数学とヒトの歴史

1 紀元前の線刻画

　数学の始まりは、文明が起こる以前にまで遡ると言われています。狩猟や採集、また生活を維持するためには数の概念が必要とされるからです。1960年にアフリカのコンゴで発見された推定紀元前1万8千～2万年頃のヒヒの骨には、大きさの異なる刻みがつけられています。この骨は、発掘地からイシャンゴの骨（図1）と呼ばれていますが、素数や掛け算を表現しているといわれています（異論もあります）。

　また、紀元前7万年頃と推定される南アフリカの砂岩洞窟の中に、幾何学的模様で彩られた線刻画が発見されるなど、各地から出土する線刻画や傷がついた石や骨の中には、算数・数学の要素があるのではと考えられるものが多数あります。例えば、20から30の傷ついた石や骨は、女性の生理日の記録ではないかとか、天体観測の時刻に関係した線刻画ではないかなどと考えられています。

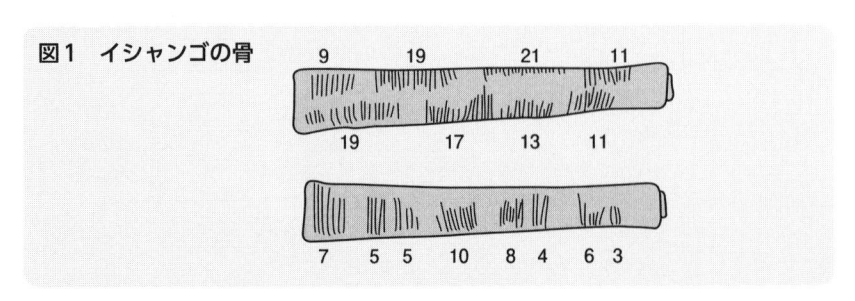

図1　イシャンゴの骨

2 ヨーロッパ数学と中国数学

　歴史時代となり、バビロニア数学、エジプト数学、インド数学、中国数学など、各地にあった強国で数学が発展し、その強国を支える礎(いしずえ)となっていきました(表1)。各地でさまざまに発展した数学は、やがて文明の交流によって現代の数学へとつながっていきます。大きくみると、イスラム数学を経たヨーロッパ数学と中国数学へと分かれていきました。

　中東から中央アジア、北アフリカからイベリア半島、インドの一部まで広がったイスラム帝国では、数学が大きく発達し、バグダッドの数学者フワーリズミーの著した『インドの数の計算法』(825年)がインド数学とアラビア数字を世界中に広めていきました。

■ ヨーロッパ数学

　ヨーロッパ数学は、数学による自然の記述を通じて宗教的理解を深めるために発展しました。数学が解き明かす内容は神の啓示であると考えたのです。12世紀にはヨーロッパの学者たちが、アラビア語の文献を求めてイスラム帝国の影響が残るスペインやシチリア島へ行き、数学を勉強しています。

　ルネッサンス時代になると、三次関数を解くことができるようになりました。この時代は、大航海時代が始まった頃であり、航海のために正確な地図が必要とされ、三角法を中心とした数学が進化しました。17世紀になると、ヨーロッパ全体で数学や科学が爆発的に発展しました。これには、その頃確立された印刷技術が大きく貢献しています。印刷によって新しい考えが迅速に広まり、他の学者からの批判やそれをもとにした新たな試みが頻繁になされ、次の発展を呼んだからです。

■ 中国数学

　漢の時代から宋の時代までの約1000年間、中国では他の文化との交流が少なく、中国数学は独自の発展を続けていました。しかし、さまざまな交流によって急速に発展したヨーロッパの数学とは差があったため、17世紀に西洋数学が宣教師によってもたらされると、中国での高度な数学研究は衰え

I章　数学と人間の活動

てしまいました。その後中国では、資本主義が台頭して商業算術など実用数学が発展し、算盤（そろばん）が普及しました。

表1　数学の歴史

	インド	エジプト・ギリシャ	中東	中国	日本
先史時代	アフリカの砂岩洞窟に線刻画（7万年前：幾何学模様？）「インシャゴの骨」の傷跡（2万年前：素数や掛け算を表現？）				
歴史時代	BC3000年頃のインダス文明：十進法を使った重量・距離の計算	BC5000年頃のエジプト原始王朝：幾何学的な絵画 BC1650年頃のエジプト数学：整数論と幾何学がパピルスに記載	**分数の誕生** BC3000年頃のバビロニア数学：60進法で、現在の時刻や角度の分、秒につながる	BC1600年頃の殷王朝：漢数字が亀甲に彫られる。	
	BC900年頃の初期インド数学：幾何学や線形方程式	**無理数の誕生** BC550年頃のギリシャ数学（ヘレニズム数学）：幾何学や無理数、帰能的証明		BC1000年頃の周王朝：位取りの記述法	
	400年頃の中期インド数学：三角関数、微分方程式			190年頃の漢王朝：劉徽により「九章算術」	
	0の誕生 600年頃のインド数学			漢から宋までの約1000年間の中国数学：負の数、行列、4元連立方程式、微分積分学、三角法	（7世紀以降）遣隋使や遣唐使が「九章算術」などの技術を持ち帰る
	800〜1500年頃のイスラム帝国（中東・中央アジア、北アフリカ、イベリア半島、インドの一部）のイスラム数学：バグダッドの数学者フワーリズミーの「インドの数の計算法」がインド数学とアラビア数字を広める				（室町時代末期）算盤伝来
	1400〜1600年頃のヨーロッパ数学：宗教的理解を進めるために数学が発展、3次関数を一般的に解くことができるようになる。大航海時代となり、正確な地図が求められ、地図を作る技術として、三角法が進化する			17世紀頃の中国数学：西洋数学の伝来で高度な数学の研究は衰えるが、商業算術などの実用数学が発展し、算盤が普及	（江戸時代）和算の発展
現代へ	17世紀からのヨーロッパ数学：ヨーロッパ全体で数学的、科学的概念が爆発的に発展し、印刷技術によって新しい考えは迅速に広まる				（明治以降）洋算の積極的な導入

1.2 数学好きな日本人

1 中国から伝来した算木

　日本独自の数学を和算といいます。和算は、中国に学びながら発達してきました。7世紀以降、遣隋使、遣唐使の派遣などによって、日本に中国の文化が次々と流入するようになりました。中国の律令制をもとに作られた大宝律令では、算博士・算師と呼ばれる官職が定められています。

　算博士は、算師の育成に当たるとともに、『九章算術』を始めとした中国の算書の知識を取得することが要求されました。『九章算術』は190年頃の漢王朝時代に、劉徽により著された数学書で、農業や商業、測量などで生じる問題について解説しています。その後、律令制が崩れ武士の時代になると、財務や建築、新田開発のための測量、地図の作成、暦の作成など、さまざまな場面で数学が必要とされました。この頃利用された主要な計算道具は、算木でした。

■ 算木の使い方

　中国では、古代から算籌と呼ばれる小さな木端や竹などを用いた計算道具が使われていました。「算」の字は「竹」かんむり（冠）と、整えるという意味を持つ「具」を組み合わせて作られた文字だといわれています。

　この算籌から発展したのが、算木です。板や布の上にマス目を切り、その横の目が一、十、百、千、万という桁数を、縦の目は商、実、法(x)、廉(x^2)…などを表します。この上に算木と呼ばれる赤と黒の小さな木の棒を置いて計算します。

　赤い棒は正を、黒い棒は負の数字を表し、1から5まではその数だけ算木を並べ、6以上は異なる向きの1本で5を表しました（図2）。隣の桁と間違えないように、桁によって算木の向きを変え、縦式によって奇数桁（一・百・万…の位）を、横式によって偶数桁（十・千…の位）を示しました。また、0は何も置かないか、白い碁石を置くことで示しました。

図2 算木を用いた数の表記

	正の数（赤い棒を用いる）									負の数（黒い棒を用いる）		
	0	1	2	3	4	5	6	7	8	9	−5	−6	−7
縦式		|	||	|||	||||	|||||	丅	丅	丅	丅	|||||	丄	丅
横式		ー	＝	≡	≣	≣	⊥	⊥	⊥	⊥	≡	⊥	⊥

例

万	千	百	十	一
|||	＝	☐	⊥	丅
3	2	0	6	7

■ 算木から算盤へ

　この方法は理論的には、どんな1元方程式でも解けるのですが、場所をとったり、計算途中に算木を1本でも崩したらすべて台無しになるなど、使い勝手のよいものではありませんでした。このため算盤ができると、会計計算などのために広く使われるようになりました。しかし、算盤では高次の代数方程式を解くことができません。中国では算盤の普及によって算木が使われなくなり、代数方程式の解法が失われてしまいました。一方、日本では、室町時代後期に算盤が中国から伝わったあとも算木が使われていましたので、そのようなことはありませんでした。加えて、宣教師が伝えたヨーロッパ数学の影響もあり、江戸時代になると和算は大きく発展しました。

2 ｜ 江戸時代の数学、和算

■ ねずみ算

　寛永4年（1627年）に京都の吉田光由が著した『塵劫記』が、和算が発展する一つのきっかけとなったと考えられています。『塵劫記』には、算盤の使い方や測量法といった実用数学に加え、「ねずみ算」などの数学遊戯が紹介さ

れていたことからベストセラーとなり、江戸時代を通じて初等数学の標準的教科書として用いられました。

　ねずみ算：正月にねずみ、父母いでて、子を十二ひきうむ、親ともに十四ひきに成也。此ねずみ二月には子もまた子を十二匹ずつうむゆえに、親ともに九十八ひきに成。かくのごとく、月に一度ずつ、親も子も、まごもひまごも月々に十二ひきずつうむとき、十二月の間になにほどに成ぞといふときに、二百七十六億八千二百五十七万四千四百二ひき。

■ 遺題

『塵劫記』はもともと初等的な教科書ですが、ある版から巻末に他の数学者への挑戦として、答えをつけない問題（遺題）を出しています。これ以降、先に出された遺題を解き新たな遺題を出すという連鎖（遺題継承）が始まり、和算で扱われる問題は急速に実用の必要を超え、技巧化・複雑化しました。

■ 関孝和

　和算の発展に大きく貢献したのは、関孝和です。これまでにあった和算を、独創的に発展させ、点竄術を創始しました。これはいわゆる代数で、円の算法や複雑な条件を持つ問題など難しい理論を扱うことを可能にしました。この術は後代「千変万化」の術ともいわれ、数学がより高度に、独特に発展していきます。

　江戸後期になると、各地を回って数学を教える遊歴算家と呼ばれる人々が現れ、和算は都市部の侍だけでなく、諸地方の商家や農家にも広まっていきます。

■ 西洋数学の導入

　明治時代になり、西洋技術を習得しようとヨーロッパ数学（洋算）が導入され、明治5年の学制発布では「和算を廃止し洋算を専ら用ふるべし」とされました。しかし、初等教育を教える教師が不足し、和算も洋算もできないという危機的な状況に陥ってしまいます。このため、翌年には珠算が復活し、和算家が教師として洋算を教えることになりました。日本の近代化において

西洋技術を素早く取り入れることができた背景には、江戸時代に庶民レベルまで和算が普及し、西洋数学の素養がすでにあったからだといわれています。

■ **算額**

日本人の数学好きを表すものとして算額（**図3**）があります。算額は、額や絵馬に数学の問題や解法を記して神社や仏閣に奉納したもので、数学者のみならず、一般の数学愛好家も数多く奉納しています。平面図形に関するものが多いのですが、数学の問題が解けたことを神仏に感謝し、ますます勉学に励むことを祈願して奉納しました。やがて、難問だけを算額として奉納する人、その難問をみて回答を算額として奉納する人が現れ、多くの人が集まる神社仏閣が数学の発表の場となっていました。算額の風習は、世界に例をみない、日本独特の風習です。

図3 岩手県浪分神社に奉納された算額
5題の平面図系に関する問題と解答が書かれている。

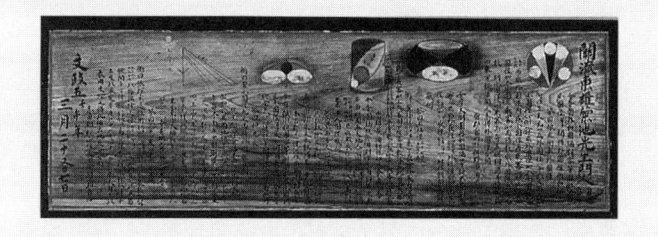

1.3 データベースやセキュリティも数学から

1 情報（データ）の基地（ベース）、データベース

　現在の社会生活に不可欠な数学の例として、データベースとセキュリティを取り上げます。普段、意識はしていなくても、私たちの生活には算数・数学が深くかかわっています。

　第二次世界大戦後の米軍が、各地に点在していた膨大な資料を一つの基地に集約して効率化を図りました。そこから誕生した言葉が情報（データ）の基地（ベース）、データベースです。データベースに膨大な資料があっても、まったく整理・分類されていなければ、利用者は、すべての資料を一から調べなくてはなりません。また、整理・分類がされていたとしても、利用者からの指示でデータベースに関する操作（検索、追加、修正、削除など）が行えるシステムでないと快適に利用できません。利用者とデータベースの間に介在するシステムを「データベース管理システム（DBMS）」といいます。データベースは、ファイルとの違いから考えると理解しやすくなります（表2）。

表2　ファイルとデータベースの違い

	ファイル	データベース
他のアプリケーション利用	アプリケーション（プログラム）単位で管理するため、利用不可能。	データベースで情報を持ち、利用可能。
複数のアプリケーションの利用	異なるファイル間での情報の重複や関連は考慮していないので、供用は困難。	データベースとして情報を一元管理しているので、情報の重複がなく、共有可能。
構造を変更した場合	アプリケーションも変更が必要で、時間と経費がかかる。	アプリケーションの変更は不要で、時間と経費を節約。

2 データベースのかたち

　データベースには処理方法や共有するデータ間の関係に注目して、階層型データベース、ネットワーク型データベース、リレーショナル型データベースに分かれます(図4)。データベースにおいては、データの各属性(図4の「原材料」や「仕入れ先」)をノード、それらの関係をリンクと呼びます。

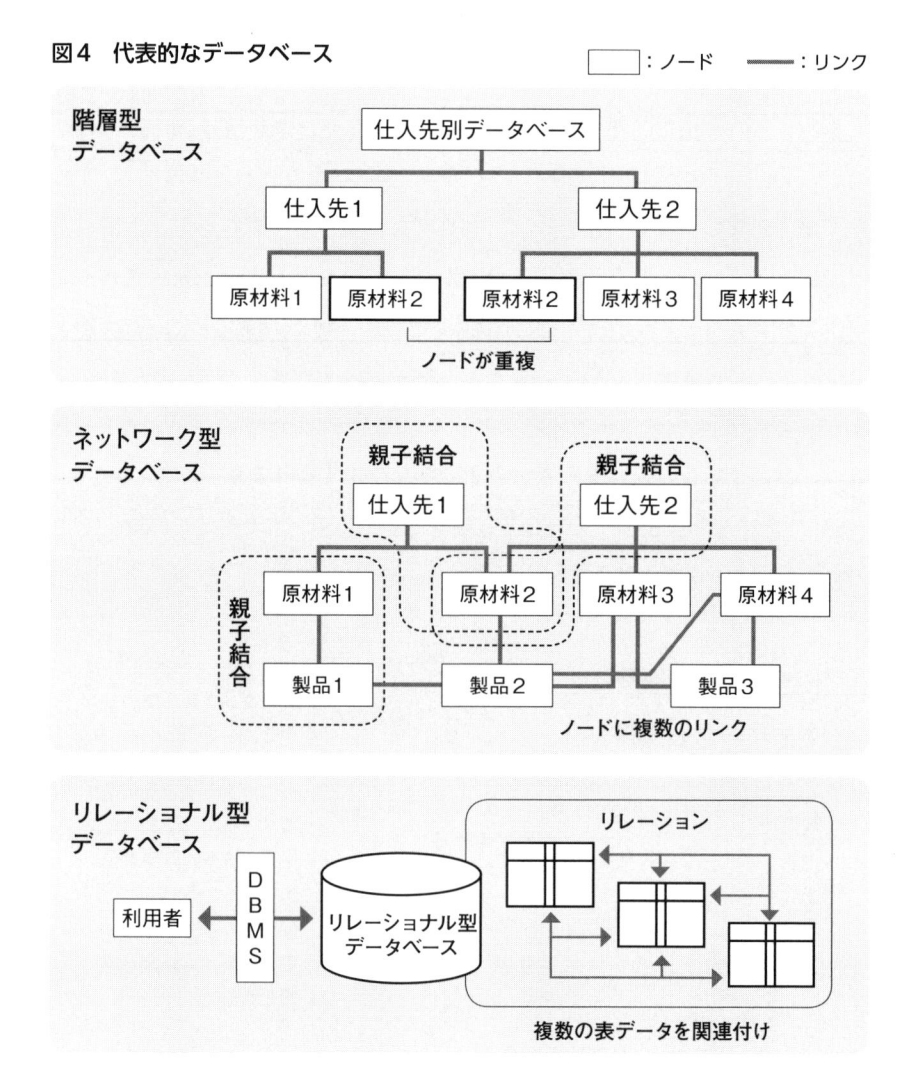

図4　代表的なデータベース

階層型データベースでは、各ノードが1つのリンク先しか持ちません。しかし図4のように、重複するノードを持つという欠点があります。

ネットワーク型データベースは、各ノードが複数のリンク先を持ちます。重複するノードはなくなりますが、リンク構造が入り組んでしまいがちです。

リレーショナル型データベースは、現在主流のデータベースです。各データを2次元の表とし、複数の表のデータを関連付けることによって、すべてのデータを1つの巨大なデータベースとして表現するものです。

■ データベースと数学

データベースでは、数学における集合という考え方が使われています。文字であれ、数字であれ、表の中の1つの列には同様の形式の情報を入れ、必要に応じて加え（加法）、減らし（減法）、同じ回数加え（乗法）、同じ回数減らし（除法）たりします。そして、データベースへの情報の出し入れの記録からさまざまな分析を行い、自然科学や経済活動に役立てています。

3　天気と売れ筋商品の分析にも数学

データベースの利用例として小売業を紹介します。小売業にとっては、その日の天気によって売れ筋商品が変わることがあります。一般に、暑くなるとアイスクリームが売れ、猛暑になるとアイスクリームよりも氷菓子が売れるようになります。また雨が降ると、かさばる商品の売り上げがターミナル付近の店では減り、住宅地の店では増えます。

■ 売れ残り1個の予測

天気と売れ筋商品とは大きな関係があるのですが、関係の度合いは店の立地条件で異なります。コンビニ等では、その店舗ごとの気象と売れ筋商品の関係、近くで行われるお祭りなどのイベントと売れ筋商品の関係などのデータベースを作り、天気予報をもとに店頭商品の数を調整しています。そして、実際に来客した客層と売り上げの関係について統計や分析を行っています。さらに商品によっては店頭商品数の予測精度を上げ、「売れ残り1個」を目

指しています。

売り切れるということは、商品があればもっと売れた（商売チャンスを逸した）可能性があるので、売れ残り1個が目標です。天気予報の精度が上がっていますので、現在では、希に外れることがあっても、全面的に信用して行動するほうが利益は出ているようです。

4 数学は情報の暗号化の要

次に、私たちの生活と関係の深いセキュリティと数学の関係について紹介します。通信ネットワークが発達するにつれて、情報が意図しない第三者に知られたり、本人になりすまして情報が操作されたりといった問題が増えています。そのため、情報を暗号化して扱うことが非常に重要となってきました。暗号とは、文章を「暗号化の鍵」で暗号化して相手側に送り、相手側は「復号の鍵」で復号し、もとの文章に復元して使うというものです（図5）。

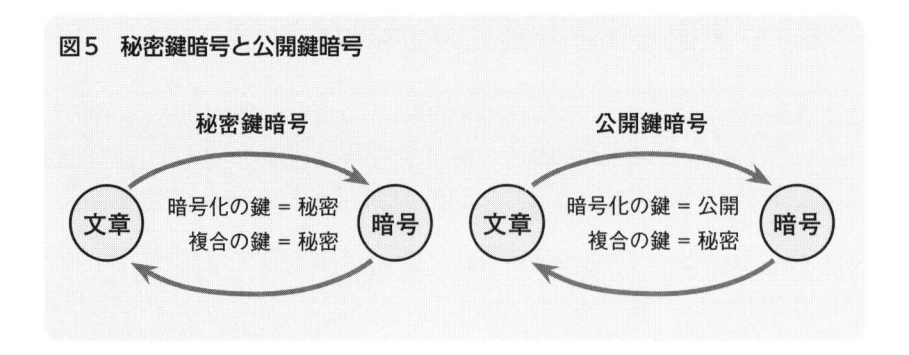

図5　秘密鍵暗号と公開鍵暗号

秘密鍵暗号
文章 ⇄ 暗号
暗号化の鍵 = 秘密
複合の鍵 = 秘密

公開鍵暗号
文章 ⇄ 暗号
暗号化の鍵 = 公開
複合の鍵 = 秘密

■ 昔からあった暗号

暗号は昔からありました。例えば、ジュリアス・シーザーが使用したとされるシーザー暗号は、アルファベットの文字を何文字かずらして暗号化します。スタンリー・キューブリック監督の映画「2001年宇宙の旅」では、シーザー暗号をたくみに使っています。この映画に出てくる惑星探査船のスーパーコンピュータの名前は「HAL」ですが、1文字ずつ後ろにずらすと「IBM」が

隠されていることが分かります。この場合、「1文字後ろにずらす」というのが「暗号化の鍵」で、「1文字前にずらす」というのが「復号の鍵」です。このような暗号を「秘密鍵暗号」といいます。コンピュータが進歩した現在では、このような単純な暗号はすぐに解読されてしまいますが、一方で、複雑な暗号を作ると復元するときに多大の手間がかかります。

■ 鍵の管理は大切

暗号をやりとりするには「暗号化の鍵」「復号の鍵」を秘密にしておくことが必須となります。しかし、インターネットショッピングやネットバンキングなどで多くの人が「暗号化の鍵」を利用していますので、「暗号化の鍵」を秘密にしておくことは事実上困難です。また、「暗号化の鍵」から「復号の鍵」が容易に分かってしまうと大変なことになります。

■ 公開鍵暗号方式

近年、情報セキュリティ分野では、専門的な数学の知見に基づいて、暗号に関するさまざまな研究が進められ、実用化されています。1970年代に入り「秘密鍵暗号」から発想を転換した「公開鍵暗号」が考えられたことで、暗号の世界が変わり、ネットワーク社会が大きく発展しました。

「公開鍵暗号」は、その仕組みとして整数や代数、幾何の考え方を使って「暗号化の鍵」から「復号の鍵」を割り出すことが、たとえ計算機の助けを借りたとしても非常に難しい、事実上不可能であるようにしています。たとえていえば、小麦粉とそば粉を混ぜるようなものです。小麦粉とそば粉を混ぜあわせることは簡単ですが、混ぜあわせたものから小麦粉とそば粉を分離することは事実上不可能です。同じことが数の計算にもいえ、例えば数を掛け合わせるより、数を素数(「2.5.3項：約数と素数」参照)に分解するほうがはるかに手間がかかりますので、この性質を使って暗号を作ると、公開している暗号化の鍵で簡単に暗号化できても、復号の鍵を暗号化の鍵から計算するには、最新鋭の計算機を用いても天文学的な時間が必要となることから、事実上解けないことになります。

I章 数学と人間の活動

多くの人が簡単に使えて、確実性があり、セキュリティが完璧であるという、時には矛盾することを解決しながら、数学が私たちの生活を便利にしているのです。

2章 数と計算

2.1 数の理解は、個数を数えることから始まる
2.2 整数と小数、概数
2.3 加法および減法
2.4 乗法
2.5 除法
2.6 分数
2.7 算盤
2.8 分かりやすい表現

2章 数と計算

2.1 数の理解は、個数を数えることから始まる

学校で習う内容

- ものの個数を数えることなどの活動を通して、数の意味について理解し、数を用いることができるようにする（小1）。
- 具体的な事物について、まとめて数えたり等分したりし、それを整理して表すことができるようにする（小1）。
- 数の意味や表し方について理解し、数を用いる能力を伸ばす（小2）。
- 数の表し方についての理解を深め、数を用いる能力を伸ばす（小3）。

[三角関数、指数関数及び対数関数について理解し、関数についての理解を深め、それらを具体的な事象の考察に活用できるようにする（数学Ⅱ）。]

1 個数を数える

　人類の歴史をいつからとするかについてはいろいろな考え方がありますが、ものの個数を数えるという活動は太古の昔から行われていたと考えられます。そのときには、ものは1から数え始めるのが当然だったでしょう。

　「一、二、三、四、…」あるいはこれと同じような一定の順序に並んだ言葉の列（「数詞」といいます）があり、ある集まりがあったときに、これを順々に1対1に対応させていって、最後に割り当てられた言葉が、ある集まりの大きさを示す言葉です。リンゴの集まりがあって、順番に一、二、三と対応させて行き、最後のリンゴが六と対応するなら、「リンゴは6個」となります。

■ 3以上は「たくさん」

　まだ文明が発達していなかった時代には、数詞の数は貧弱で「一、二、たくさん」に相当するものしかなかったといわれています。日本語で「三」を「みっつ」ということがあるのは、「満つ：ある基準・数量まで達すること」からきた言葉で、昔の日本人が「1」「2」「3以上」と考えていた名残といわれています。収穫物を右手で持つ、右手と左手で持つ、右手と左手で持っても

まだ残るとしていたのかもしれません。

日本語だけでなく、スペイン語で 3 を意味する「tres」には「はなはだ大変」、英語で 3 回や 3 倍を意味する「thrice」には「非常に」の意味があるなど、3 以上を「たくさん」としていた痕跡は多くの言語に残されています。

■ 10 個の数詞

文明が進み、多くのものを扱うようになると、3 以上を「たくさん」でまとめることができなくなります。左小指、左薬指、左中指、左人差し指、左親指、右親指、右人差し指、右中指、右薬指、右小指と、対応させるときの指の順序を固定しておけば、指の名前が 10 個の数詞となります。多くの言語が 10 の数詞を持っていることは、指を使って数えたことの名残といわれています。

■ 0 の誕生

しかし、今から 1400 年位前にインドで「無（空っぽ）」を表す「0」を数の対象として考えることが始まりました。自然にできた数（自然数）に「零（0）」が加わったのです。数を数えはじめる前は、ものが 0 個であると仮定することができます。つまり、最初のものを数え始めるまでは 0 で、最初のものを持ってきてはじめて 1 個あると数えます。兄弟が 0 人いるというのは、兄弟がひとりもいないことを意味し、1 人いれば 1、2 人いれば 2 が兄弟の数です。「0」の使用は、1 から数えていたことが、0 から数えるように変わっただけではありません。「2.1.4 項：数の表し方」、「2.4.1 項：乗法の意味」など、算数・数学上の飛躍的な進歩は、すべて「0」の使用から始まったといわれています。

2 | 数の意味

5 人の集まりは、右手の 5 本の指に 1 対 1 で対応させることができます。これは 5 個のリンゴの集まりと同じ対応になります。ものの集まりの間に共通の性質があることから、数という意識が生じ、それが明確になってくると、数詞がものの集まりに共通な言葉として用いられるようになります。そして、

数という抽象的な考え方の浸透によって、人間社会が高度になり、豊かな生活の基盤となっていったのです。

3　まとめ数えと等分

　人間社会が高度になり、暦や租税、土木工事などが大規模に行われるようになると、大きな数を扱い、それを間違えなく伝えたり記録したりすることが必要になってきます。大きな数字は覚えておくのが難しく、間違えを起こしやすくなります。そこで、いくつかずつをひとまとめにし、その数と端下（はした）という考え方が生まれました。

　ひとまとめにする数としては、10や、12、16、60が選ばれます。10をひとまとめにする考え方が広く使われていますが、10以外でひとまとめにする考え方も、生活の中で利用されています。例えば、鉛筆を数えるときなどに使う1ダースは12本、1グロスは12ダース（＝144本）ですので、12をひとまとめにする数え方です。また、重さで1ポンドは16オンス、1オンスは16ドラムですので、16をひとまとめにする数え方です。日本でも昔は1両（小判1枚）＝4分（1分判4枚）＝16朱（2朱判8枚）と決めていました。これは、4をひとまとめにする考え方です。

■ 60をひとまとめに

　今から3500年前の古代バビロニア人は、60をひとまとめに考えていました。この考え方は、今でも1時間が60分であるなど、時間の測定の仕方や角度の測り方に残っています。デジタル化が進み、数字のみの時計が増えてきましたが、もともとの時計は文字盤が円形で、60に区切られ、5ごとに1、2、3、4…、11、12という数字が書かれています。長針が示す目盛りが分、短針が示す通過したばかりの数字が時です。短針が1周するのに12時間かかります。1日は24時間ですので、短針は1日に2周します。同じ目盛りでも午前と午後があります。

　世界中と気象データをやりとりしている気象庁では、筆者が務め始めた昭和

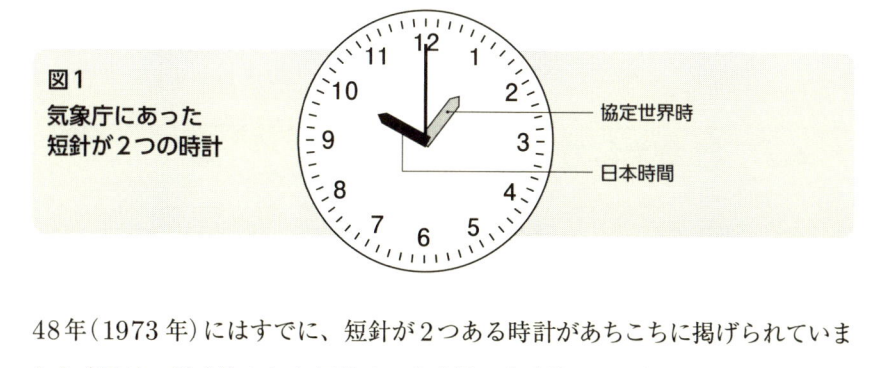

2.1 数の理解は、個数を数えることから始まる

図1 気象庁にあった短針が2つの時計

（時計の図：協定世界時、日本時間）

48年（1973年）にはすでに、短針が2つある時計があちこちに掲げられていました（**図1**）。黒く塗られた短針は日本時間、赤く塗られた短針は協定世界時をさしていました。日本時間は協定世界時と9時間違いますので、9時間分の差のまま（270度の角度を保って）、短針が回っていたのです。

■ 24時制

太陽が昇るとともに生活をしていた時代とは違い、現代社会では休みなく活動が続けられています。このため、間違いがないよう、24時制も使われています（**図2**）。テレビの深夜番組では、「10月10日25時30分から放送」と番組予告などをします。日付けが変わった10月11日の午前1時30分からの放送、ということを、はっきりさせるためです。

図2 時刻の表し方（12時制と24時制）

	午前												午後												翌日午前		
12時制	0	1	2	3	4	5	6	7	8	9	10	11	0	1	2	3	4	5	6	7	8	9	10	11	0	1	2
24時制	0	1	2	3	4	5	6	7	8	9	10	11	12	13	14	15	16	17	18	19	20	21	22	23	0	1	2
	0	1	2	3	4	5	6	7	8	9	10	11	12	13	14	15	16	17	18	19	20	21	22	23	24	25	26

■ 等分

あるものを等しく分けることを等分といいます。リンゴが5個あり、5人で等分（5等分）すれば、1人1個がもらえます。リンゴが10個なら5等分で1人2個です。10個のリンゴは、2人なら等分できますが、3人だと等分できません。4人も同じです。これに対して、12個のリンゴは、2、3、4人でも等分できます。ひとまとめにする数として、12や60が選ばれているの

は、等分しやすいからといわれています。

4 数の表し方

数をひとまとめにすると、大きな数字を少ない文字で表すことができます。

古代エジプトの数字では、1～9を指を示す記号の数で、10のかたまりの数を両手を示す記号の数で、100のかたまりの数を巻物を示す記号の数などで表記していました（図3）。しかし、このような方法では、大きい数字を書くのは大変となります。そこで、位取りという考え方が生まれ、位置によっ

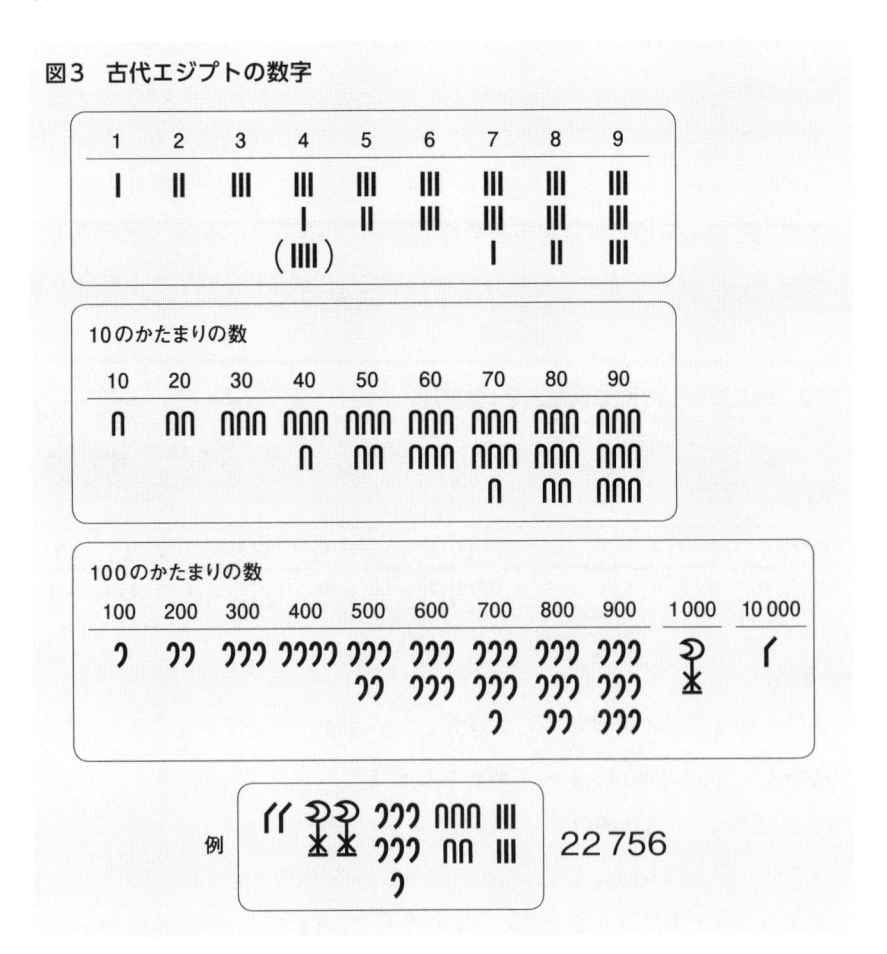

図3 古代エジプトの数字

てかたまりの大きさが分かるようにしました。これにより、どんなに大きな数字があっても、それを表現するのに必要な文字数は、数を 10 ごとにまとめていく場合は、10 個の文字（0123456789）、数を 4 ごとにまとめていく場合は、4 個の文字（0123）、数を 16 ごとにまとめていく場合は、16 個の文字（0123456789ABCDEF）と少なくなりました。

■ **10ごとにまとめた表し方**

10 ごとにまとめていく場合（図4a）、
① 10 のかたまりを作れず余った数、
② 10 のかたまりの数、

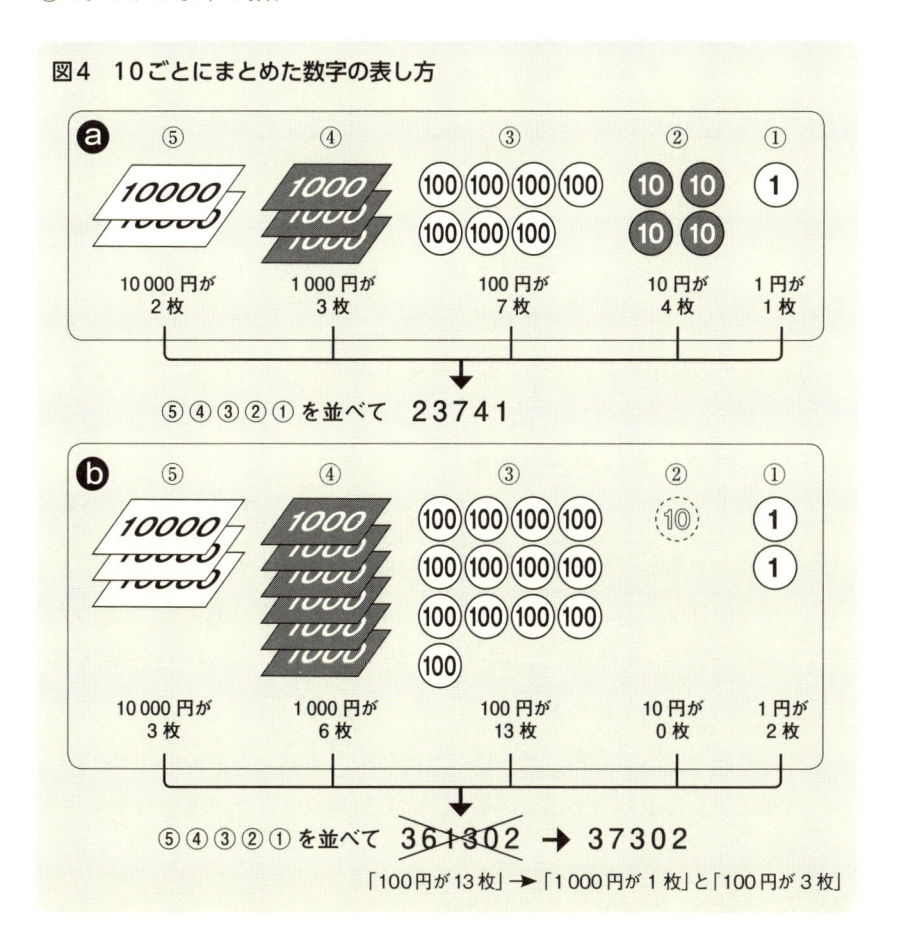

図4　10ごとにまとめた数字の表し方

ⓐ
⑤ 10000円が 2枚
④ 1000円が 3枚
③ 100円が 7枚
② 10円が 4枚
① 1円が 1枚

⑤④③②①を並べて　23741

ⓑ
⑤ 10000円が 3枚
④ 1000円が 6枚
③ 100円が 13枚
② 10円が 0枚
① 1円が 2枚

⑤④③②①を並べて　3̶6̶1̶3̶0̶2̶ → 37302

「100円が13枚」→「1000円が1枚」と「100円が3枚」

③ 10 のかたまりがさらに 10 集まった 100 のかたまりの数、
④ 100 のかたまりがさらに 10 集まった 1 000 のかたまりの数、
⑤ 1 000 のかたまりがさらに 10 集まった 10 000 のかたまりの数

これらを、必ず、左から順に⑤④③②①と数字を 1 文字ずつ書きます。①は基準の 1 の位、②が 10 の位、③が 100 の位、④が 1 000 の位、⑤は 10 000 の位です。

それぞれの位には 1 文字ずついれないと混乱が起こります (**図4b**)。例えば、1 万円札が 3 枚、1 000 円札が 6 枚、100 円玉が 13 個、10 円玉が 0 個、1 円玉が 2 個の場合、そのまま 361 302 円と書くと誤解が生じます。3/6/13/0/2 と区切って書けば誤解しませんが書くのが面倒になります。13 個の 100 円玉を 1 000 円札 1 枚と 100 円玉 3 個に両替し、1 万円札が 3 枚、1 000 円札が 7 枚、100 円玉が 3 個、10 円玉が 0 個、1 円玉が 2 個として、37 302 円となります。

位取りの場合、どのような場合でも、ある桁の 10 は、すぐ左にある桁の 1 に相当します。逆にいうと、ある桁の 1 は、すぐ左にある桁の 10 分の 1 に相当します。いろいろな計算をするとき、一時的に 100 円玉 13 個のように 10 を超える数字があっても、最後は必ず両替して最小の数にしておかないと、間違えるもととなります。

■ 大きい数字の表し方と漢数字

数字がどんどん大きくなっても、数字をどんどん左側に並べていけば表現できますし、一番左側にある数字の左側に 10 倍を意味する数字を入れるというルールを使ってどんな大きな数字でも表現できます (**表1**)。しかし、0 が多すぎると書くのが大変で、間違いやすいので、私たちの日常生活では、日本語の漢数字が使われます。

漢数字が並べて書いてある時にはルールがあります。大きい数を示す漢数字の左側に小さな漢数字を示す漢数字があれば掛け算、逆であれば足し算です。例えば、百万は、
百×万 = 100 × 10 000 = 1 000 000

2.1 数の理解は、個数を数えることから始まる

表1　大きい数の数え方

算用数字での表記	①漢数詞での表記	②10の倍数表記	③単位で用いられる名称と記号	
1	一	1	—	—
10	十	10	デカ	da
100	百	10^2	ヘクト	h
1 000	千	10^3	キロ	k
10 000	万	10^4	—	—
100 000	十万（十 × 万）	10^5	—	—
1 000 000	百万（百 × 万）	10^6	メガ	M
10 000 000	千万（千 × 万）	10^7	—	—
100 000 000	億	10^8	—	—
1 000 000 000	十億	10^9	ギガ	G
1 000 000 000 000	兆	10^{12}	テラ	T
1 000 000 000 000 000	千兆	10^{15}	ペタ	P
10 000 000 000 000 000	京（ケイ）	10^{16}	—	—
1 000 000 000 000 000 000	百京	10^{18}	エクサ	E

	垓（ガイ）	10^{20}
	秭（シ）	10^{24}
	穣（ジョウ）	10^{28}
	溝（コウ）	10^{32}
	澗（カン）	10^{36}
	正（セイ）	10^{40}
	載（サイ）	10^{44}
	極（ゴク）	10^{48}
	恒河沙（コウガシャ）	10^{52}
	阿僧祇（アソウギ）	10^{56}
	那由他（ナユタ）	10^{60}
	不可思議（フカシギ）	10^{64}
	無量（ムリョウ）	10^{68}
	大数（ダイスウ）	10^{72}

ですが、
万百は 10 000 + 100 = 10 100
です。

■ **指数表示**

漢数詞（表1の①）を使用しても、大きな数になると漢字の数が増え、大きさの順序も覚えにくくなり、間違いやすくなります。そこで、1の位の左に10の位と次々に書くのではなく、10を何回掛けたかということを10の右肩に数字で小さく表記する方法があります。これを指数表示と呼びます（「3.4.2項：指数関数」参照）。

10の右肩に2があれば、10を2回掛けたので
$10^2 = 10 \times 10 = 100$、
10の右肩に4があれば（10^4）、10を4回掛けたので10 000ということになります（表1の②）。できるだけ簡単に、大きな数を正確に表現しようとした工夫です。100に1 000を掛けた場合は、

右肩の数字は足し算

$100 \times 1\,000 = 10^2 \times 10^3 = 10^{(2+3)} = 10^5$

と、10を5回掛けるのと同じになります。掛け算は、10を何回掛けたかを示す右上の数字が足し算となります。また、10を掛けないことは、10を0回掛けたことと同じであり、その結果、値は変わらないのですから、$10^0 = 1$です。

■ **基本的な単位記号**

さらに、基本的な単位に記号をつけ加えて、分かりやすい値で表現することがあります（表の③）。例えば、1 kmです。k（キロ）は1 000を表していますので、

1 km = 1 × (1 000) m = 1 000 m

です。気圧で使うhPa（ヘクトパスカル）は、h（ヘクト）が100を意味していますので、圧力の単位であるPa（パスカル）の100倍という意味となりま

す。長く親しまれてきた mb（ミリバール）という単位から、パスカルという単位に変更するとき、利用者が戸惑わないように、あえて 100 倍という単位を用い、1 mb ≒ 1 hPa となるようにしました。つまり、それまでの「台風の中心気圧は 980 mb」を、「台風の中心気圧は 980 hPa」と数字だけは同じにしたのです。

■ コンピュータで扱いやすい2進法

　コンピュータの世界では、一番小さな記憶素子は電流が流れているか（ON）、流れていないか（OFF）の2つしかありませんので、2進法しか使えません。ひとまとめにするといっても、2進法では数が大きく減らないことから、ひとまとめにする効果は大きくありません。そこで、一番小さい記憶素子を4個使い、それぞれの ON と OFF を組み合わせた

①	OFF	OFF	OFF	OFF
②	OFF	OFF	OFF	ON
③	OFF	OFF	ON	OFF
④	OFF	OFF	ON	ON
⑤	OFF	ON	OFF	OFF
⑥	OFF	ON	OFF	ON
⑦	OFF	ON	ON	OFF
⑧	OFF	ON	ON	ON
⑨	ON	OFF	OFF	OFF
⑩	ON	OFF	OFF	ON
⑪	ON	OFF	ON	OFF
⑫	ON	OFF	ON	ON
⑬	ON	ON	OFF	OFF
⑭	ON	ON	OFF	ON
⑮	ON	ON	ON	OFF
⑯	ON	ON	ON	ON

の 16 種類、あるいは、記憶素子を8個を使って ON と OFF を組み合わせた 256 種類を基本単位と考えます。256 種類あれば、数字、英語の大文字、英語の小文字、カナ文字などの字種を表現できますので、8個使った表現

2章 数と計算

（2進数で8桁）がコンピュータにおける情報の単位「バイト」として利用されています。コンピュータの世界で、「メガ」というのは「メガバイト」、「ギガ」というのは「ギガバイト」のことです。表1よりG（ギガ）＝ 10^9、M（メガ）＝ 10^6 ですので、

1Gバイト ＝ 1×10^9 バイト
＝ $1 \times 10^{(3+6)}$ バイト
＝ $1 \times 10^3 \times 10^6$ バイト
＝ 1×10^3 Mバイト
＝ 1 000 Mバイト

です。

> **問** 阿弥陀経には、「是より西方、十万億の仏土を過ぎて世界あり、名付けて極楽と曰う」とあります。仏土（仏の住む土地）の1辺の長さを古代の土地区画制度の1町（＝ 109 m）とすると、極楽は何km先になりますか。また、1秒間に30万km進む光で進むと到着までに何日かかるでしょうか。

> **答** 十万億 ＝ $10 \times 10\,000 \times 100\,000\,000 = 10^{13}$
> から、極楽までの距離 R は、
> $R = 10^{13} \times 0.109$ km
> $\quad = 1.09 \times 10^{12}$ km
> $\quad = 109 \times 10^{10}$ km。
> 光が1日に進む距離 Q は、
> $Q = 3 \times 10^5 \times 60 \times 60 \times 24$
> $\quad = 2.592 \times 10^{10}$ km。

R を Q で割ると、

$$\frac{109 \times 10^{10}}{2.592 \times 10^{10}} = \frac{109}{2.592} \fallingdotseq 42 \,(日)$$

となります。つまり、三途の川までの 7 日を足すと 49 日となります。

仏土は、仏が住む土地、あるいは、仏が教化を施す国土をさします。心の中の話であり、仏土の大きさを 109 m × 109 m（1 町歩）としたのは、大きな数字の例が他にないためで、あえて仮定を設けて設問としました。

問 コンピュータの世界では非常に大きな数を取り扱います。そして、コンピュータ技術の進歩とともに、私たちの生活に大きな数を示す言葉が入ってきました。
- CD-ROM の容量が 700 メガ
- スーパーコンピュータ「京」

は、それぞれどのような意味でしょうか。

答 CD-ROM の容量が 700 メガとは、CD-ROM に記憶できる情報量が 700×10^6 ビット = 7×10^8 ビットあるということです。小さな記憶素子 8 個を使って 1 ビットを表現していますので、記憶素子の数は、

$$8 \times 7 \times 10^8 = 56 \times 10^8$$
$$= 5.6 \times 10^9$$
$$= 5.6 \text{G}\,(ギガ)\,個$$

ということになります。

スーパーコンピュータ「京(けい)」は、理化学研究所を主体とした日本の次世代スーパーコンピュータの名称で、1秒間に1京回(1×10^{16}回)の演算速度を目標として設計されました。したがって名称が「京」です。調整段階の2011年6月には、早くも1秒間に0.8京回の演算を行い、ぶっちぎりで世界最速の計算速度を達成し、その後も計算速度向上のための技術開発が進んでいます。

2.2 整数と小数、概数

学校で習う内容

- 整数が十進位取り記数法によって表されていることについての理解を一層深める（小4）。
- 概数について理解し、目的に応じて用いることができるようにする（小4）。
- 小数の意味とその表し方について理解する（小4）。
- 整数の性質についての理解を深める（小5）。
- 記数法の考えを通して整数及び小数についての理解を深め、それを計算などに有効に用いることができるようにする（小5）。
- 概数についての理解を深める（小5）。
- 整数の性質についての理解を一層深める（小6）。
- 概数についての理解を一層深める（小6）。

> 三角関数、指数関数及び対数関数について理解し、関数についての理解を深め、それらを具体的な事象の考察に活用できるようにする（数学Ⅱ）。

1 整数

1万円札が1枚、2枚というように、ものを数えるときの数を自然数といいます。数学の進歩とともに、それに「0」という数が加わったことにより、1万円札がない状態を「1万円札が0枚ある」と表現できるようになりました。さらに、自然数の前にマイナス（−）をつけた「負の整数」が加わって、1万円の借金がある状態を「1万円札がマイナス1枚（−1）ある」と表現できるようになりました。

整数として、
①自然数（1, 2, 3, …）
②「0」
③負の整数（−1, −2, −3, …）

ができたことにより、加法と減法が大きく進歩しました(「2.3節:加法および減法」参照)。ここで、整数を大きさの順に並べたとき、0は自然数「1」の直前の整数であり、負の整数「-1」の直後の整数となります(…-3, -2, -1, 0, 1, 2, 3, …)。

2 小数

　小数は、数字の列の、ある所に点をつけたものです。この点「.」のことを小数点といいます。小数点の左側にあるのが1の位、1の位の左側が10の位です。小数点の右側にあるのが、小数第1位で、小数第1位の右側が小数第2位です。小数点の左側にある数字の場合、ある位の左側には、その10倍の位が来るというルールですが、小数点より右側の数の場合も同じルールで、右にいくほど小さな数を表します。ある位の右側にその10分の1を意味する位が来ます。このルールを使えば、どんな小さな数でも表現できます(**表2**)。しかし、0が多すぎて書くのが大変で、間違いやすいので、日本語の漢数詞が使われる場合もあります。

■ 指数関数で小数を表す

　また、小数第1位の右に小数第2位と次々に書くのではなく、10分の1 (0.1)を何回掛けたかということを10の右肩にマイナス数字で小さく表記する方法があります。10の右肩に-2があれば、10分の1を2回掛けたので $0.1 \times 0.1 = 0.01$、10の右肩に-4があれば、10分の1を4回掛けたので0.00001の位ということになります(表の②)。できるだけ簡単に、小さな数を正確に表現しようとした工夫です。

　0.01に0.001を掛けた場合、
$0.01 \times 0.001 = 10^{-2} \times 10^{-3}$
$= 10^{(-2)+(-3)}$
$= 10^{-5}$
となり、

2.2 整数と小数、概数

表2 小さな数の数え方(漢数詞は塵劫記、華厳経による)

算用数字での表記	① 漢数詞での表記	② 10の倍数表記	③ 単位で用いられる名称と記号	
0.1	分(ブ)	=10分の1 =10^{-1}	デシ	d
0.01	厘(リン)	=100分の1 =10^2分の1 =10^{-2}	センチ	c
0.001	毛(モウ)	10^{-3}	ミリ	m
0.0001	糸(シ)	10^{-4}	—	—
0.00001	忽(コツ)	10^{-5}	—	—
0.000001	微(ビ)	10^{-6}	マイクロ	μ
0.0000001	繊(セン)	10^{-7}	—	—
0.00000001	沙(シャ)	10^{-8}	—	—
0.000000001	塵(ジン)	10^{-9}	ナノ	n
0.0000000001	埃(アイ)	10^{-10}	—	—
0.00000000001	渺(ビョウ)	10^{-11}	—	—
0.000000000001	漠(バク)	10^{-12}	ピコ	p
0.0000000000001	模糊(モコ)	10^{-13}	—	—
0.00000000000001	逡巡(シュンジュン)	10^{-14}	—	—
0.000000000000001	須臾(シュユ)	10^{-15}	フェムト	f
0.000000000000000001	刹那(セツナ)	10^{-18}	アト	a
0.000000000000000000001	空(クウ)	10^{-21}	—	—

0.00001(右へ5つ先)となります。また、0.01に100を掛けた場合は、

$0.01 \times 100 = 10^{-2} \times 10^2$

$= 10^{(-2)+2}$

$= 10^0$

$= 1$

となります。このような考え方については、「3.4.2項:指数関数」で詳しく説明します。

また、基本的な単位に記号を付けて、分かりやすい値で表現することがあ

ります（表の③）。例えば、容積で用いるデシリットル（dL）は、1リットルの10分の1の大きさです。長さの1センチメートル（cm）は、1メートル（m）の100分の1、ミリメートル（mm）は1メートルの1000分の1の長さです。

日本の得意とする先端技術の1つに「ナノテク」があります。ナノテクノロジーの略ですが、ナノメートルの領域、すなわち原子や分子のスケールにおいて、物質を自在に制御する技術のことです。ナノテクノロジーが応用される範囲は非常に広く、私たちの生活を劇的に変える可能性があります。

■ いろいろな小数

小数には、「1.75」のように、有限の数でできている「有限小数」と、「0.142 857 142 857 142 857…（142857が循環）」のように数が循環して無限に続く「循環小数」、「π = 3.141 592…」のように数が循環しないで無限に続く「無限小数」の3種類があります。

有限小数は、1.75 = 100分の175というように、桁数だけ10を掛けた値を分母にすれば簡単に分数になります。また、循環小数は無限に続くといっても、分子、分母ともに整数である分数で表現できます（「2.5.1項：除法の意味」参照）。つまり、有限小数と循環小数はともに分数ということになります。「0.142 857 142 857 142 857…」は7分の1です。また、分数については、「2.6節：分数」で詳しく説明します。有理数は英語で「rational number」ですが、これは「ratio（比）」に由来します。しかし「rational」は「理が有る」と訳せるため、「有理数」と呼ばれるようになりました。

これに対して、無限小数を「無理数」と呼びます。大事な数であるにもかかわらず、簡単には表現できないものが幾つもあることから、多くの数学者を昔から苦しめてきました。ピタゴラスは三角形の研究から$\sqrt{2}$という無理数の存在を知っていましたが、なぜ分数で表現できないのか悩んだといわれています。有理数と無理数を合わせたものが「実数」、実際に存在する数という意味です。

> **問** 世の中のもろもろに汚れたものを、塵（ちり）と埃（ほこり）という言葉を使って、「塵埃（じんあい）」といいますが、「1塵」は「1埃」の何倍の大きさでしょうか。
> また、極めて短い時間の恋のために決断できないでグズグズすることを「刹那的な恋に逡巡する」といいますが、1刹那時間は、1逡巡時間の何分の1でしょうか。
> それぞれ表2を参照して答えてください。

> **答** 「塵」の単位は 10^{-9} で、「埃」の単位の 10^{-10} ですから、塵は埃の10倍の大きさということになります。
> また、「刹那（せつな）」の単位は 10^{-18}、「逡巡（しゅんじゅん）」の単位は 10^{-14} ですので、
> 1刹那 = 10^{-18} = $10^{-4} \times 10^{-14}$
> = $10^{-4} \times$ 1逡巡
> で、1刹那時間は、1逡巡時間の1万分の1となります。一時の恋のために1万倍の時間をためらっていることになります。

> **問** 放射線が1時間に 0.274 マイクロシーベルト検出されました。これを1年間浴び続けた場合、何ミリシーベルトの放射線を浴びたことになるでしょうか。

答 マイクロは100万分の1なので、1マイクロシーベルト $= 0.000\,001$ シーベルトです。これに24時間365日を掛けると、1年間に Q だけ放射線を浴びることになります。一方、ミリは1000分の1ですので、

$Q = 0.274 \times 24 \times 365$ マイクロシーベルト

$\fallingdotseq 2400$ マイクロシーベルト

$= 2.4$ ミリシーベルト

です。

この数値は、私たちが1年間に自然界から浴びている放射線の量に相当します。自然界にはいろいろなところから放射線が出ていますので、被曝が0ということはありません。これに、胸のX線検診を受ければ1回当たり0.05ミリシーベルト、胃のX線で1回当たり0.6ミリシーベルト、海外旅行で成層圏を飛行すると宇宙線によって胸のX線検診程度などが加えられます。しかし、1年間では、危険といわれる値にはなかなか達しません。

また、放射能を扱う医療関係者の基準値は年間50ミリシーベルトです。これを1時間当たりに換算すると

$50 \div (24 \times 365)$ ミリシーベルト $\fallingdotseq 5.71 \times 10^{-3}$ ミリシーベルト

$= 5.71$ マイクロシーベルト

となります。瞬間的にはこの値より大きな放射線を浴びても、平均すると1時間当たり5.7マイクロシーベルトの放射線なら大丈夫ということになります。年間200ミリシーベルト以下の放射線を浴びた場合に健康上の問題が出ている例はないそうですので、50ミリシーベルトという基準も、かなり安全を見込んだ値です。

放射線の強さは、使用目的に応じてさまざまな単位が用いられますが、単位をきちんと把握し、1つの物差しに置き換えると正しく理解できます。

図5は、放射線の安全基準を、長さという物差しに置き換えて表示したものです。1年間に危険な場所にどれだけ近づくかを、1ミリシーベルトという耳慣れない言葉ではなく、1メートルという物差しで考えたものです。1ミリシーベルトを1メートルに対応させると、その1000分の1ということから、1マイクロシーベルトは1ミリメートルに相当します。つまり、48時間以内に死亡するという50 000ミリシーベルト（＝50シーベルト）が50km、放射能を業務で扱う人の年間被曝量の上限である50ミリシーベルトが50mに相当します。自然放射線で2.4m進み、胸のx線検査を受けると5cm進み、胃のX線検査で60cm進むことになります。

図5　放射線の安全基準（1年間に進んで良い距離）

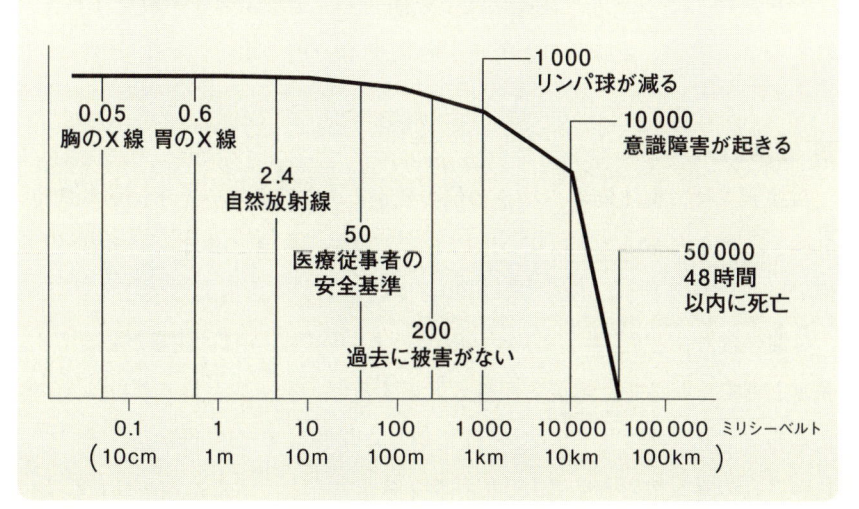

```
                                    ─ 1 000
                                       リンパ球が減る
                                         ─ 10 000
                                           意識障害が起きる
  0.05   0.6
  胸のX線 胃のX線
         2.4
         自然放射線
               50
               医療従事者の
               安全基準                      ─ 50 000
                                              48時間
                    200                       以内に死亡
                    過去に被害がない

  0.1    1     10    100   1 000  10 000 100 000   ミリシーベルト
 (10cm  1m    10m   100m   1km    10km   100km)
```

3 概数

　概数は、おおよその数のことです。無限小数であっても、実用上は必要な桁までの概数で表現できます。円の面積を求める（「4.2.1項：円の面積」参照）のに必要な「$\pi = 3.141\,592\cdots$」という無限小数は、3.14 という3桁の概数で実用上は十分です。精密に円の面積を計算する場合にはもう少し多くの桁を使いますが、それでも1万桁といった膨大な桁数は使いません。概数は、数を切り捨て、切り上げ、四捨五入などをして作ります。

■ **切り捨て**

　切り捨ては、ある位まで残してそれより下の位の数を省略するもので、財布に1万5430円あったとすると、1万円より下の位を省略して1万円持っているとか、千円より下の位を省略して1万5千円持っているということです。自分で確定申告をした人はすぐ分かるのですが、納税のための細かい計算をした後、最後に記入する税金額の一覧には、10の位と1の位に最初から「0」が記入されています。つまり、税金は10の位と1の位を切り捨てた、約何百円という概数で納めているのです。

■ **切り上げ**

　切り上げはその逆で、ある位に1を加えて、それより下の位をすべて0にすることです。先ほどの1万5430円を2万円とか、1万6千円持っているということです。

■ **四捨五入**

　四捨五入は、ある位の1つ下の位の数が、5に満たないときは切り捨て、5かそれより大きいときは切り上げることです。先ほどの1万5430円の例では、2万円とか、1万5千円持っているということになります。

　気温の統計などで、0付近の数を扱うときの四捨五入には注意が必要です。**表3**をみてください。単純に四捨五入をすると、自然数と負の整数は10個が該当するのに対し、「0」だけは9個しか該当しません（**表3**）。そこで、負の場合のみ五捨六入を導入してバランスをとるといった操作が行われてい

2.2 整数と小数、概数

ます。

　財布の中に入っているお金を1円単位で把握していなくても、実生活では何も問題はありません。おおよそいくら入っていて、おおよそいくらの買い物をしたということが分かれば事足ります。実生活では、「5万500円持っていて、3千300円の買い物をしたので財布の中は2万200円」などと考える人はあまりいないでしょう。変な間違いをするくらいなら、「約5万持っていて約3000円使ったので、財布の中は約4万7000円」としても、（試験では×となりますが）実生活では大きな間違いにはなりません。

　本来であれば概数しか分からないところをあえて具体的な数字を示して信用させるとか、安いという印象を持たせて購買意欲を増すといった心理手法があります。専門用語を多く使い、細かい数字を並べて勧誘する詐欺商法もあります。利益が出るという話から得られる利潤は、その話の経済規模より大きくない（「山より大きな猪はでない」）など、大雑把な数字で考える（概数で考える）くせを身につけておくことが大切です。

表3　四捨五入の注意点

数	四捨五入		負のとき 五捨六入
2.0	2	⎫	
1.9	2	｜	
1.8	2	｜ 2が10個	
1.7	2	｜	
1.6	2	｜	
1.5	2	⎭	
1.4	1	⎫	
1.3	1	｜	
1.2	1	｜	
1.1	1	｜	
1.0	1	｜ 1が10個	
0.9	1	｜	
0.8	1	｜	
0.7	1	｜	
0.6	1	｜	
0.5	1	⎭	
0.4	0	⎫	
0.3	0	｜	
0.2	0	｜	
0.1	0	｜	
0.0	0	｜ 0が9個	
−0.1	0	｜	
−0.2	0	｜	
−0.3	0	｜	
−0.4	0	⎭	
−0.5	−1	⎫ →	0
−0.6	−1	｜ →	−1
−0.7	−1	｜ →	−1
−0.8	−1	｜ −1が →	−1
−0.9	−1	｜ 10個 →	−1
−1.0	−1	｜ →	−1
−1.1	−1	⎭ →	−1

2.3 加法および減法

学校で習う内容
- 加法及び減法の意味について理解し、それらを用いることができるようにする（小1）。
- 加法及び減法についての理解を深め、それらを用いる能力を伸ばす（小2）。
- 加法及び減法の計算が確実にできるようにし、それらを適切に用いる能力を伸ばす（小3）。
- 小数の加法及び減法の意味について理解し、それらを用いることができるようにする（小4）。

I 加法

1 + 1 は 2 であるなど、数を加えることを加法といいます。加法は足し算のことで、得られた結果を「和」といいます。合わせて 1 つにするという意味です。足し算は、「＋（プラス）」という記号を使います。線分図で表現すると、図6のようになります。

加法は小学校 1 年から習う一番簡単な計算ですが、アインシュタイン（Albert Einstein）は、なぜ 1 + 1 は 2 なのだろうなどと考えていたため、小学校時代はいわゆる落ちこぼれだったといわれています。一浪をしてスイス連邦工科大学に入学し、スイスの特許局へやっとのことで就職していますが、相対性理論を生み出す天才でもありました。

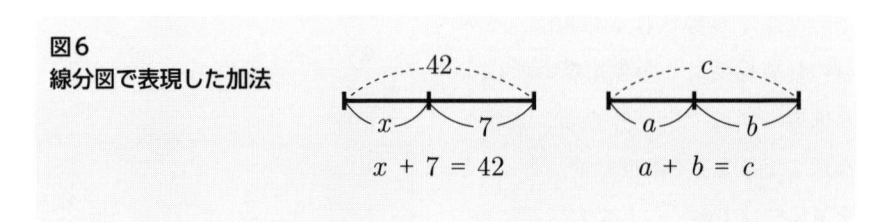

図6
線分図で表現した加法

$x + 7 = 42$

$a + b = c$

算数・数学が苦手という人の多くは、計算に時間がかかるだけで、頭が悪いというわけではありません。計算は訓練すれば速くなりますし、位取りを間違えなければ、誤った答えにはなりません。計算をするだけなら、計算機が人間より何倍も速く計算してくれます。計算を通して数学的なものの見方、考え方を養うことが重要なのです。

足して 10 より大きくなる場合、例えば 8 + 6 では、6 を 2 と 4 に分け、8 に 2 を足すと 10 であるから、左の 10 の位に 1 を入れて、1 の位には残っている 4 を記します (**図7**)。

図7
加法における繰り上げ

10位	1位
	8 + 6 = 8 + 2 + 4) 10
1	4

加法では、加える順序は関係がありません。アルバイトの収入の 3 万円が入った後に、宝くじで 1 万円の収入があっても、宝くじで 1 万円の収入があった後に、アルバイトの収入の 3 万円が入っても、財布の中は 4 万円で同じということです。また、0 を加えても同じ数です。これらを式で表すと、次のようになります。これを交換法則といいます。

$$a + b = b + a$$
$$a + 0 = 0 + a = a$$

3 つ以上の足し算でも考え方は同じです。先に行う計算を ( ) で示すと、
$$(x + y) + z = x + (y + z) = (y + z) + x$$
となります。これを結合法則といいます。

2 減法

4 − 1 は 3 であるなど、減らしていくことを減法といいます。引き算のことで、得られた結果を「差」といいます。違い、差し引きの意味です。「−（マイナス）」という記号を使います。線分図で表現すると、**図8**のようになります。42 − 7 の場合、1 の位の 2 から 7 は引けないので 42 を 30 と 10 と 2 に分け、10 から 7 を引いた差 3 に 1 の位の 2 を足して 5 になります。このように、同じ位から引けなければ上の桁より 1 つ持ってきて、そこから引き、残りを加えます。桁が増えても考え方は同じです。

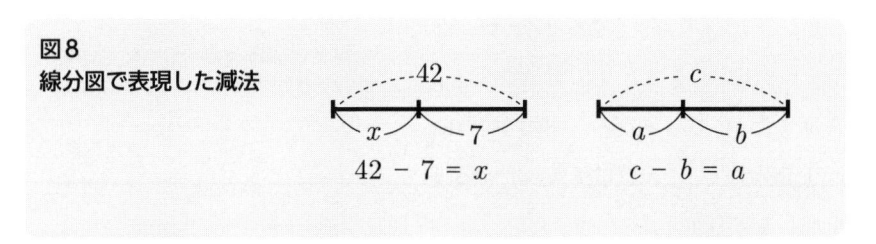

図8
線分図で表現した減法

$42 − 7 = x$

$c − b = a$

小学校で減法を繰り返し習うのは、位取りを間違えなくするためです。10 進数でない場合の引き算も考え方は同じです。1 つ上の桁から 1 つ持ってきて、そこから引きます。例えば、新大阪 17 時 53 分発の「のぞみ」が東京に 20 時 30 分着の場合、新幹線に乗っていた時間は、

20 時 30 分 − 17 時 53 分
=（19 時 + 1 時 30 分）−（17 時 + 53 分）
=（19 時 − 17 時）+（90 分 − 53 分）
= 2 時間 37 分

となります。

■ 負の数

減法は、加法と違って、減らす順序によっては問題が生じます。4 万円の財布から 1 万円を支払うときなど、大きい数字から小さな数字を引くときには簡単にできますが、4 万円しか財布にお金がないのに 5 万円の支出がある

ときもあります。このように、小さな数字から大きな数字を引くときには負の数という考え方を使います。この例では 4 − 5 = − 1 と、1 万円を借金して払い、財布の中にマイナス 1 万円と書いた紙を入れておくようなものです。

■ 負の数は減法を足し算で表せる

　負の数という考え方を取り入れると、減法は足し算になります（**図9**）。4万円から 5 万円を引くということは、4 万円の現金が入っている財布に、5万円の借金（− 5 万円）を加えるのと同じだからです。財布の中には差し引き、− 1 万円という借金が入っていることになります。1 万円を補填すれば（加えれば）、財布の中は 0 になりますし、2 万円を補填すれば、財布の中は1 万円となります。このように、負の数をとり入れることで、減法は加法と同じになり、減らす順序の問題はなくなります。

図9
加法に置き換えた減法の線分図

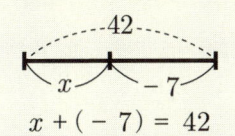

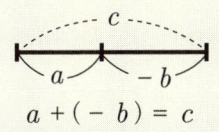

$$x + (-7) = 42$$

$$a + (-b) = c$$

2章　数と計算

2.4 乗法

学校で習う内容
- 乗法の意味について理解し、それを用いることができるようにする（小2）。
- 乗法についての理解を深め、その計算が確実にできるようにし、それを適切に用いる能力を伸ばす（小3）。
- 小数の乗法の意味について理解し、それらを適切に用いることができるようにする（小5）。

I 乗法の意味

3×8 は 24 であるなど、数を掛けることを乗法といいます。掛け算のことで、得られた結果を「積」といいます。積み重ねるという意味があります。「×（掛ける）」という記号を使いますが、数字と数字の掛け算以外は、多くの場合、$a \times b$ ではなく ab と簡単のために「×」を省略します。数字と数字の掛け算、例えば、3×5 は省略すると 35 となって違う数になりますので省略できません。乗法を面積図で表現すると、図10 のようになります。

小学校で九九を習いますが、1桁どうしの掛け算を暗記しておくと、実生活で非常に役立ちます、九九は万葉集にもあります。

若草乃 新手枕乎 巻始而 夜哉将間 二八十一不在國（わかくさの にひたまくらを まきそめて よをやへだてる にくくあらなくに）

図10
面積図で表現した乗法

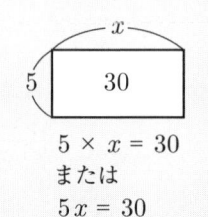

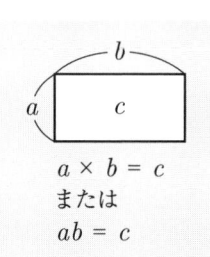

$5 \times x = 30$
または
$5x = 30$

$a \times b = c$
または
$ab = c$

「八十一」という漢字を「くく」と読んでいるということは、万葉時代に、九九が日本で知られていたことが分かります。インドの初等教育では、二桁までの掛け算を暗算させています。$99 \times 99 = 9\,801$、$99 \times 98 = 9\,702$…と、かなり大変です。しかし、これが数学に強いインドの伝統を支えています。

■ 掛け算の順序

掛け算では、掛ける順序が違っても同じ値です。また、1を掛けた場合には同じ値になりますが、0を掛けると0になります。

$$a \times b = ab = b \times a = ba$$
$$a \times 0 = 0 \times a = 0$$
$$a \times 1 = 1 \times a = a$$

3つ以上の掛け算でも考え方は同じです。先に行う計算を（　）で示すと、

$$(xy)z = x(yz) = (yz)x$$

となります。

「2.1.4項：数の表し方」で、漢数字について、大きい数を示す漢字の左側に小さな数を示す漢数字があれば掛け算（例えば百万）、逆であれば足し算（万百）という説明をしましたが、数学における表記方法もこれに似ています。未知の数、あるいは変数は、（実際の数はどうであれ）数字で表されている数よりも大きいと感じられますので、掛け算であれば、数字を左側に書きます。$\pi = 3.14\cdots$ですが、「$\pi \times 4$」とは書かずに「$4 \times \pi$」、または、「4π」と書きます。

■ 何気なく使っている分配法則

私たちの生活では、加法と乗法が一緒になっていることがよくあります。1万円の洋服と5 000円の靴を店で買ったとしましょう。消費税は5％です。洋服、靴それぞれで支払っても、洋服と靴を一緒にして支払っても、特別なサービスがない限り同じ額になります。

$$10\,000 \times 1.05 + 5\,000 \times 1.05 = (10\,000 + 5\,000) \times 1.05$$

一般的な書き方では、$xy + zy = (x + z)y$　となりますが、これを分配

図11 面積図で表現した分配法則（加法の場合）

$$ab + ac = a(b + c)$$

図12 面積図で表現した分配法則（減法の場合）

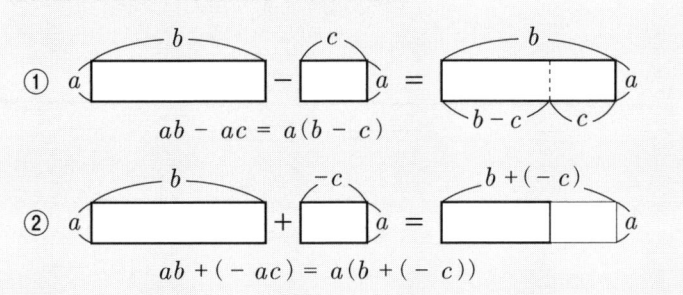

① $ab - ac = a(b - c)$

② $ab + (-ac) = a(b + (-c))$

法則といいます。面積図で表現すると**図11**のようになります。

　減法の場合と同様に、マイナスの値を使うと計算を単純にすることができる場合があります（**図12**）。1を掛けることは同じ値になることですので、あえて減法を入れた掛け算をすることがあります。例えば、

49×128
$= (50 - 1) \times 128$
$= 50 \times 128 + (-1) \times 128$
$= 6\,400 - 128$
$= 6\,272$

分配法則
$(b - c) \times a$
$= b \times a + (-c) \times a$
を使う！

のようにです。

　実際に2桁以上の掛け算を計算するときには、分配法則を使って計算します。205×14 を、205×10 と 205×4 の和として計算するわけです。このときに、数字がない位に0を記入して計算すると早く正確にできるという0の威力が発揮されます。**図13**①は漢数字での乗法の計算ですが、このようにやると位取りが分からなくなり、計算間違いをします。③のような漢

2.4 乗法

図13 漢数字と算用数字での掛け算（205×14の場合）

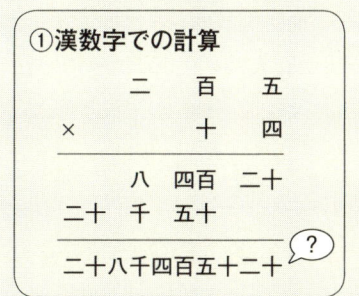

①漢数字での計算

```
          二 百 五
    ×       十 四
    ─────────────
          八 四百 二十
    二十 千 五十
    ─────────────
    二十八千四百五十二十   ❓
```

②算用数字での計算

```
        2 0 5
    ×     1 4
    ─────────
        8 2 0
      2 0 5
    ─────────
      2 8 7 0
```

③漢数字を分解しての計算

二百 五 × 十 四 =（二百 × 十 + 五 × 十）+（二百 × 四 + 五 × 四）
　　　　　　　=（二千 + 五十）+（八百 + 二十）
　　　　　　　= 二千 + 八百 +（五十 + 二十）
　　　　　　　= 二千八百七十

数字を分解して計算をする方法は手間がかかります。

■ 10の何倍かで表す

ある桁数より下がすべて0の数字の掛け算では、0の数を間違えないよう、あらかじめ、10の何倍かという表現をしてから掛け算を行います。

例えば3 100 × 560 では、

$3\,100 = 31 \times 10 \times 10 = 31 \times 10^2$、

$560 = 56 \times 10 = 56 \times 10^1$

より、

$3\,100 \times 560 = 31 \times 10^2 \times 56 \times 10^1$

$= 31 \times 56 \times 10^{(2+1)}$

$= 1\,736 \times 10^3$

$= 1\,736\,000$

と計算するのです。

■ 倍数と公倍数

倍数は、ある整数に整数を掛けたものです。5 の倍数は $5 \times 1 = 5$、$5 \times 2 = 10$、$5 \times 3 = 15\cdots$ です。2 つの整数の倍数を考えたとき、共通する倍数が公倍数です。そのうち一番小さい公倍数が最小公倍数です。公倍数は最小公倍数の倍数ということもできます。例えば、3 と 4 の倍数を考えます。

図 14
長方形でできるだけ小さな正方形を作る

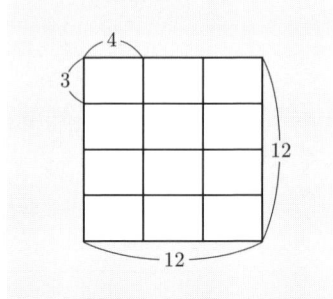

3 の倍数は 3、6、9、12、15、18、21、24…、4 の倍数は 4、8、12、16、20、24、28、32…です。3 と 4 の倍数に共通な数、つまり公倍数は 12、24、36…となりますので、最小公倍数は 12 です。そして、公倍数は最小公倍数である 12 の倍数となります。

最小公倍数を使うと、ある長方形を並べてできる最も小さな正方形を求めることができます。3 と 4 の最小公倍数は 12 なので、縦が 3、横が 4 の長方形でできる一番小さな正方形は、**図 14** のように 1 辺の長さが 12 の正方形です。

公倍数の見つけ方は、2 つの整数 a、b のうち、大きい方を a とすると、$a \times 1$ が b の倍数かどうか、倍数でないなら $a \times 2$ が b の倍数かどうか…と 1 から順に大きい数でチェックし、最初に $a \times n$ が b の倍数になったときの $a \times n$ が最小公倍数です。そして、$(a \times n) \times 2$、$(a \times n) \times 3\cdots$ が公倍数です。

---

2 │ 小数の乗法

小さな数字の掛け算は、10 を何回か掛けて整数とし、整数どうしの掛け算を行い、得られた結果に、最初に掛けた 10 の回数だけ 10 分の 1 を掛けます。例えば、7.35×3.5 は、

$7.35 = 7.35 \times 100 \times 0.01 = 735 \times 0.01 = 735 \times 10^{-2}$、
$3.5 = 3.5 \times 10 \times 0.1 = 35 \times 0.1 = 35 \times 10^{-1}$
ですので、$7.35 \times 3.5 = 735 \times 35 \times 10^{-2-1}$
$= 25\,725 \times 10^{-3}$
$= 25.725$
となります（図15）。

図15 小数の乗法の計算例

```
            7. 3 5  ……… 小数2位  10⁻²
        ×       3. 5  ……… 小数1位  10⁻¹
        ─────────────
            3 6 7 5
        2 2 0 5
        ─────────────
        2 5. 7 2 5         －2－1＝－3 より
                ⋮   ……… 小数3位
                           （10⁻³）の位置（右から3つ目）に
                           「.」を置く
```

小数2位であれば10を2回掛け、桁を右へ2つ移動、小数1位であれば10を1回掛け、桁を右へ1つ移動ですので、得られた結果の桁を3つ（＝ 2 ＋ 1）左へ移動させます。大きな数と小さな数の掛け算でも考えが同じです。$3\,100 \times 7.35$ では、
$3\,100 = 31 \times 10^2$, $7.35 = 735 \times 10^{-2}$
ですから、
$3\,100 \times 7.35 = 31 \times 735 \times 10^2 \times 10^{-2}$
$= 31 \times 735 \times 10^{2-2}$
$= 31 \times 735 \times 10^0$
$= 22\,785 \times 1$
$= 22\,785$　と計算するのです。

2.5 除法

学校で習う内容
- 除法の意味について理解し、それを用いることができるようにする（小3）。
- 整数の除法についての理解を深め、その計算が確実にできるようにし、それを適切に用いる能力を伸ばす（小4）。
- 小数の除法の意味について理解し、それらを適切に用いることができるようにする（小5）。

I　除法の意味

　$12 \div 3 = 4$ など、0 以外の数で割ることを除法といいます。割り算のことです。得られた結果を測る、比べるという意味で「商（しょう）」といいます。「÷（割る）」という記号を使いますが、「／（スラッシュ）」という記号で代用することもあります。小学校で習う割り算では、図16 のように、割る数（図では 4）の段の九九を使って求めると説明しています。

図16　わり算の計算例

割られる数38、割る数4の場合

①たてる	3は4で割れないので、38を4で割ることを考える。そうすると、九九により4×9=36なので、38の1の位の上に答えの9を書く
②掛ける	4×9=36を38の下に書く
③引く	38から36を引いた2を書く

④答え 9、余り2

■ 乗法と除法の関係

乗法と除法には図17のような関係があります。最初に記した「割られる数（12）」に、「割る数（3）」がいくつ含まれているか（割られる数は割る数の何倍なのか）を計算するのが除法です。12は3の4倍なので、

$12 \div 3 = 4$、

また、12は0.3の40倍なので、

$12 \div 0.3 = 40$

となります。なお、割る数が小さければ小さいほど、商は大きな値になります（割る数が負であれば逆になります）。

図17　面積図で表現した乗法と除法

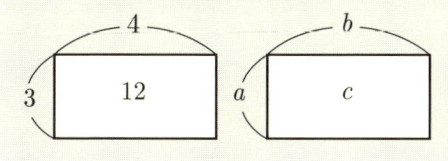

乗法　$a \times b = c$
除法　$c \div a = b$　　$c \div b = a$

■ 0にまつわる話題

しかし、0は、いくつあっても0ですから（何倍しても0のまま）、0で割った商を求めることはできません。

つまり、0で割ることはできません。

0をいろいろな数字で割ることは可能ですが、

$0 \div 12 = a$、$0 = a \times 12$ となり、

どの数字で割っても計算結果は0となります。つまり、$0 \div a = 0$です。0は除法においては、特別扱いです。

1で割る場合には割る前の数字と同じ値になり、$a \div 1 = a$です。

偶数は、2で割ったときに整数となる数のこと（＝余りのない数）ですが、0は2で割ったときに0という整数になるので、偶数です。

■ 割り算には順序がある

掛け算では、掛ける順序が違っても同じ値ですが、割り算では違います。順序が違うと、割られる数と割る数が入れ替わることになり、例えば、

$12 \div 3 = 4$

$3 \div 12 = 0.25$

と違った値になります。除法では、何を何で割るかという順序が大事です。

■ **割合**

比べる量がもとの量のどれくらいに当たるかを示すのが割合です。例えば、月（30日間）に3万円貯蓄するためには、$30\,000 \div 30 = 1\,000$ と、1日当たり1000円の倹約が必要となります。

人口を面積で割った単位面積当たりの人口密度、重さを体積で割った体積当たりの重さ（＝密度）というように、単位当たりの割合は日常生活ではよく使います。割合は小数で表しますが、この値を100倍した％もよく使います。$0.01 = 1\%$、$1.00 = 100\%$ です。消費税5％ということは、消費税の割合が0.05ということです。P 円のものと買うときには、P 円の他に P 円に消費税を掛けた額、

$P + P \times 0.05 = 1.00 \times P + 0.05 \times P$

$= (1.00 + 0.05) \times P$

$= 1.05 \times P$ 円を支払うことになります。

■ **割り算の余りと循環小数**

整数を整数で割った場合、必ずしも整数にはなりません。商を整数の値とする場合には、余りがでます。$13 \div 3$ の場合は、3を4回引いても1が残ります。つまり、$13 \div 3 = 4$ 余り 1 です（**図18a**）。

さらに、余った1を1桁小さい数である0.3で割って、4.3余り0.1（**図18b**）、これを続けて、$13 \div 3 = 4.333\,33\cdots = 4.\dot{3}$ と書

図18 商が整数の場合と小数の場合

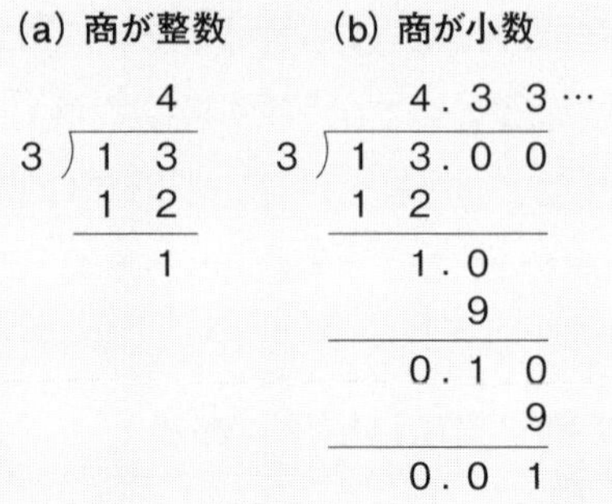

(a) 商が整数

```
      4
   ┌─────
 3 │ 1 3
     1 2
   ─────
       1
```

(b) 商が小数

```
      4. 3 3 …
   ┌─────────
 3 │ 1 3. 0 0
     1 2
   ─────────
       1. 0
           9
   ─────────
         0. 1 0
               9
   ─────────
           0. 0 1
```

きます。$\dot{3}$は、これ以後ずっと 3 が繰り返しでてくるという意味です。$1 \div 7 = 0.142\,857\,142\,857\,142\,857\cdots = 0.\dot{1}42\,85\dot{7}$ は、「•」で挟まれた 142857 の数が循環して無限に続くという意味です。

2 小数の除法

除法では、割る数と割られる数に同じ数を掛けた場合、商は同じになります。10 個のものを 5 人で分ける場合と、$10 \times 3 = 30$ 個のものを $5 \times 3 = 15$ 人で分ける場合では、どちらも 1 人当たり 2 個となります。

割る数と割られる数に小数がある場合は、それぞれに同じ数だけの 10 を掛けて桁を移動させ、割る数を整数にしてから計算をし、商を求めます。ただ、余りが生じた場合、その余りは、10 を掛ける前の桁を使います。例えば、$8.125 \div 0.74$ では、図19 のようになり、商は 10.9、余りは 0.059 となります。

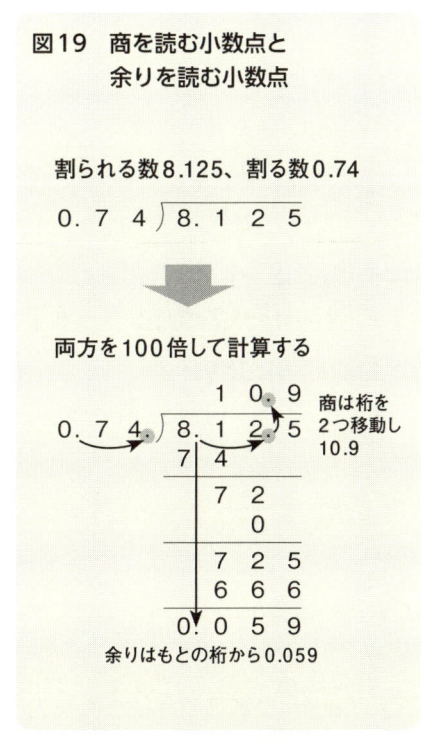

図19　商を読む小数点と余りを読む小数点

割られる数 8.125、割る数 0.74

$0.74\,)\,8.125$

↓

両方を 100 倍して計算する

```
              1 0.9      商は桁を
   0.74 ) 8.1 2.5        2つ移動し
          7 4            10.9
          ─────
            7 2
            7 2
            ───
              0
              7 2 5
              6 6 6
              ─────
              0̇ 0 5 9
```

余りはもとの桁から 0.059

3 約数と素数

ある整数 a が整数 b で割りきれたとき、b は a の約数であるといいます。6 の約数は、6 を割りきることができる 1、2、3、6 です。どのような整数 a も、その数 a と 1 では割りきれます。$a \div 1 = a$、$a \div a = 1$ だからです。その数 a と 1 以外では割りきれる自然数がない場合、その数を素数

といいます。素数は、2、3、5、7、11、13…と限りなくありますが、2以外はすべて奇数です。

　a の約数を求めるには、一番小さい約数の 1 と一番大きな約数の a を $(1,\ \ \ \ ,\ a)$ と間を空けて書き、$a \div 2$ は整数か、$a \div 3$ は整数か…とチェックして該当した数を順に書いていくと効率的に求められます。$a = 12$ なら、

$(1,\ \ \ \ ,\ 12) \to (1,\ 2,\ \ \ \ ,\ 12) \to (1,\ 2,\ 3,\ 4,\ 6,\ 12)$ が約数です。

■ 公約数と最大公約数

　公約数は、ある数の約数で、かつ別の数の約数にもなっている数をいいます。このうち、最大なものが最大公約数です。例えば、14 の約数は $(1, 2, 7, 14)$、63 の約数は $(1, 3, 7, 9, 21, 63)$ ですから、14 と 63 の両方に共通する約数 1 と 7 が公約数です。この公約数のうち最大のものが 7 ですので、14 と 63 の最大公約数は 7 となります。

■ 公約数の応用例

　壁の縦 63cm、横 14cm の部分にすき間なく貼れる正方形のタイルのうち、一番大きなものは、縦横の長さの最大公約数である 7cm × 7cm の正方形のタイルです（図20）。

図20　長方形をできるだけ大きな正方形で埋める

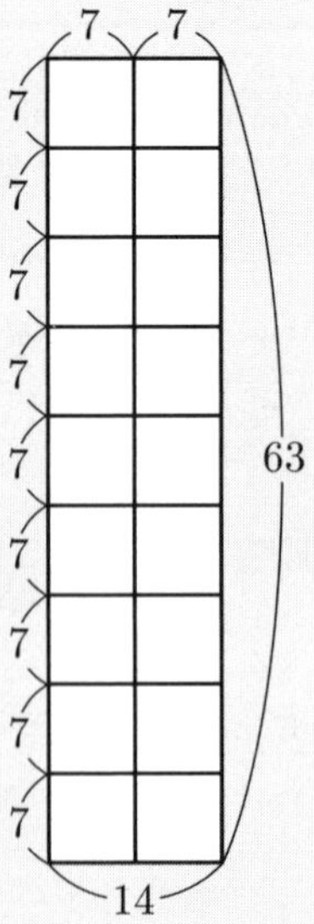

■ 素

　2 つの数の公約数が 1 しかないとき、2 つの数は互いに素といいます。例えば、3 と 4 は、共通の約数が 1 しかないので互いに素です。a が b と素で、a と c が素のとき、a は $b \times c$ とも素です。

2.6 分数

学校で習う内容
- 分数の意味とその表し方について理解できるようにする（小4）。
- 分数についての理解を深めるとともに、同分母の分数の加法及び減法の意味について理解し、それらを適切に用いることができるようにする（小5）。
- 分数についての理解を一層深めるとともに、異分母の分数の加法及び減法の意味について理解し、それらを適切に用いることができるようにする（小6）。
- 分数の乗法及び除法の意味について理解し、それらを適切に用いることができるようにする（小6）。

I 分数の意味

分数は、「比べる量 = A」を「もととなる量 = B」で割ったものですが、小数にしないで、$\dfrac{\text{比べる量}}{\text{もととなる量}} = \dfrac{\text{分子}}{\text{分母}}$ で表します。

分子が分母と同じか、分母より大きな数を仮分数（かぶんすう）といいます（例：$\dfrac{3}{2}$）。

分子が分母より小さい分数を真分数（しんぶんすう）といいます（例：$\dfrac{2}{3}$）。

また、$16 \div 3$ は 5（商）余り 1 ですが、これを分数で表すと、

$$\dfrac{16}{3} = \dfrac{5 \times 3 + 1}{3} = \dfrac{5 \times 3}{3} + \dfrac{1}{3} = 5 + \dfrac{1}{3} = 5\dfrac{1}{3}$$

のように、商を外に出すことができます。このように、仮分数でなくなったものを帯分数（たいぶんすう）といいます。

分数は、除法の表現の一つですが、結果は小数とはせず、何分の何という形で表します。分数の商を小数にした場合は、有限の数でできている「有限小数」か「循環小数」になり、「$\pi = 3.141592\cdots$」のような無理数にはなりません。無理数では取り扱いが難しいので、近似的に分数とすることがあり

ます。

例えば、紀元前 1800 〜 1600 年のメソポタミア（現在のイラク）では、$\pi \fallingdotseq \frac{22}{7}$ という近似が使われていました。これは、3.142 857 142 857 …と、比較的簡単な数字で π を近似しています。また、1500 年前の中国の祖冲之（そちゅうし）は、$\frac{335}{113}$（= 3.141 592 920…）を使いました。分数でも、かなりの精度で π を表現できます。しかし、さらに精度よく求めたいということからさまざまな挑戦が行われ、300 年ほど前の日本でも、関孝和（せきたかかず）が π を計算して、3.141 592 653 59 よりも少し小さいとしています（実際は π = 3.141 592 653 589 793 2…）。

分数では、分子と分母に 0 以外の同じ数を掛けても、同じ数で割っても値は変わりません。

$$\frac{A}{B} = \frac{A \times C}{B \times C} = \frac{A \div C}{B \div C} \quad \cdots ①$$

■ 約分

分子と分母を 0 以外の同じ数で割って、分母をもっと小さな数にすることを約分といいます。上記①式の応用です。

$$\frac{12}{15} = \frac{12 \div 3}{15 \div 3} = \frac{4}{5} \quad \cdots ②$$

12と15の約数である3で割る！

■ 通分

通分とは、2 つの分数の分母が同じになるようにそろえることで、普通は、分母の最小公倍数を使います。通分により、分母の異なる分数の加法と減法ができます。$\frac{1}{3}$ と $\frac{1}{4}$ なら、3 と 4 の最小公倍数 12 を使い、

$$\frac{1 \times 4}{3 \times 4} = \frac{4}{12}、\frac{1 \times 3}{4 \times 3} = \frac{3}{12}$$

$$\frac{1}{3} = \frac{4}{12}、\frac{1}{4} = \frac{3}{12}$$

とすることです。

2 | 分数の加法と減法

分数の加法や減法は、まず、帯分数がある場合には、整数部分と分数部分に分けた上で計算します（①）。分数部分は通分し、分母を同じにして分子を足します（②）。得られた分数が仮分数なら、それを帯分数に変えます（③）。また、約分できる場合は約分を行います。

帯分数は整数部分と分数部分に分ける

$$2\frac{1}{3} + 3\frac{4}{5} = \boxed{2} + \frac{1}{3} + \boxed{3} + \frac{4}{5} = \boxed{5} + \frac{1}{3} + \frac{4}{5} \quad \cdots ①$$

整数部分はそのまま計算する

$$= 5 + \frac{5}{15} + \frac{12}{15} = 5 + \frac{(5+12)}{15} \quad \cdots ②$$

分母を合わせる（通分）

$$= 5 + \frac{17}{15} = 5 + 1\frac{2}{15} = 6\frac{2}{15} \quad \cdots ③$$

帯分数の減法は、整数部分と分数部分に分けて計算します（④）。分数部分は通分し、分母を同じにして分子を引き算します（⑤）。得られた分数が仮分数なら、それを帯分数に変えます。また、約分できる場合は約分を行います。

帯分数は整数部分と分数部分に分ける

$$3\frac{4}{5} - 2\frac{1}{3} = \left(\boxed{3} + \frac{4}{5}\right) - \left(\boxed{2} + \frac{1}{3}\right) = \boxed{1} + \frac{4}{5} - \frac{1}{3} \quad \cdots ④$$

整数部分はそのまま計算する

$$= 1 + \frac{12}{15} - \frac{5}{15} = 1 + \frac{(12-5)}{15} = 1\frac{7}{15} \quad \cdots ⑤$$

分母を合わせる（通分）

3 | 分数の乗法および除法

分数の乗法は、まず帯分数がある場合は、仮分数に変えて行います（①）。分母どうし、分子どうしを掛けあわせ、計算途中で約分ができる場合は約分

をします（②）。そして、得られた分数が仮分数なら帯分数に直します（③）。また約分できる場合は約分します。

$$\frac{7}{8} \times 3\frac{1}{3} = \frac{7}{8} \times \overset{\text{帯分数を仮分数にする}}{\frac{10}{3}} \qquad \cdots ①$$

$$= \frac{7 \times 10}{8 \times 3} = \frac{70}{24} = \overset{\text{2で分子と分母を割って約分する}}{\frac{35}{12}} \qquad \cdots ②$$

$$= \frac{12 \times 2 + 11}{12} = 2\frac{11}{12} \text{ 帯分数に直す} \qquad \cdots ③$$

（分子を分母の倍数と余りに分解する）

分数の除法は、まず、帯分数がある場合には仮分数に変え、割る分数の逆数を掛けるという形で行います（④）。分数の逆数とは、分母と分子をひっくり返した分数です。もとの分数と逆数を掛けると1になります。$\frac{3}{8}$ の逆数は $\frac{8}{3}$ です。計算途中で約分ができる場合は約分をします。そして、得られた分数が仮分数なら帯分数に直します（⑤）。また、約分できる場合は約分を行います。

$$3\frac{1}{3} \div \frac{7}{8} = \frac{10}{3} \div \frac{7}{8} = \frac{10}{3} \times \overset{\text{分母と分子をひっくり返して掛け算にする}}{\frac{8}{7}} = \frac{10 \times 8}{3 \times 7} \qquad \cdots ④$$

$$= \frac{80}{21} = \frac{21 \times 3 + 17}{21} = 3\frac{17}{21} \qquad \cdots ⑤$$

（分子を分母の倍数と余りに分解する）

4 　比

比べる量がもとの量の何倍であるかを表す関係を比と呼び、

　　　比＝（比べる量）：（もとの量）

で表します。分数の分母と分子のように「：」（「たい」と読む）の左右に同じ

数を掛けても、比は同じです。

3人に対して6個のリンゴがある場合も、6人に12個のリンゴがある場合も、1人当たりのリンゴの数は2個で同じです。できるだけ小さい整数の比にすることを、「比を簡単にする」といいます。6：12という比は、6と12の最大公約数の6で左右を割って、1：2となります。

$$6 : 12 = 1 : 2$$
（左右を6で割る）

また、0.6：1.5など、小数の比は、10を何回か掛けて整数の比にし、最大公約数で割って比を簡単にします。

$$0.6 : 1.5 = 6 : 15 = 2 : 5$$
（左右に10を掛ける）（左右を3で割る）

また、もとの量を1として比を求めることもあります。

$$0.6 : 1.5 = 0.4 : 1$$
（左右を1.5で割る）

■ 実社会の比の例

表4は東京都中野区での男女比の推移です。第1回の国勢調査が行われた大正9年には、女性1人に対し男性1.184人と男性が多い地域でしたが、

表4
比の例
（東京都中野区における男女比の推移）
『中野区統計書2010』より

	男	女	男女比
大正9年（国勢調査）	15 834	13 364	1.185
昭和5年（国勢調査）	70 911	63 187	1.122
昭和15年（国勢調査）	110 010	104 107	1.057
昭和25年（国勢調査）	107 311	106 150	1.011
昭和35年（国勢調査）	182 235	169 125	1.078
昭和45年（国勢調査）	192 898	185 825	1.038
昭和55年（国勢調査）	173 192	172 541	1.004
平成2年（国勢調査）	159 701	159 986	0.998
平成12年（国勢調査）	154 865	154 661	1.001
平成27年（予測）	155 482	156 082	0.996

その後、増減を繰り返しながら次第に女性の多い地域に変わっていることが比を計算することで分かります。

■ 内積と外積

$A:B = C:D$の比で、内側にあるBとCを内項、外側にあるAとDを外項といいます。内項の積と外項の積は等しくなります。$B \times C = A \times D$です。

例えば、

$$2:3 = 6:9$$

内項は3と6、外項は2と9

そこで内項の積(3×6)＝外項の積(2×9)＝１８となります。

問 図21のような相続の場合、法定相続分は妻が2分の1、婚姻外の女性は0、認知を受けた婚姻外の女性の子(D)の相続は、妻との子の半分とします。3人の孫（孫一、孫二、孫三）が受け取る財産は何分の1になるでしょうか。

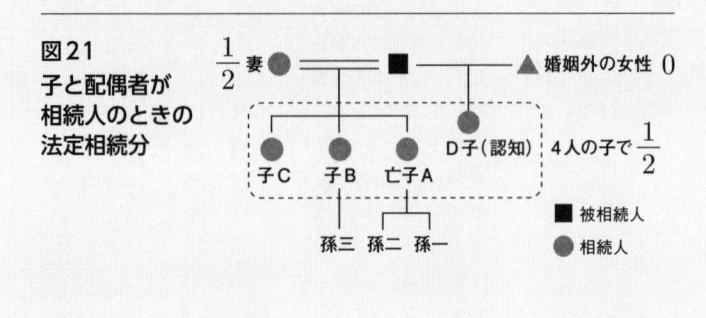

図21
子と配偶者が相続人のときの法定相続分

妻 $\frac{1}{2}$ ― ■ ― ▲婚姻外の女性 0

子C 子B 亡子A D子(認知)　4人の子で$\frac{1}{2}$

孫三 孫二 孫一

■ 被相続人
● 相続人

2.6 分数

答 （孫一の相続分）＝ 14 分の 1、（孫二の相続分）＝ 14 分の 1、（孫三の相続分）＝なし（親の B が相続）です。

子と配偶者が相続人の場合の法定相続分は、

（配偶者）：（子ども全員）＝ 1：1

配偶者は 2 分の 1 です。妻との子どもはそれぞれ同じ割合、婚姻外の女性との子どもで認知している場合は妻との子どもの半分なので、

$$A + B + C + D = \frac{1}{2}$$

また、

$$A : B : C : D = 1 : 1 : 1 : 0.5$$

例えば A の相続分を 1 とすると、

$$A : (A + B + C + D) = 1 : (1 + 1 + 1 + 0.5)$$
$$= 1 : 3.5$$
$$= 2 : 7$$

したがって、A の相続分は（子ども全員）の $\frac{2}{7}$ となります。さらに（子ども全員）の相続分は相続全体の 2 分の 1 ですので、A の相続分は全体の $\frac{1}{2} \times \frac{2}{7} = \frac{1}{7}$ となります。同様に、B、C、D の相続分はそれぞれ、$\frac{1}{7}$、$\frac{1}{7}$、$\frac{1}{7} \times \frac{1}{2} = \frac{1}{14}$ となります。しかし、A は亡くなっているので代襲相続となり、A の相続分は孫一と孫二に半分づつ配分されます。孫三の相続分は親の B が相続しますのでありません。

よって、（孫一の相続分）＝（孫二の相続分）＝（A の相続分）$\times \frac{1}{2} = \frac{1}{7} \times \frac{1}{2} =$ 14 分の 1

となります。

2章　数と計算

2.7　算盤

学校で習う内容
- そろばんによる数の表し方について知り、そろばんを用いて簡単な加法及び減法の計算ができるようにする（小3）。

1　算盤による数の表し方

　算盤は古典的な計算補助器具で、世界中にいろいろあります。日本で現在用いられているのは、木の枠に芯（軸）を入れ、珠を組み込んだものです。1桁ごとに上珠が1個、下珠が4個があり、珠の置き方によって数字を表します（図22）。そして、珠の移動によって計算するので珠算ともいわれます。また、定位点が4桁ごとに打ってあり、1の位を決めると、1万の位、1億の位がすぐに分かるようになっています。

　今から4000年前、メソポタミア地方（現在のイラク）では、砂の上に線を引き、小石を並べて計算をしていました。それが中国に伝わり、小石が木に変わり、串刺しになりました。日本へは、今から500年前の室町時代後期に中国から伝わったとされていますが、そのときの算盤は、上珠が2個、

図22　算盤（上一下四型）での数字の置き方

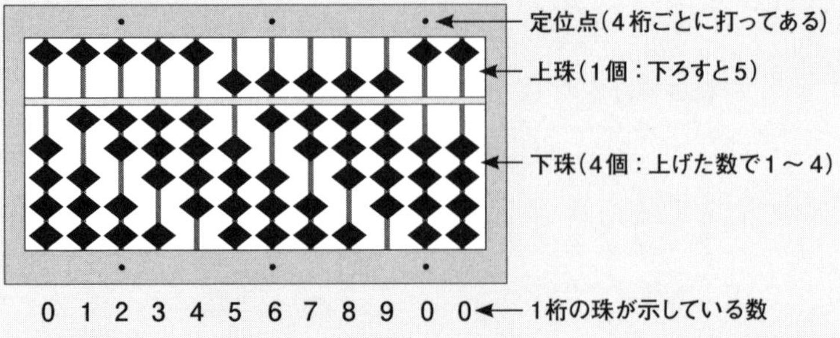

- 定位点（4桁ごとに打ってある）
- 上珠（1個：下ろすと5）
- 下珠（4個：上げた数で1〜4）

0 1 2 3 4 5 6 7 8 9 0 0 ← 1桁の珠が示している数

下珠が 5 個でした（図23）。上珠を 5 とすれば 1 桁で 15 まで表現できますし、上玉のうち一番上の珠を 10 とし途中までしか下ろさない、その下の珠を 5 として一番下まで下ろすとすれば、1 桁で 20 まで表現することができます。

　上二下五の算盤は、16 進法の計算ができるという特徴があります。また、10 進法でも、計算途中では一時的に 10 以上の数字が 1 つの桁に集まることがありますが、繰り上げや繰り下げをせずに、そのまま計算を続けることができます。

　3 000 円を 1 000 円札 3 枚で表す（3・0・0・0）のではなく、1 000 円札 1 枚と 100 円硬貨 20 枚で表す（1・20・0・0）ことができ、たとえば、お金を出し入れするのに、あらかじめ小銭を用意しておくようなものです。

　算盤は、日本で使われているうちに、繰り上げや繰り下げなど考える部分は多くなりました。しかし、算盤の珠の数を減らした方が早く計算できることが分かり、上珠が 1 個、下珠が 5 個に、さらには、上珠が 1 個、下珠が 4 個と日本独自の発展をとげます。昭和

**図23　上二下五型の算盤と
　　　　上一下五型の算盤**

上二下五型の算盤：
上珠をすべて5とした場合

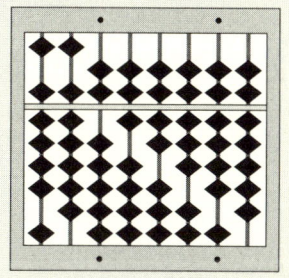

9　10　10　11　12　13　14　15

上二下五型の算盤：
上珠のうち上を10、
下を5とした場合

4　9　10　16　17　18　19　20

上一下五型の算盤

4　5　5　6　7　8　9　10

2章　数と計算

13年には算盤が小学校4年生の必修科目になり、そこで使ったのが上一下四型の算盤であったため、現在はほとんどが上一下四型の算盤です。

考える部分が多くなったことで、コンピュータが広く使われている世界の国々でも、日本の算盤が初等教育における算数の教材として使われています。

2 　算盤による加法と減法の計算

算盤で加法を行うときは、算盤の定位点のどれかを1位とし、そこに最初の数字を置きます。加える数字は、大きな桁から加えていき、10以上になった桁があったら、ただちに、左の桁に1を加え、その桁には10を引いた数を置きます。これを繰り上がりといいます。例えば、123 + 78では（図24）、123 + 70 + 8と分け、大きな桁から加えて行きます（①）。そして1の桁で3と8の和が11と、10以上になるので、左隣の10の桁に1を加え、1の桁には11から10を引いた1を置きます。10の桁では、1が繰り上がってきたことにより10となったのでさらに左の100の桁に1を入れ、10の桁には10を引いた0を置きます。

減法も同様に行いますが、引こうとする桁の数字が小さくて引けないことがあります。そのときは、左隣の桁の数字を1つ減らし、その桁の数字に10を足してから引きます。これを繰り下がりといいます。123 − 78では

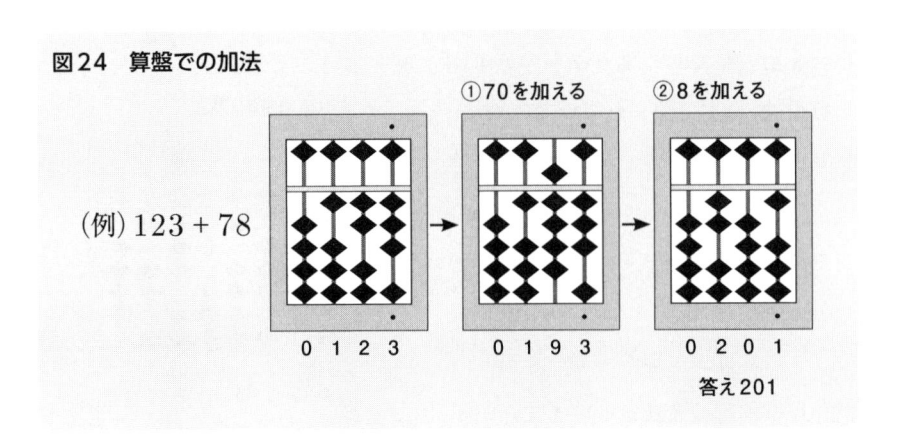

図24　算盤での加法

（例）123 + 78 → ①70を加える → ②8を加える

　　　　　　　0 1 2 3　　　　0 1 9 3　　　　0 2 0 1

答え201

図25　算盤での減法

（例）123 − 78

①70を引く　②8を引く

0 1 2 3　　0 0 5 3　　0 0 4 5

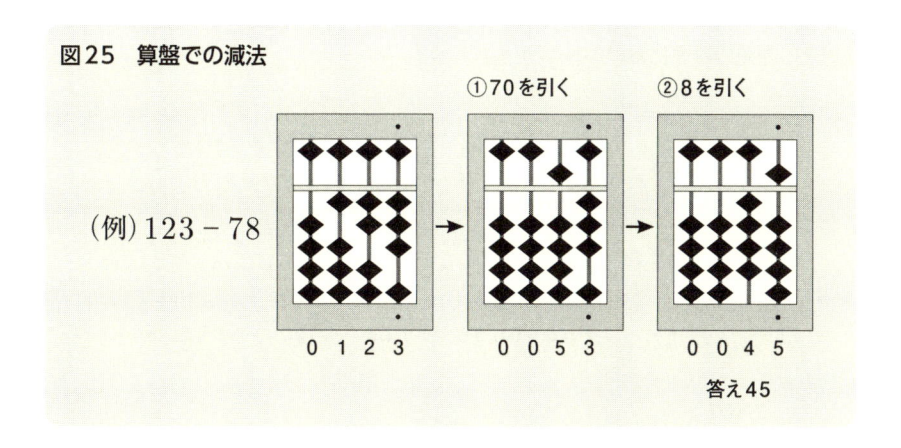

答え 45

（図25）、123 − 70 − 8 とし、大きな桁から引いて行きます。10位の2からは7は引けませんので、100位から1を減じ、10位には10を足した12と考え、そこから7を引き、その結果の5を10位に置きます。1位でも3から8を引けないので、10位を1減らし、1位を13と考えて、そこから8を引いた5を1の位に置きます。

■ 算盤の高度な利用例

　このように、算盤での加法や減法は、数字を覚え、繰り上がりや繰り下がりなどを考え、その結果を算盤の上に表現していくものです。これが、算盤が頭の訓練になるといわれている理由ですが、熟練すると、算盤と同じ数の動きが頭の中ででき、実際に算盤がなくてもある程度の計算ができるようになります。

　算盤で乗法を行うときには、いろいろな珠の置き方がありますが、順次足し算を繰り返す方法で行うことは共通です。例えば、123 × 45 の場合は、**表5**のようになります。

　除法を行うときにも、いろいろな珠の置き方がありますが、順次引き算を繰り返す方法で行うことは共通です。例えば、535 ÷ 41 の場合は、**表6**のようになります。

2章 数と計算

表5　算盤の乗法における珠が示す数の変化

(例) 123×45

0 0 4 5 0 1 2 3 0 0 0 0	←	計算する数字を置く
0 0 4 5 0 1 2 0 0 1 2 0	←	3を消し3×40を置く
0 0 4 5 0 1 2 0 0 1 3 5	←	3×5を加える
0 0 4 5 0 1 0 0 0 9 3 5	←	2を消し20×40を加える
0 0 4 5 0 1 0 0 1 0 3 5	←	20×5を加える
0 0 4 5 0 0 0 0 5 0 3 5	←	1を消し100×40を加える
0 0 4 5 0 0 0 0 5 5 3 5	←	100×5を加える
①		

$123 \times 45 = 5535$ (①)

表6　算盤の除法における珠が示す数の変化

(例) $535 \div 41$

0 0 4 1 0 0 0 0 0 5 3 5	←	計算する数字を置く
0 0 4 1 0 0 1 0 0 5 3 5	←	真ん中に10を置く
0 0 4 1 0 0 1 0 0 1 3 5	←	10×40を引く
0 0 4 1 0 0 1 0 0 1 2 5	←	10×1を引く
0 0 4 1 0 0 1 3 0 1 2 5	←	真ん中に3を置く
0 0 4 1 0 0 1 3 0 0 0 5	←	3×40を引く
0 0 4 1 0 0 1 3 0 0 0 2	←	3×1を引く
① ②		

$535 \div 41 = 13$ (①) 余り 2 (②)

2.8 分かりやすい表現

学校で習う内容
- 資料を表やグラフで分かりやすく表したり、それらを読んだりすることができるようにする（小3）。
- 伴って変わる2つの数量について、それらの関係を表したり調べたりすることができるようにする（小4）。
- 数量の関係を式で簡潔に表したり、それを読んだりすることができるようにする（小4）。
- 目的に応じて資料を集め、分類整理したり、特徴を調べたりすることができるようにする（小4）。
- 四則に関して成り立つ性質についてまとめる（小5）。
- 百分率の意味について理解し、それを用いることができるようにする（小5）。
- 目的に応じて資料を分類整理し、それを円グラフ、帯グラフを用いて表すことができるようにする（小5）。
- 簡単な式で表されている関係について、2つの数量の対応や変わり方に着目するなど、数量の関係の見方や調べ方についての理解を深める（小5）。
- 異種の2つの量の割合としてとらえられる数量について、その比べ方や表し方を理解し、それを用いることができるようにする（小6）。
- 簡単な場合について、比の意味を理解できるようにする（小6）。
- 伴って変わる2つの数量について、それらの関係を考察する能力を伸ばす（小6）。
- 平均の意味について理解し、それを用いることができるようにする（小6）。

I グラフ

数量の関係を簡潔にし、分かりやすくするために分類と整理を行い、棒グラフ（柱状グラフ）、折れ線グラフ、帯グラフ、円グラフで表現することがあります。

2章 数と計算

　棒グラフは、2つ以上の値を比較（量の大小の比較）するのに使われ、1本の帯のような長方形に値を入れます。多くの場合、要素別の数値をそのまま記入するのではなく、全体を100として、それぞれの要素がどの位の割合であるかを表示します。棒の延びる方向は垂直方向の場合と水平方向の場合があります。ときには、棒をさらに要素別に分けることもあります。**図26**は、日本の発電設備容量の推移を示した棒グラフで、年ごとの値を1952年から2009年まで図示したものです。2011年3月11日の東北地方太平洋沖地震で、福島原子力発電所が被害にあったことを受け、今後は、原子力発電所の比率低下、新エネルギー等の比率上昇があると思われます。

　折れ線グラフは、図の中に記入された点を直線でつないだものをいいます

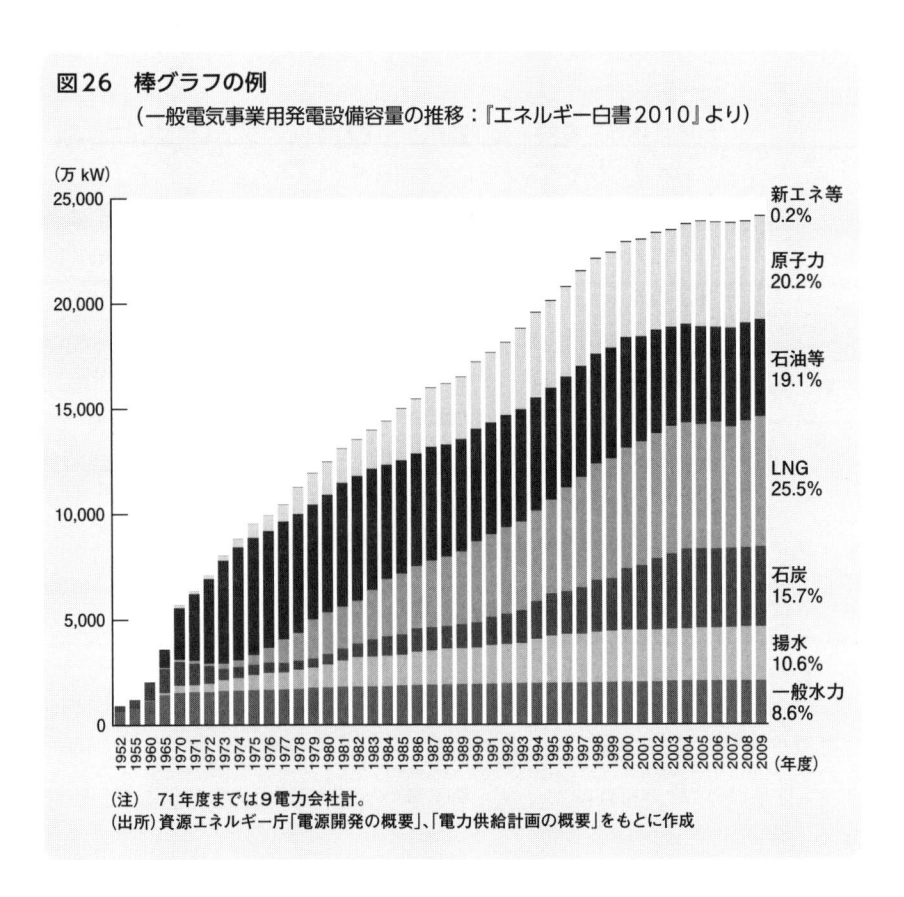

図26　棒グラフの例
　　　（一般電気事業用発電設備容量の推移：『エネルギー白書2010』より）

（注）　71年度までは9電力会社計。
（出所）資源エネルギー庁「電源開発の概要」、「電力供給計画の概要」をもとに作成

図27
折れ線グラフの例

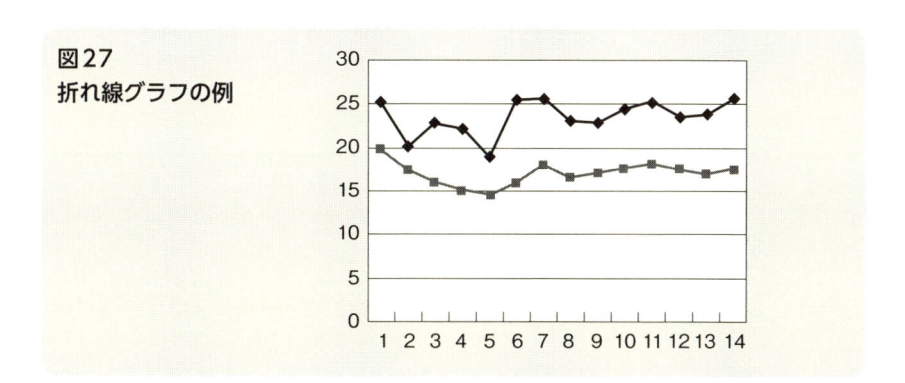

（図27）。量の変化をみるのに使われ、線の傾きによって、隣に比べて「少し上がる」「大きく上がる」「少し下がる」「大きく下がる」「変わらない」などの判断がすぐにできます。

　1つの円の形を用いて、全体の件数に対する種類別の割合を表示したのが円グラフです。真上から右回りに割合の大きい順に並べ、その他は割合が大きくても最後に記すのが基本です。

2 　割合と百分率

　もとにする量を1とし、比べられる量がいくつかであるかを表したのが割合です。（割合）＝（比べられる量）÷（もとにする量）

　野球で、7回バッターボックスに立ち、2回ヒットを打ったとすると、ヒットを打つ割合は $\frac{2}{7} = 0.2857$ …となります。「2.2.2項：小数」で小さい数の数え方を説明しましたが、これにしたがうと、2割8分5厘7毛となります。

　もとにする量を100とし、比べられる量がいくつあるかを表したのが百分率で、資料を分析するときによく使われます。
（百分率）＝（割合）× 100 ＝（（比べられる量）÷（もとにする量））× 100

　電車1両の定員が80人とするとき、95人が乗っていれば、

（95 ÷ 80）× 100 = 118.7… ≒ 119　よって、乗車率119%ということになります。

3 平均

　数量の関係を分析するときによく使われるのが、平均です。データの散らばり具合を "平らに均(なら)し" ます。平均値にはいくつかの計算方法があります。

■ 相加平均

　最も基本的な計算は、相加平均(算術平均)です。x_1、x_2、$x_3 \cdots x_n$ の相加平均 μ_A は、図28 のように表されます。体重が 60 kg、65 kg、70 kg、75 kg、80 kg の 5 人がいれば、

$$
\begin{aligned}
(5人の平均体重) &= \frac{60 + 65 + 70 + 75 + 80}{5} \\
&= \frac{350}{5} \\
&= 70 \text{(kg)}
\end{aligned}
$$

です。多くの場合、相加平均付近に多くのデータが集まっており、いろいろな調査で使われます。しかし、平均がいつも使えるというわけではありません。

　図29 は、2011 年の世帯別貯蓄額です。平均額が 1 664 万円ですが、数少ない高額貯蓄者が平均を引き上げています。200 万円以下が一番多く、所得別にみた場合に、真ん中にいる人の貯蓄額は 991 万円(中央値)にしかなりません。このように、平均値付近に多くのデータが集まっていない場合は、平均値以外、例えば中央値などを使って資料を分析する必要があります。

図28　相加平均の定義　Σは数の合計を表す記号 (5.2.1項参照)

相加平均　　$\mu_A = \dfrac{1}{n}\sum_{i=1}^{n} x_n = \dfrac{x_1 + x_2 + \cdots + x_n}{n}$

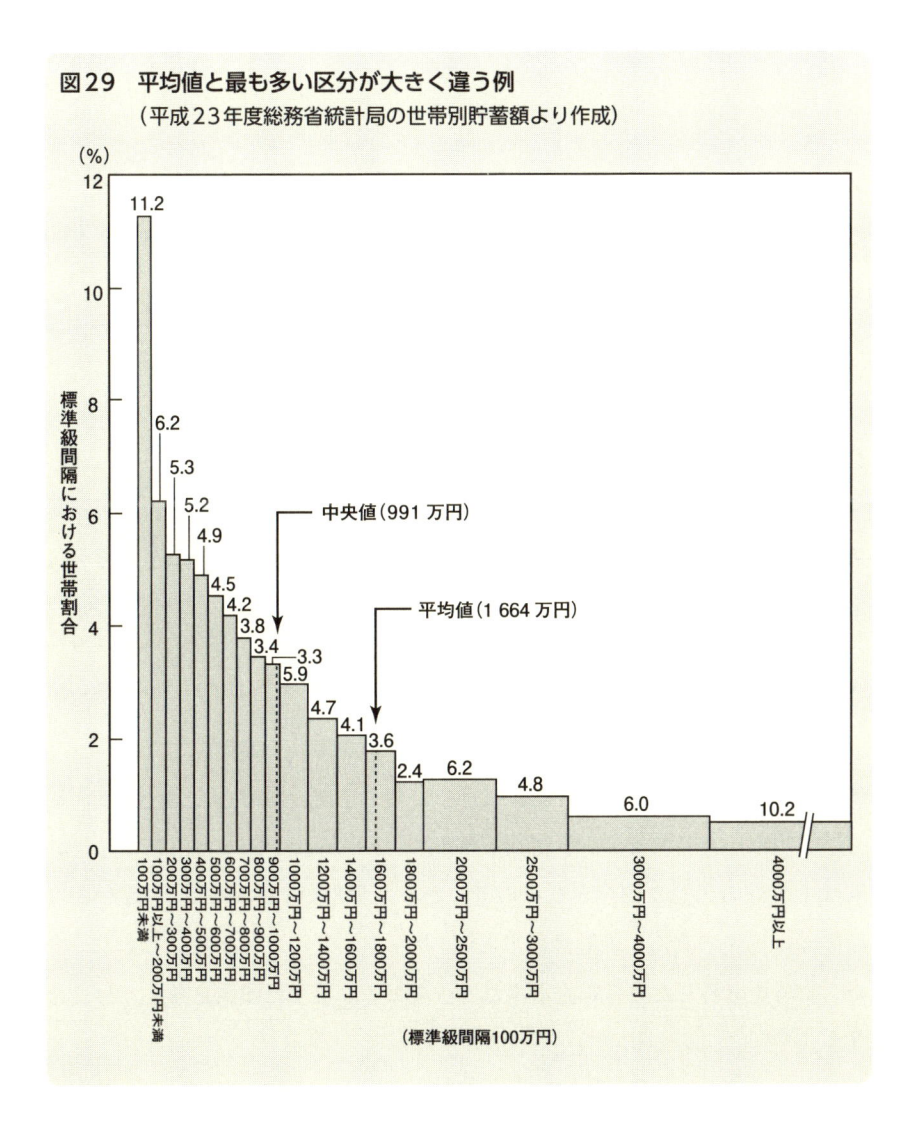

図29 平均値と最も多い区分が大きく違う例
（平成23年度総務省統計局の世帯別貯蓄額より作成）

相乗平均と調和平均

その他、平均には相乗平均（幾何平均）と調和平均があります。企業の2009年の成長率が20％、2010年の成長率が80％、2011年の成長率が−20％なら、この3年間の平均成長率は、$\sqrt[3]{(1.2 \times 1.8 \times 0.8)} = 1.2$ となります。

調和平均とは、逆数の算術平均の逆数のことです。行きは時速 $60\,\mathrm{km}$、帰路が時速 $90\,\mathrm{km}$ の場合、調和平均は、

$$(\text{平均速度}) = \frac{2}{\frac{1}{60} + \frac{1}{90}} = \frac{2}{\frac{6+4}{360}} = 2 \div \frac{10}{360}$$

$$= \frac{2 \times 360}{10} = 72\,(\mathrm{km/時})$$

となります。

■ 各平均の関係

相加平均、相乗平均、調和平均では、すべてのデータが正のとき、次の関係式が成り立ちます。なお、等号が成立するのは、すべてのデータの値が同じときだけです（「3.3.4 項：式と証明」参照）。

$$\text{相加平均} \geqq \text{相乗平均} \geqq \text{調和平均}$$

平均といっても、このようにいろいろな種類があり、分析の仕方によって使い分けが行われます。分析値に嘘はないのですが、間違って受け取られることも少なくありません。世帯別貯蓄額で、「平均は 1 664 万円なのに我が家は 1 000 万円しか貯金がないので、かなり少ない」とみるか、「我が家の貯蓄額は国民の真ん中の貯金額である」とみるかで、大きな差がでます。また、資料を分析した結果を表示する方法を誤ると違った印象を与えてしまいます。

3章 数と式

- **3.1** 正の数と負の数と平方根
- **3.2** 方程式は文字を用いて関係を表現
- **3.3** 方程式を解く
- **3.4** いろいろな関数
- **3.5** 数列と行列

3章　数と式

3.1 正の数と負の数と平方根

学校で習う内容
- 正の数と負の数について具体的な場面での活動を通して理解し、その四則計算ができるようにする（中1）。
- 正の数の平方根について理解し、それを用いることができるようにする（中3）。

I　正の数と負の数

　正の数と負の数はこれまでにもでてきましたが、改めて説明すると、0より大きな数を「正の数」、0より小さな数を「負の数」といいます。0は、正の数でも負の数でもありません。私たちは生活生活の中で、0を基準として物事を考え、正の数、負の数が混ざった四則計算をしています。

　ただ、この0は絶対的なものではなく、ある基準をもとに決めたのものです。例えば日本では、水が凍る温度を0度、水が1気圧で沸騰する温度を100度とした温度目盛（摂氏、℃）を使っています。アメリカでは、血液が凍る温度（氷と塩を入れたときに一番冷たくなる温度）を0度、人間の体温を100度とした温度目盛（華氏、℉）を使っていますので、同じ0度といっても違う温度を指します（**表1**）。気象庁では昔から「零下」という言葉を使

表1　いろいろな温度の0点

摂氏（セルシウス：℃）	華氏（ファーレンハイト：℉）	絶対温度（ケルビン：K）
100.00	212.00	373.15
37.78	100.00	310.93
0.00	32.00	273.15
− 17.78	0.00	255.37
− 273.15	− 459.67	0.00

わず、「氷点下」という言葉を使っていますが、これは摂氏目盛りの温度であるということをはっきりさせるためです。温度には、物質の動きがとまり、これ以上低い温度がないという温度（摂氏では－273.15℃）を基準とした絶対温度がありますが、これには負の数が存在しません。

■ 絶対値

数直線上で、数0に対応している点Oを原点といい、数直線上で右側にある数ほど大きく、左側にある数ほど小さくなります（図1）。数直線上で、ある数を表す点の原点からの距離を、その数の「絶対値」といいます。「5」の絶対値は「5」、「－6」の絶対値は「6」となります。正の数は絶対値が大きいほど大きくなり、負の数は、絶対値が大きいほど小さくなります。

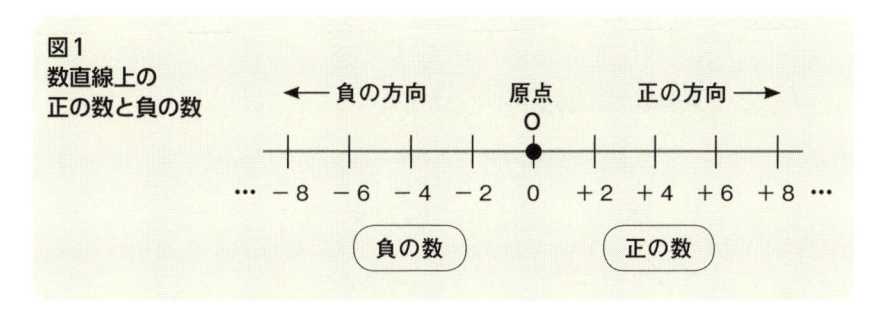

図1
数直線上の
正の数と負の数

■ 負の数を使うと計算が容易

正の数と負の数の計算を考えてみましょう。

$$7 - 3 = (+7) - (+3) = (+7) + (-3)$$

7引く3　　プラス7 引く プラス3　　プラス7 足す マイナス3
引き算　　　　　引き算　　　　　　　足し算

となります。一見すると同じようなものですが、負の数を使うことにとって、すべて足し算で考えることができるというのが算数・数学の理解のためには大きなメリットになります。

■ 交換法則と結合法則

正の数どうし、負の数どうしの加法は、

①同符号の2数の和　　符号…共通の符号、絶対値…2数の絶対値の和

例：
$$(+7)+(+3) = +(7+3) = +10$$
共通符号をまとめる / 絶対値の和

$$(-8)+(-3) = -(8+3) = -11$$
共通符号をまとめる / 絶対値の和

②異符号の2数の和　符号…絶対値の大きい数の符号、絶対値…絶対値の大きい方から小さい方を引いた差

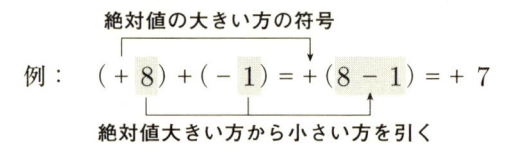

例：
$$(+8)+(-1) = +(8-1) = +7$$
絶対値の大きい方の符号 / 絶対値大きい方から小さい方を引く

$$(+10)+(-15) = -(15-10) = -5$$
絶対値の大きい方の符号 / 絶対値大きい方から小さい方を引く

　加法には、下記のように交換法則と結合法則がありますが、正の数であっても、負の数であっても、この法則は成り立ちます。

交換法則：　　○ + △ = △ + ○

結合法則：(○ + △) + □ = △ + (○ + □)

　正の数、負の数の減法は、引く数の符号を変えて、加法に直してから計算します。加法と減法の混ざった式は、減法を加法に直すことができることから、加法の式だけで計算することができます。加法だけの式では、交換法則や結合法則が成り立ちますので、項の順序や組み合わせを変えて、どの2数から計算してもよいのです。

例：$(+4)-(-3) = (+4)+(-(-3))$
　　$= (+4)+(+3) = 4+3 = 7$

■ **乗法**

正の数、負の数の乗法は、

③同符号の2数の積　　符号…正の符号、絶対値…2数の絶対値の積

例：　　(＋3)×(＋5) ＝ ＋(3 × 5) ＝ ＋15
　　　　　　同符号の積は正の符号
　　　　　　　　　　　　絶対値の積

(－2)×(－3) ＝ ＋(2 × 3) ＝ ＋6
同符号の積は正の符号
　　　　　絶対値の積

④異符号の2数の積　　符号…負の符号、絶対値…2数の絶対値の積

例：　　(－2)×(＋3) ＝ －(2 × 3) ＝ －6
　　　　　　異符号の積は負の符号
　　　　　　　　　　　　絶対値の積

となります。

例えば、東西に伸びる線路を、東へ分速(1分間に進む距離)2kmで進む上り列車と西へ分速2kmで進む下り列車が、P地点ですれ違ったとします(図2)。すれ違ったP地点を基準とし、すれ違った時点を0分とすると、

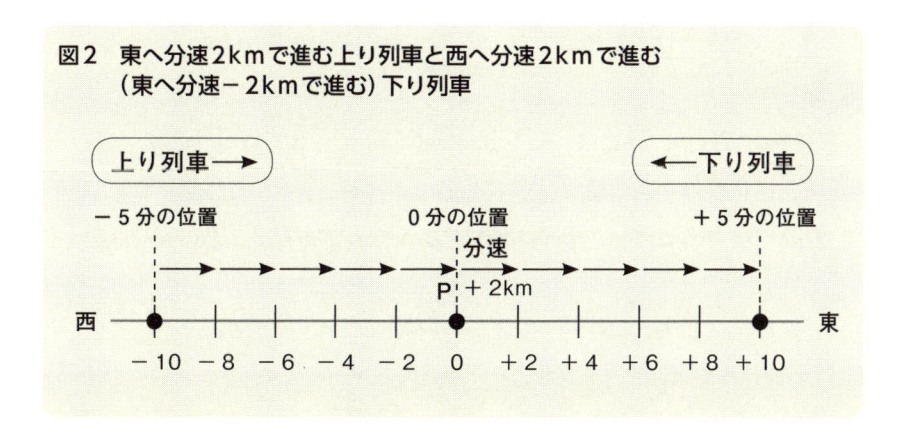

図2　東へ分速2kmで進む上り列車と西へ分速2kmで進む
　　　(東へ分速－2kmで進む)下り列車

上り列車の 4 分後の位置は
$$(+2) \times (+4) = 8$$
より 8 km の場所です。3 分前の位置は、
$$(+2) \times (-3) = -6$$
より - 6 km の場所です。下り列車の 6 分前の位置は、
$$(-2) \times (-6) = 12$$
より 12 km の場所です。

■ 加法や乗法と 0

加法では、どんな数から 0 を引いても、差はもとの数に等しく、
$$4 - 0 = 0$$
0 からある数を引くと、差は引く数の符号を変えた数になります。
$$\begin{cases} 0 - 4 = -4 \\ 0 - (-4) = 4 \end{cases}$$
乗法では、どんな数に 0 を掛けても積は 0 になり、0 にどんな数を掛けても積は 0 になります。
$$\begin{cases} 4 \times 0 = 0 \\ 0 \times 4 = 0 \end{cases}$$

■ 逆数と 0

2 つの数の積が + 1 であるとき、一方の数を他方の数の逆数といいます。0 にどんな数を掛けても積は 0 になることから、0 の逆数はありません。

■ 除法

正の数、負の数の除法は、わる数を逆数にして乗法で計算することで、先の「③④同符号の 2 数の積」「④異符号の 2 数の積」のように計算できます。5 で割るといういうことは、5 の逆数である 5 分の 1 を掛けるという計算です。

$$(+10) \div (+5) = (+10) \times (+\frac{1}{5}) = +2$$

$$(-8) \div (-2) = (-8) \times (-\frac{1}{2}) = +4$$

$$(-6) \div (+3) = (-6) \times \left(+\frac{1}{3}\right) = -2$$

0 の逆数がないということは、0 で割ることができません。

　乗法では、交換法則と結合法則があります。乗法と除法が混ざっている式でも、除法を逆数を用いて乗法に変えれば、すべて乗法の式となり、交換法則と結合法則が使えます。数の順序や組み合わせを変えて、どの 2 数から計算しても良いこととなります。

　　　　　交換法則：　○×△=△×○

　　　　　結合法則：(○×△)×□=△×(○×□)

■ かっこのある計算（分配法則）

　加法、減法、乗法、除法をまとめて四則といいます。四則やかっこが混じった式の計算順序は、①乗法や除法を加法や減法より先に計算する。②かっこのある式は、かっこの中を先に計算します。例えば、

$$\underbrace{(2-4)}_{\text{かっこの中を計算する}} \times \underbrace{(-5+9)}_{\text{かっこの中を計算する}} = (-2) \times \underbrace{4}_{\text{掛け算をする}} = -8$$

$$2 + \underbrace{(3-6)}_{\text{かっこの中を計算する}} \times 4 = 2 + \underbrace{(-3) \times 4}_{\text{掛け算をする}}$$
$$= 2 + \underbrace{(-12)}_{\text{足し算をする}}$$
$$= -10$$

また、正の数、負の数の加法と乗法でも、分配法則が成り立ちます。

　　　　　分配法則：○×(△+□)=○×△+○×□

　　　　　　　　　　(○+△)×□=○×□+△×□

2 | 平方根

　ある値 a が与えられたとき、同じ数を掛けあわせたらその値 a になる数を a の平方根といい、$\sqrt{a}$（ルートエーと読む）で表します。また「$\sqrt{}$」の記号を、根号（こんごう）といいます。例えば、4 という数が与えられたとき、2 と 2 を掛け合わせると 4 になりますので、4 の平方根は 2（$\sqrt{4}=2$）となります[注]。平方根を図形で考えると、正方形の面積と 1 辺の長さの関係に相当します。

$$（正方形の面積）=（1\text{辺の長さ}）\times（1\text{辺の長さ}）=（1\text{辺の長さ}）^2$$

より、

$$\sqrt{（正方形の面積）}=（1\text{辺の長さ}）$$

です（図3）。

　1、4、9 など、それらの平方根の値がふたたび整数となる整数を平方数と呼びます（表2）。多くの平方根は、小数表示すると小数部分が無限に続きます。このような数を無理数といいま

図3　平方根と面積の関係

$\sqrt{2} \times \sqrt{2} = 2$

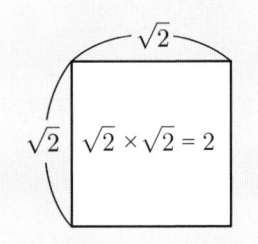

表2　平方根の覚え方

	平方根の値	一般的な覚え方
$\sqrt{0}$	0	$0 \times 0 = 0$
$\sqrt{1}$	1	$1 \times 1 = 1$
$\sqrt{2}$	1.414 213 56…	一夜一夜（ひとよひとよ）に人見頃
$\sqrt{3}$	1.732 050 807 5…	人並みに奢れや女子（おなご）
$\sqrt{4}$	2	$2 \times 2 = 4$
$\sqrt{5}$	2.236 067 9…	富士山麓鸚鵡（おーむ）鳴（なく）
$\sqrt{6}$	2.449 489 7…	ツヨシ串焼くな
$\sqrt{7}$	2.645 75…	7（菜）に虫いない
$\sqrt{8}$	2.828 427…	ニヤニヤ呼ぶな
$\sqrt{9}$	3	$3 \times 3 = 9$
$\sqrt{10}$	3.162 277…	父（10）さん一郎兄さん≒3.1623

（注）正確には、マイナスとマイナスを掛けるとプラスになり、(− 2) × (− 2) = 4 から、− 2 も 4 の平方根です。0 の平方根は 1 つですが、それ以外の数の平方根にはプラス、マイナスの 2 つがあります。

表3 平方根の求め方例
（計算をしてみて、大きいか小さいかで、さらに下のケタまで計算を続ける）

$\sqrt{2}$ の場合

1.3 × 1.3 = 1.69	1.3 より大きい
1.4 × 1.4 = 1.96	1.4 より大きい
1.5 × 1.5 = 2.25	1.5 より小さい
1.41 × 1.41 = 1.988 1	1.41 より大きい
1.42 × 1.42 = 2.016 4	1.42 より小さい
1.411 × 1.411 = 1.990 921	1.411 より大きい
1.412 × 1.412 = 1.993 744	1.412 より大きい
1.413 × 1.413 = 1.996 569	1.413 より大きい
1.414 × 1.414 = 1.999 369	1.414 より大きい
1.415 × 1.415 = 2.002 225	1.415 より小さい
⋮	⋮

すが、実用上は数桁目までの値があれば十分です。基本的な数の平方根については、昔から数桁目までの値を覚えるための語呂合わせがあります。

平方根を求めるには、表3のような計算をすることで近い値を求めていきます。ほとんどの場合、小数点以下がどこまでも続く無理数となります。ただ、図上にはコンパスと定規を使うと簡単に書くことができます。

■ 直角三角形と平方根

直角三角形には、一番長い辺の長さを c、他の辺の長さを a、b としたときに、$a^2 + b^2 = c^2$ という関係が成り立ちます（図4と「4.3.1 項：三平方の定理」参照）。

図5のように直角三角形 abc を考え、A と B の長さを 1、B と C の長さを 1 とする直角三角形を描けば、一番長い A と C を結ぶ辺の長さは、

$$(AC)^2 = (AB)^2 + (BC)^2 \text{ より}$$
$$AC = \sqrt{(AB)^2 + (BC)^2}$$
$$= \sqrt{1^2 + 1^2} = \sqrt{2}$$

となります。次に直角三角形 ACD を考えると、A と D を結ぶ辺の長さは、$\sqrt{(\sqrt{2})^2 + 1^2} = \sqrt{2+1} = \sqrt{3}$ となります。このような方法を繰り返すことで、平方根は図の上に表現できます。

■ **平方根の計算**

平方根の乗法、除法には**図6**の関係が成り立ちます。また、根号の中が同じ数どうしの和は、多項式の同類項をまとめるのと同じようにして分配法則

図4 直角三角形の辺

直角三角形の直角をはさむ 2 辺の長さを a、b、斜辺の長さを c とすると、3 つの正方形 P、Q、R の面積について、次式が成り立つ。

(P の面積) + (Q の面積) = (R の面積)
$$a^2 + b^2 = c^2$$

このことは、$\angle C = 90°$ である直角三角形 ABC と合同な三角形を右下の図のように並べると、四角形 DECF は正方形になることから計算できる。

正方形 GBAH の面積は、正方形 DECF の面積から 4 つの直角三角形の面積を引くと求めることができるから、
$$\begin{aligned} c^2 &= (a+b)^2 - \frac{1}{2}ab \times 4 \\ &= a^2 + 2ab + b^2 - 2ab \\ &= a^2 + b^2 \end{aligned}$$
したがって、
$$a^2 + b^2 = c^2$$

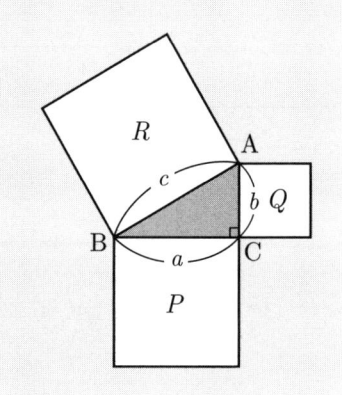

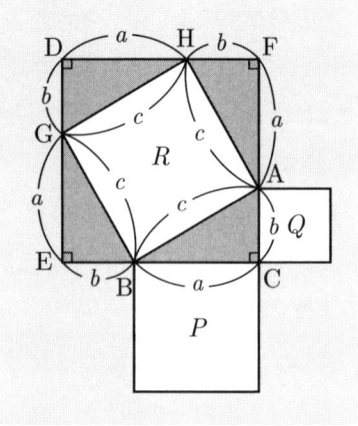

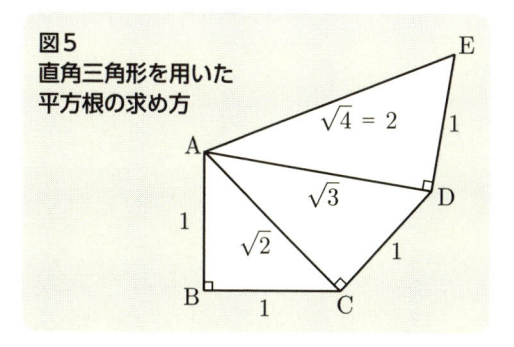

図5
直角三角形を用いた平方根の求め方

図6 平方根の乗法と除法

$$\sqrt{a}\sqrt{b} = \sqrt{a \times b}$$
$$a\sqrt{b} = \sqrt{a^2 \times b}$$
$$\frac{\sqrt{a}}{\sqrt{b}} = \sqrt{\frac{a}{b}}$$

を使って計算することができます。

$$\underbrace{2\sqrt{2} + 2\sqrt{5} - 6\sqrt{2}}_{\text{まとめる}} = (2-6)\sqrt{2} + 2\sqrt{5} = -4\sqrt{2} + 2\sqrt{5}$$

分母に根号を含む式を、含まない式に変形することを分母の有理化といいます。分母が平方根であるときには、同じ平方根を分子と分母に掛け、分母が平方根の和や差で表現されているときは、$(a+b)(a-b) = a^2 - b^2$ を利用して有理化できます（**図7** と「3.3.1 項：多項式の展開や因数分解」参照）。

図7 分母の有理化の例

$$\frac{\sqrt{5}}{\sqrt{5}+\sqrt{3}} = \frac{\sqrt{5} \times (\sqrt{5}-\sqrt{3})}{(\sqrt{5}+\sqrt{3})(\sqrt{5}-\sqrt{3})}$$ 　分子と分母に $(\sqrt{5}-\sqrt{3})$ を掛ける

$$= \frac{\sqrt{5}\times\sqrt{5} - \sqrt{5}\times\sqrt{3}}{(\sqrt{5})^2 - (\sqrt{3})^2}$$ 　分配法則により
　$(a+b)(a-b) = a^2 - b^2$ より

$$= \frac{5 - \sqrt{5}\sqrt{3}}{5-3}$$

$$= \frac{5 - \sqrt{5\times3}}{5-3}$$ 　$\sqrt{a}\times\sqrt{b} = \sqrt{a\times b}$ より

$$= \frac{5 - \sqrt{15}}{2}$$

3章 数と式

　中学校では負の数の平方根は習いませんが、高校では、2乗すると−1になる数 i を使って負の数の平方根を計算します。

$$i = \sqrt{(-1)} \qquad i^2 = -1$$

$$\sqrt{(-5)} = \sqrt{(5 \times (-1))} = \sqrt{5} \times \sqrt{(-1)} = \sqrt{5}\,i$$

　これを、実際の数ではないということで虚数といいますが、この考え方を使うと難しい方程式を解くことができます。これは、「3.3.2項：2次方程式」と「3.3.3項：方程式の解き方」で説明します。

3.2 方程式は文字を用いて関係を表現

学校で習う内容
- 文字を用いて関係や法則を式に表現したり式の意味を読みとったりする能力を養うとともに、文字を用いた式の計算ができるようにする(中1)。
- 方程式について理解し、1元1次方程式を用いることができるようにする(中1)。
- 具体的な事象の中にある2つの数量の変化や対応を調べることを通して、比例、反比例の関係を見いだし表現し考察する能力を伸ばす(中1)。
- 具体的な事象の中から2つの数量を取り出し、それらの変化や対応を調べることを通して、1次関数について理解するとともに、関数関係を見いだし表現考察する能力を養う(中2)。
- 事象の中に数量の関係を見いだし、それを文字を用いて式に表現し活用する能力を伸ばすとともに、文字を用いた式の四則計算ができるようにする(中2)。
- 連立2元1次方程式について理解し、それを用いることができるようにする(中2)。
- 具体的な事象の中から2つの数量を取り出し、それらの変化や対応を調べることを通して、関数 $y = ax$ の2乗 $(y = ax^2)$ について理解するとともに、関数関係を見いだし表現し考察する能力を伸ばす(中3)。

I 比例・反比例

　私たちの生活の中では、ある数が変化すると対応する別の数が変化するといったことは、日常茶飯事のように起きています。時速 36 km でドライブをしていると、10 分間(6 分の 1 時間)で進む距離は 6 km、20 分間で進む距離は 12 km です。時間が n 倍になれば進んだ距離も n 倍になる場合、時間と進んだ距離は「比例する」といい、式では $y = ax$ と書きます。ここで、y と x は値が変化するので変数、a は変化しないので定数と呼びます。このドライブの例の場合、時間を x、進んだ距離を y とすると、$y = 36x$ の関

3章 数と式

係になります（図8）。

家から 4 km 先のレンタカー営業所からドライブを開始した場合、スタート時 ($x = 0$) にはすでに 4 km 先にいますので $y = 36x + 4$ となりますが、これも比例の式です。式の両辺から 4 を引くと、$(y - 4) = 36x$ となり、「$y - 4$」と「x」が比例しています。

また、この車には最初に 20 リットルのガソリンが入っており、1 時間に 2 リットルを消費して進んだとすると、x 時間後に残っているガソリンの量 z は、$z = 20 - 2x = -2x + 20$ となります。時間とともにガソリンが減

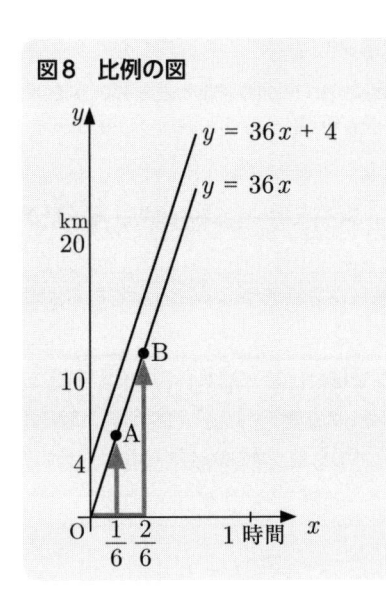

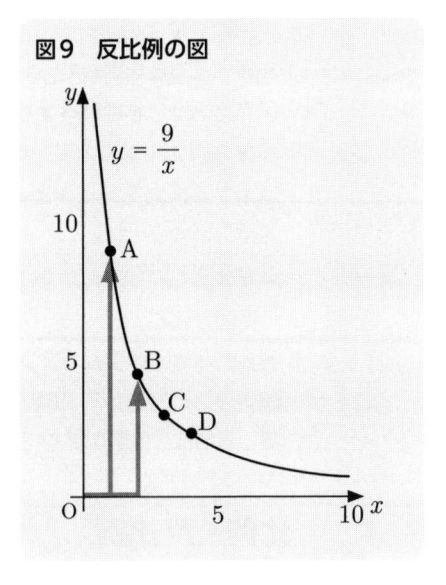

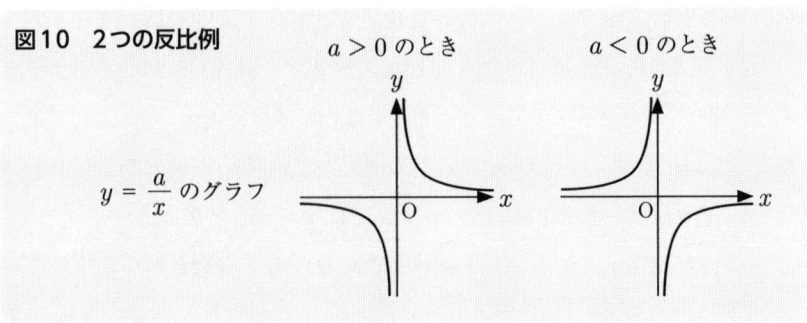

図8　比例の図

図9　反比例の図

図10　2つの反比例

りますが、2時間後も3時間後も時間当たりの減り方は同じなので、時間とガソリンの残量はマイナスの比例関係にあります。

9 kg の焼き肉を均等に分けるとき、2人なら 4.5 kg、3人なら 3 kg、4人なら 2.25 kg というように、一方が2倍、3倍になれば他方が2分の1、3分の1になる関係を反比例といいます。式では、$y = \dfrac{a}{x}$ と表現します（図9）。ただし、x は0以外の数です。また、a は、0以外の数値で、正の数の場合と負の数の場合があります（図10）。反比例は、一方が増えると他方が減るという単純な関係ではなく、一方が変化していくと他方も変化するのですが、その変化の度合いが変わるという特徴があります。

2 │ 1次関数の理解

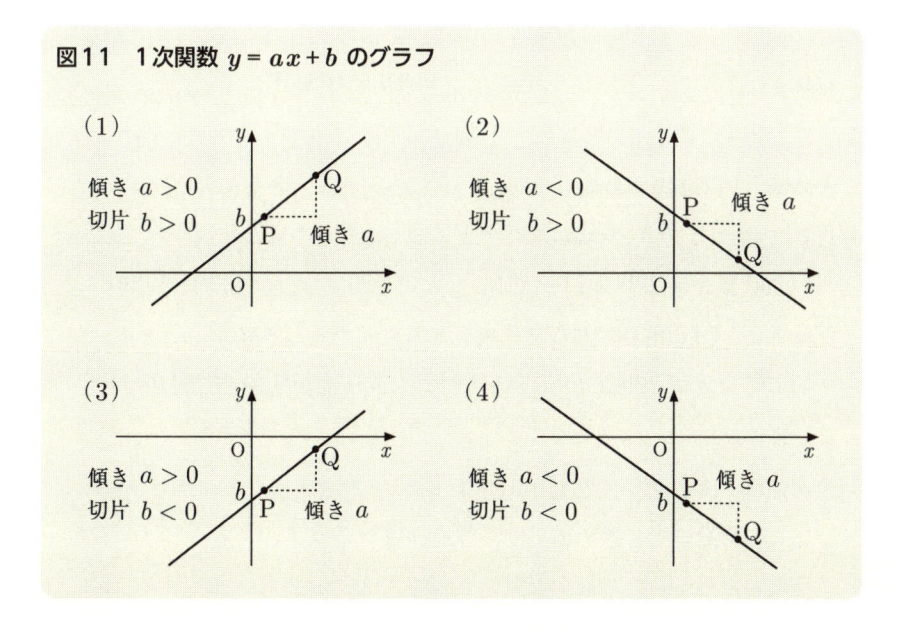

図8のように、$y = ax + b$（a と b は定数）で表される y と x の関係を1次関数といい、グラフ上で直線になります。図11（1）をご覧下さい。この直線 $y = ax + b$ 上の異なる2点 $P(x_1, y_1)$、$Q(x_2, y_2)$ をとったとき、

図11　1次関数 $y = ax + b$ のグラフ

(1)
傾き $a > 0$
切片 $b > 0$

(2)
傾き $a < 0$
切片 $b > 0$

(3)
傾き $a > 0$
切片 $b < 0$

(4)
傾き $a < 0$
切片 $b < 0$

$$\frac{(y \text{ の増加量})}{(x \text{ の増加量})} = \frac{y_1 - y_2}{x_1 - x_2} = a$$

は、P、Q の取り方にかかわらず、一定の値となります。これがこの 1 次関数の傾き a です。また、y 軸との交点(y 切片)は b です。

図11 のように、傾き a が正のとき直線は右肩上がり、負のとき右肩下がりになります。また、b の正、負にかかわらず、y 切片は、いつも b です。

3 方程式とは

方程式とは、未知の数を含む式のことです。中学 1 年生になって初めて出てきた内容のように感じますが、普段使用している言葉を式にするだけですので、小学校の内容です。方程式のうち「＝」を使う方程式を等式といいます。「1 個 150 円のリンゴと 1 個 200 円の梨を買いました。消費税 5％を含めて、945 円払いました。」という文章があれば、リンゴの個数が分からないので未知数 a 個とします。梨の個数も分からないので b 個とすると、この文章が方程式で表せます。

$$(150 \times a + 200 \times b) + \underbrace{(150 \times a + 200 \times b) \times 0.05}_{\text{消費税5％の計算}} = 945$$

となります。

また、「1 個 150 円のリンゴと 1 個 200 円の梨を買いました。消費税 5％を含めて、1 000 円でお釣りをもらいました。」なら、不等号「＜」を用いた不等式で表すと(不等式については「3.3.3 項：方程式の解き方」参照)、

$$(150 \times a + 200 \times b) + (150 \times a + 200 \times b) \times 0.05 < 1\,000$$

となります。「1 000 円では買えませんでした。」なら、不等号「＞」を用いて、

$$(150 \times a + 200 \times b) + (150 \times a + 200 \times b) \times 0.05 > 1\,000$$

となります。

等式には、次の 4 つの性質があります。

①等式の両辺に同じ数を加えても等式は成り立つ。

②等式の両辺から同じ数字を引いても等式は成り立つ。

③等式の両辺に同じ数を掛けても等式は成り立つ。

④等式の両辺を 0 でない同じ数で割っても等式が成り立つ。

これら 4 つの性質を使い、等式を簡単にし、未知数を求めることを「解を求める」といいます。1 つの方程式だけでは解が求まらないこともありますが、他の条件、あるいは、次項で説明するように、別の方程式があれば、それを考え合わせることで解が求まります。

例えば、リンゴと梨の例でいえば、

$$945 = (150 \times a + 200 \times b) \times 1 + (150 \times a + 200 \times b) \times 0.05$$
$$= (150a + 200b) \times 1.05$$

共通項でまとめる

$$\frac{945}{1.05} = 150a + 200b$$

$$900 = 150a + 200b$$

この式の両辺を 50 で割ると、

$$18 = 3a + 4b$$

となります。この等式には条件がついています。リンゴも梨も買ったのですから、a も b も 1 以上の整数という条件です。a が 5 以上、b が 4 以上では、相手側が 1 以上になり得ないのは暗算でも分かります。

$a = 5$、$b = 1$ で
$3 \times 5 + 4 \times 1 = 19 > 18$
$a = 1$、$b = 4$ で
$3 \times 1 + 4 \times 4 = 19 > 18$

$a = 1$ の場合 $b = \frac{15}{4} = 3.75$ となり b は整数ではない。$a = 2$ の場合は $b = 3$。$a = 3$ の場合と $a = 4$ の場合は b は整数ではありません。したがって、この方程式の解は $a = 2, b = 3$ しかありません。つまり、これが解です。

■ 方程式は計算式ではない

難しそうに思えることでも、言葉を数式の文字に置き換えることができたら、あとは計算して解を求めることができます。その解が問題に適している

かどうかが確かめられれば、自信を持って「その問題が分かった」ということができます。

　計算して解を求めるには、いろいろな技術があります。これはテクニックの問題で、極端なことをいえば、コンピュータでキーをたたけば計算できます。問題は、世の中で起きている出来事について、日本語の文章で書かれていることを、数学の文章に直すこと、つまり、方程式を作ることが一番大事なのです。

　方程式は計算式とは違います。「1個150円のリンゴ2個と1個200円の梨を3個買いました。消費税を5％含めて、いくら払えば良いか（答：945円）」という計算式は、最初に必要な数字が分かっていないと先へは進めません。方程式は分からないことを文字に置き換えて記述することで、それによっていろいろなことが分かってきますし、別の方程式などがあれば、最初に分からないとして文字で書いた数字までもが分かります。

　文字だけでなく、関数が入った方程式もあります。例えば、微分方程式は、微分しますという関数が入っていますが、ここで微分しますという言葉が方程式という文字で表現されていることに変わりはありません。

■ **方程式の理解は国語力にかかっている**

　小学校の算数はよかったのに、中学校の数学が分からないという人の中で、「言葉を文字に置き換え、方程式で表現する」ことが苦手だったという人が少なからずいます。これは、数学の問題ではなく、国語の問題です。中学生のときは国語能力が不十分だったために数学ができなくても、成長して国語能力が身に付いている大人にとっては、それほど難しくはないことです。数学がもともとは苦手だったのに、大人になってから勉強したら、ひとかどの能力が身についたという人は、そもそも苦手ではなかったのだと思います。

4　1元1次方程式

　方程式で、xやyなどの文字で表した未知数を「元」といい、未知数の掛け合わせの数の最大のものを「次」といいます。中学校で最初に習うのは、

次のような１元１次方程式といって、文字が１種類で、最大で１乗の方程式です。

$$\underbrace{2x}_{\text{1元1次}} + 1 = 0$$

次のように、x^2 が入ったものが１元２次方程式、

$$\underbrace{3x^2}_{\text{1元2次}} + 2x + 1 = 0$$

次のように、x^3 が入ったものが１元３次方程式、

$$\underbrace{4x^3}_{\text{1元3次}} + 2x + 1 = 0$$

そして、未知数が x と y の２つで、x^3 が入ったものが２元３次方程式です。

$$\underbrace{4x\overset{\text{3次}}{^3} + 3x^2 + 2x + 1 = y}_{\text{2元}}$$

未知数が x と y の２つの２元１次方程式、例えば、$y = 3x - 1$ では、x の値が決まると y の値も決まります。つまり、y は x の関数です。これをグラフで表すと、傾きが３で、y 軸上の切片が－１の直線になります（図12）。

$1 = 3x - y$ でも、$3x = y + 1$ でも同じ直線を示しますが、$y = ax + b$ という形の１次関数にすれば、直線の傾きが x の係数 a、y 軸上の切片が b などと分かりやすくなります。x の係数 a が正なら直線が右肩上がり、負なら右肩下がりとなります（「3.2.2項：１次関数の理解」参照）。この直線上の点が示す座標（x と y の組み合わせ）は、方程式を満たしますので、すべて方程式の解です。

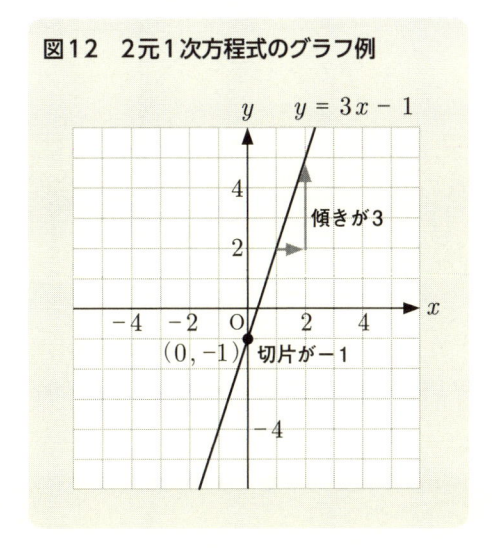

図12　２元１次方程式のグラフ例

5 連立2元1次方程式

複数の未知数を含む方程式の組があり、同じ文字が示す未知数は各方程式において同じ値をとるとき、これらの方程式の組を連立方程式といいます。すべての方程式を同時に成り立たせる未知数の値の組を解といい、すべての解を求めることを連立方程式を解くといいます。

連立2元1次方程式は、2元1次方程式が二つある場合を指します。2元1次方程式は直線を示しますので、2つの方程式が示す直線は平行でない限り、どこかで交わります。交わった点が解となります(**図13**)。平行な場合は、交わらないので、解はありません。連立2元2次方程式、連立2元3次方程式などになると、グラフ上には複雑な曲線が描かれますが、解はいずれも交点です。このため、方程式のグラフを書き、交わったところを近似的な解とする実用的な方法(図的解法)もあります。

図13 連立2元1次方程式の例

$y = \frac{1}{2}x + \frac{1}{2}$ と $y = -x + 2$ の場合(解は $x = 1$、$y = 1$)

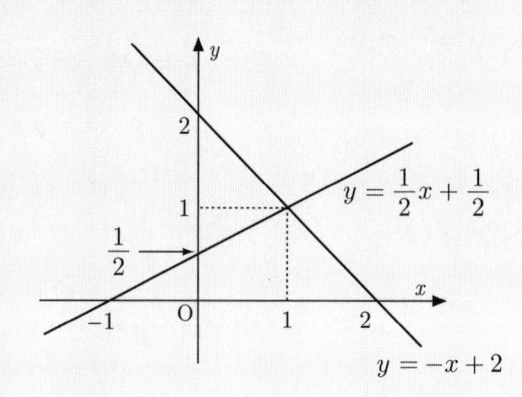

3.3 方程式を解く

学校で習う内容

- 文字を用いた簡単な多項式について、式の展開や因数分解ができるようにするとともに、目的に応じて式を変形できるようにする（中3）。
- 2次方程式について理解し、それを用いることができるようにする（中3）。
- 数を実数まで拡張することの意義を理解し、式の見方を豊かにするとともに、1次不等式及び2次方程式についての理解を深め、それらを活用できるようにする（数学Ⅰ）。
- 2次関数について理解し、関数を用いて数量の変化を表現することの有用性を認識するとともに、それを具体的な事象の考察や2次不等式を解くことなどに活用できるようにする（数学Ⅰ）。
- 式と証明についての理解を深め、方程式の解を発展的にとらえ、数の範囲を複素数まで拡張して2次方程式を解くことや因数分解を利用して高次方程式を解くことができるようにする（数学Ⅱ）。

Ⅰ 多項式の展開や因数分解

　ab、y、$25x$ など、数や文字の乗法だけで作られた式を項といい、項が1つのときを単項式、項が2つ以上ある式を多項式といいます。多項式で数だけの項を定数項といいます。$x^2 - 4x + 5$ は、項が3つ、定数項は5です。

　単項式で掛け合っている文字の個数を、その単項式の次数といいます。例えば $4xy^2$ なら、文字は x が1つと y が2つの合計3つで、次数は「3」となります。多項式では、次数が最も大きい項の次数が、その多項式の次数となります。そして、多くは、左から次数の多い順に書きます。単項式と多項式の和を整式といいます。整式の加法と減法は、文字の同じ部分（同類項）をまとめて計算します（**図14**）。a、b を係数として、$ax + bx = (a + b)x$ を使うのです。

図14
同類項の計算方法

$$2x + \underbrace{7y} + \underbrace{6x} - 3y$$
（同類項）

$$\begin{aligned}
&= 2x + 6x + 7y - 3y \\
&= (2+6)x + (7-3)y \\
&= 8x + 4y
\end{aligned}$$

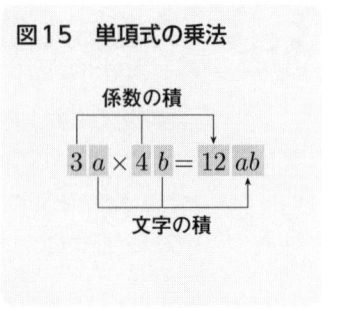

図15　単項式の乗法

係数の積／文字の積

$$3\,a \times 4\,b = 12\,ab$$

■ 単項式どうしでの乗法と除法

単項式どうしの乗法は、係数の積に文字の積を掛けて行います（図15）。単項式どうしの除法は、逆数を掛けて行います。逆数とは掛けると1になる数のことで、x の逆数は、$\dfrac{1}{x}$ で $x \times \dfrac{1}{x} = 1$ となります。また、$4b$ の逆数は $\dfrac{1}{4b}$、$\dfrac{4}{5}$ の逆数は $\dfrac{5}{4}$ です。このとき、文字を含む分数でも、数と同じように約分をして簡素化します。これは、式の値を求めるとき、できるだけ簡素化してから代入するほうが計算しやすいからです。

■ 多項式どうしの乗法

多項式どうしの乗法は、多項式と単項式の乗法の応用となります。例えば、

$$\begin{aligned}
(a+2)(b+3) &= (a+2)M &&\cdots b+3 \text{ を } M \text{ と置く} \\
&= aM + 2M &&\cdots \text{分配法則を使う} \\
&= a(b+3) + 2(b+3) &&\cdots M \text{ を } b+3 \text{ に戻す} \\
&= ab + 3a + 2b + 6 &&\cdots \text{分配法則を使う}
\end{aligned}$$

一般的には、a、b、c、d がどんな数や文字の項であっても、

$$(a+b)(c+d) = a(c+d) + b(c+d) = ac + ad + bc + bd$$

が成り立ちます。

■ 展開

整式の積を単項式の和の形に表すことを展開といいますが、この式を使って、次のような基本的な公式が作られています。公式は計算を速くするため

の道具で、1から部品を組み立てるのではなく、あらかじめ部品を組み合わせたパーツを用意しておき、これを組み立てるようなものです。公式を知らなくても、基本的な事柄から計算していけば公式が求まりますが、試験では時間制限があるため、苦労して覚えるのです。試験でなければ、最初から解いても、それほど難しい話ではありません。

2次式の場合の公式例

$$(x+a)^2 = x^2 + 2ax + a^2 \quad ①$$
$$(x-a)^2 = x^2 - 2ax + a^2 \quad ②$$
$$(x+a)(x-a) = x^2 - a^2 \quad ③$$
$$(x+a)(x+b) = x^2 + (a+b)x + ab \quad ④ \text{(図16の式)}$$
$$(ax+b)(cx+d) = acx^2 + (ad+bc)x + bd \quad ⑤$$

3次式の場合の公式例

$$\begin{aligned}(x+a)^3 &= (x+a)(x+a)^2 \\ &= (x+a)(x^2+2ax+a^2) \\ &= x^3 + 3ax^2 + 3a^2x + a^3 \quad ⑥\end{aligned}$$
$$(x-a)^3 = x^3 - 3ax^2 + 3a^2x - a^3 \quad ⑦$$
$$(x+a)(x^2-ax+a^2) = x^3 + a^3 \quad ⑧$$
$$(x-a)(x^2+ax+a^2) = x^3 - a^3 \quad ⑨$$

図16　多項式の乗法

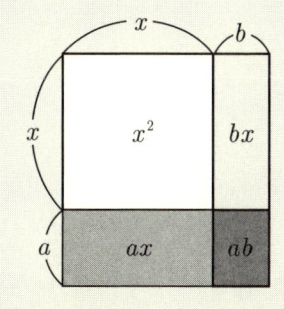

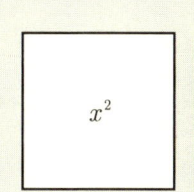

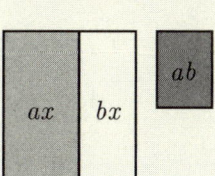

$(x+a)(x+b) = x^2 + (a+b)x + ab$

■ 因数分解

整式を、いくつかの 1 次式以上の整式の積の形に変形することを因数分解といいます。積を作る各整式を、もとの整式の因数といいます。共通の因数があるときには、それをカッコの外にくくり出します。

$$ma + mb = m(a + b)$$

共通の因数をくくり出す

①～⑨の公式を

$$x^2 + 2ax + a^2 = (x + a)^2 \qquad ①'$$
…
$$x^2 + (a + b)x + ab = (x + a)(x + b) \qquad ④'$$
…
$$x^3 - a^3 = (x - a)(x^2 + ax + a^2) \qquad ⑨'$$

のように使うと、因数分解ができます。例えば、$x^2 + 4x + 3$ なら、$(x + 3)$ と $(x + 1)$ の積にすることができます。一般的に、2 次方程式の因数分解をするには、乗法の公式④'を使い、2 つの数の和が x の係数、2 つの数の積が定数項になる 2 つの数を選ぶことになります。まず積に注目して候補を選び、和で確認するという方法が短時間で選べます。

■ 整式の除法

数の除法では、a を b で割った商が q で、余りが r のとき、

$$a = (割る数) \times (商) + (余り) = bq + r \qquad 0 \leqq r < b$$

が成り立ちましたが、整式の除法も同じです。

$$A = BQ + R \qquad R の次数 < B の次数$$

が成り立ちます。そして $R = 0$ のとき、A は B で割り切れるといいます。

$$A = \underbrace{(x^3 + 1)}_{B}\underbrace{(x + 2)}_{Q} + \underbrace{x + 3}_{R}$$

3.3 方程式を解く

■ 分数式

$\dfrac{A}{B}$ を分数式といい、C が 0 でない整式であるとき、分数式 $\dfrac{AC}{BC} = \dfrac{A}{B}$ が成り立ちます。

$$\dfrac{(x+2)(x+1)}{(x^3+1)(x+1)} = \dfrac{x+2}{x^3+1}$$

分子と分母を $(x+1)$ で割って約分

■ 分数式の乗法と除法

分母と分子に共通の因子があれば約分ができ、これ以上約分ができないとき、分数式は既約といいます。分数式の乗法と除法は次のようになります。

$$\dfrac{A}{B} \times \dfrac{C}{D} = \dfrac{AC}{BD}$$

$$\dfrac{A}{B} \div \dfrac{C}{D} = \dfrac{A}{B} \times \dfrac{D}{C} = \dfrac{AD}{BC}$$

逆数にして掛ける

$$\dfrac{x+1}{x+2} \times \dfrac{2x^2+3}{3x+4} = \dfrac{(x+1)(2x^2+3)}{(x+2)(3x+4)}$$

逆数にして掛ける

$$\dfrac{x+1}{x+2} \div \dfrac{2x^2+3}{3x+4} = \dfrac{(x+1)(3x+4)}{(x+2)(2x^2+3)}$$

■ 通分

いくつかの分数式の分母が異なるとき、適当な整式をそれぞれの分母と分子に掛け、それぞれ分母が同じ分数式に直すことができます。これを「分数式を通分する」といい、分母が等しい整式は容易に加減ができます。分母が異なるときは、通分して計算します。

$$\dfrac{A}{C} + \dfrac{B}{C} = \dfrac{A+B}{C} \qquad \dfrac{A}{C} - \dfrac{B}{C} = \dfrac{A-B}{C}$$

$$\dfrac{4x+1}{x+1} + \dfrac{x^2+3}{x+1} = \dfrac{x^2+4x+4}{x+1} = \dfrac{(x+2)^2}{x+1}$$

このように、整式の計算でも、数の計算と同じように加減乗除ができます。

2 | 2次方程式

半径が x cm の円の面積 y が $y = \pi x^2$ であるように（「4.2.1 項：面積」参照）、$y = ax^2$ で表される 2 次方程式はいろいろな場面で出てきます。$y = ax$ のとき「y は x に比例する」というのと同じように、$y = ax^2$ のときは「y は x の 2 乗に比例する」、$y = ax^3$ のとき「y は x の 3 乗に比例する」などといいます。なお、「2 乗」のときだけ、「自乗」と呼ぶことがあります。

2 次方程式である $y = ax^2$ を平面図で表すと、**図17** のようになります。a の値によって形が違いますが、物体を投げたときの様子に似ていることから、$y = ax^2$ で示される図形を放物線と呼びます。

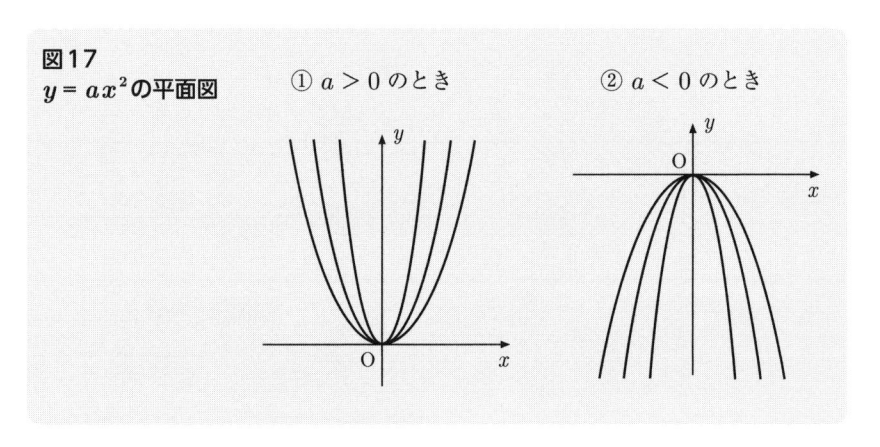

図17
$y = ax^2$ の平面図

① $a > 0$ のとき

② $a < 0$ のとき

■ 虚数

$x = 3$ と $x = -3$ は、いずれも、$x^2 = 9$ です。つまり、$x^2 = 9$ は 2 つの解を持ちます。$x^2 = 0$ のときは $x = 0$ という 1 つの解があります。しかし、x^2 が負のとき解はありませんというのが、中学校までの数学です。高校の数学では、方程式が複雑になり、根号の中の数が、いちいち正か負かを確かめるのは大変な作業となります。そこで、2 乗すると -1 になる数を使います。これを、実際にはない数なので虚数といい、i で表します。

$$i^2 = -1 \quad i = \sqrt{(-1)}$$

■ 複素数

a、b を実数とし、$a + bi$ の形で表せる数を複素数といいます (図18)。a を実部、b を虚部といいますが、$b = 0$ のとき、その複素数は実数となります。$a = 0$ で、$b \neq 0$ のとき、bi を純虚数といいます。

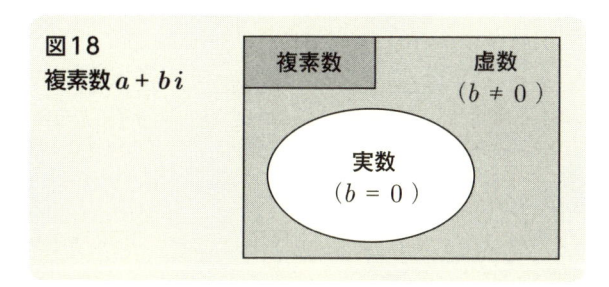

図18
複素数 $a + bi$

複素数
虚数 ($b \neq 0$)
実数 ($b = 0$)

2つの複素数 ($\alpha = a + bi$、$\beta = c + di$) の実部、虚部がともに等しいとき、この複素数は等しいといいます。

$$\alpha = a + bi = c + di = \beta \iff a = c \text{ かつ } b = d$$

複素数が0ということは、実部、虚部ともに0ということです。

$$\alpha = a + bi = 0 + 0i = 0 \iff a = 0 \text{ かつ } b = 0$$

数の場合と同様に、$\alpha\beta = 0$ のときは、$\alpha = 0$ または $\beta = 0$ が成り立ちます。つまり、$a = 0$ かつ $b = 0$、または、$c = 0$ かつ $d = 0$ です。

$$\alpha\beta = (a + bi)(c + di) = 0 \iff a = b = 0 \text{ または } c = d = 0$$

■ 複素数の加減乗除

複素数の加減乗除は、i を文字と考えて計算していきます。i^2 が出てきたら、$i^2 = -1$ に置き換えます。

$$\begin{aligned}\alpha + \beta &= (a + bi) + (c + di) \\ &= (a + c) + (b + d)i\end{aligned}$$

実部、虚部でまとめる

$$\begin{aligned}\alpha - \beta &= (a + bi) - (c + di) \\ &= (a - c) + (b - d)i\end{aligned}$$

実部、虚部でまとめる

$$\begin{aligned}
\alpha\beta &= (a+bi)(c+di) \\
&= ac + adi + bci + bdi^2 \\
&= (ac + bdi^2) + (ad + bc)i \\
&= (ac - bd) + (ad + bc)i
\end{aligned}$$

……… $i^2 = -1$ より

$c + di \neq 0$ のとき、

$$\begin{aligned}
\frac{\alpha}{\beta} &= \frac{(a+bi)}{(c+di)} = \frac{(a+bi)(c-di)}{(c+di)(c-di)} \\
&= \frac{(ac - bdi^2) + (bc - ad)i}{c^2 - (di)^2} \\
&= \frac{(ac + bd) + (bc - ad)i}{c^2 + d^2}
\end{aligned}$$

……… 分子と分母に $(c - di)$ を掛ける

……… $(di)^2 = -1 \times d^2$ より

3 方程式の解き方

等式を変形して x の値を求めることを x について解くといいます。

① $12 = 18 - 6x$ ……… 符号を変えて等式の左辺へ移動
② $6x + 12 = 18$ ……… 符号を変えて等式の右辺へ移動
③ $6x = 18 - 12$
④ $6x = 6$ ……… 左辺と右辺を6で割る
⑤ $x = 1$

■ 連立方程式を解く

2つの等式の組を連立方程式といいます。これらの等式を両方とも成り立たせるための文字の値の組を連立方程式の解といい、解を求めることを連立方程式を解くといいます。$3x + 2y = 19$、$x + y = 8$ の連立方程式なら、$x = 3$、$y = 5$ が連立方程式の解です。

3.3 方程式を解く

連立方程式を解くには、加減法と代入法があります。3〜4世紀の中国の数学書（孫子算経）に、「きじとうさぎが同じ籠に入っており、足の数が94で、頭の数が35です。きじとうさぎはそれぞれ何羽いるでしょう」という問題が載っています。これが江戸時代に日本に伝わり、きじとうさぎが鶴と亀になり、「鶴亀算」となりました。

■ 加減法

きじの数を x、うさぎの数を y とすると、

$$足の数: 94 = 2x + 4y \quad \cdots ①$$
$$頭の数: 35 = x + y \quad \cdots ②$$

まず②の両辺を2倍し①から引きます

$$\begin{array}{r} 94 = 2x + 4y \\ -)\ 70 = 2x + 2y \\ \hline 24 = 0 + 2y \end{array}$$

したがって、$y = 12$ となります。さらに、この y の値を②に代入すると、

$$35 = x + 12$$
$$x = 23$$

で、連立方程式①②の解は $x = 23$, $y = 12$ となります。このような解法が加減法です。

■ 代入法

代入法では、一方の式から「$y =$」の式をつくり、他方の式の y に、その値を代入して式を作ります。きじとうさぎの例では、
②より「$y = 35 - x$」をつくり、①に代入して

$$94 = 2x + 4(35 - x) = 2x + 140 - 4x = 140 - 2x \text{ より}$$
$$2x = 140 - 94 = 46$$

を求め、$x = 23$ と計算する方法です。

■ 不等号と不等式

「＜」などの不等号を用いて数量間の大小関係を表したものを不等式といい

ます。不等号の左側を左辺、右側を右辺といい、両方あわせて両辺といいます。「$5x > 2$」では、$5x$ が左辺、2 が右辺で、「$5x$ 大なり 2」と読みます。「$3y < 5$」は、「$3y$ 小なり 5」と読みます。「＜」、「＞」は書かれている数量が等しい場合を含みませんが、含む場合は、「≧」（大なりイコール）「≦」（小なり

図19　不等号の性質

(1) 加法と減法

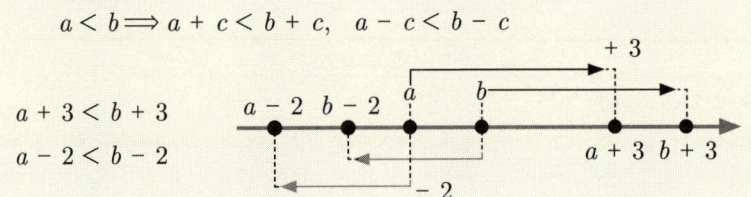

$$a < b \Longrightarrow a + c < b + c, \quad a - c < b - c$$

$a + 3 < b + 3$
$a - 2 < b - 2$

(2) 正の数の乗法と除法

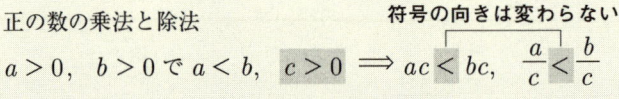

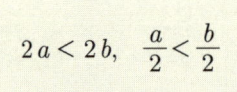

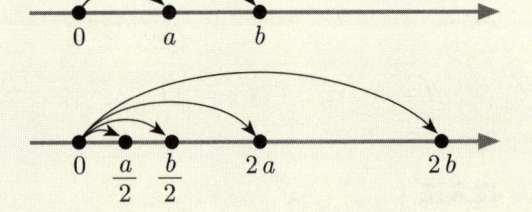

$$a > 0, \quad b > 0 で a < b, \boxed{c > 0} \Longrightarrow ac < bc, \quad \frac{a}{c} < \frac{b}{c}$$

符号の向きは変わらない

$2a < 2b, \quad \dfrac{a}{2} < \dfrac{b}{2}$

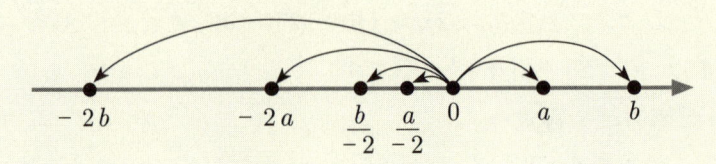

(3) 負の数の乗法と除法

$$a > 0, \quad b > 0 で a < b, \boxed{c < 0} \Longrightarrow ac > bc, \quad \frac{a}{c} > \frac{b}{c}$$

符号の向きが変わる

$(-2)a < (-2)b, \quad \dfrac{a}{-2} > \dfrac{b}{-2}$

イコール）という記号を使います。

　不等式の性質として、不等式の両辺に同じ数を足したり引いたりしても、不等号の向きは変わりません。しかし、不等号に同じ数を掛けたり割ったりするときは単純ではありません。同じ数といっても、0 を掛ける場合はともに 0 となり、等しくなります。不等式を 0 で割ることはできません。また、同じ数といっても、正の数を掛けたり割ったりする場合は不等号の向きは変わりませんが、負の数の場合は不等号の向きが変わります（**図19**）。

　不等式を満たす文字の値の範囲をその不等式の解といい、解を求めることをその不等式を解くといいます。不等式も、等式と同じように右辺から左辺へ、あるいは、左辺から右辺へ移項することができます。

$$4(x-1) < -x+5 \quad \text{のかっこを外し、}$$
$$4x-4 < -x+5 \quad x\text{を移項すると、}$$

$5x < 9$ より、$x < 1.8$ となります。

■ 連立不等式

　2つ以上の不等式を組み合わせたものを連立不等式といいます。また、それらの不等式を同時に満たす x の範囲をその連立方程式の解といいます（**図20**）。

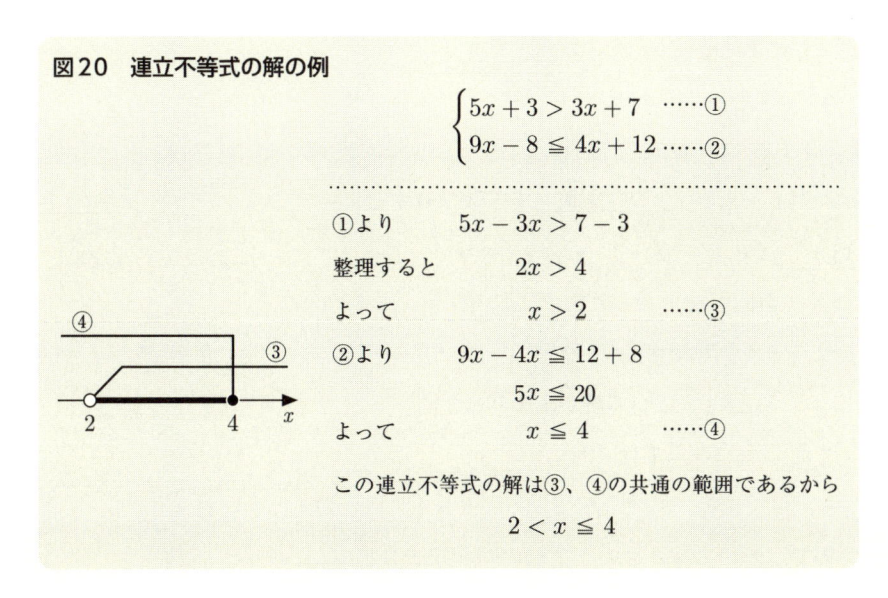

図20　連立不等式の解の例

$$\begin{cases} 5x+3 > 3x+7 & \cdots\cdots ① \\ 9x-8 \leqq 4x+12 & \cdots\cdots ② \end{cases}$$

①より	$5x-3x > 7-3$
整理すると	$2x > 4$
よって	$x > 2$ 　　　……③
②より	$9x-4x \leqq 12+8$
	$5x \leqq 20$
よって	$x \leqq 4$ 　　　……④

この連立不等式の解は③、④の共通の範囲であるから

$$2 < x \leqq 4$$

なお、不等式 $A < B < C$ が成り立つとき、$A < B$ と $B < C$ はともに成り立ちます。

数値直線上で原点（O）から対応する点までの距離を実数 x の絶対値 $|x|$ で表します。$|x|$ は 0 以上の値となります。$|x| = a$（a は 0 以上）の場合、$x = -a$ と、$x = a$ の 2 つの点があります。

図21　絶対値と方程式・不等式

$|x| = a \iff x = \pm a$
$|x| < a \iff -a < x < a$
$|x| > a \iff x < -a$ または $a < x$

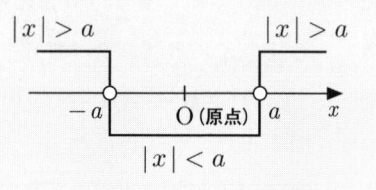

$|x| > a$ の場合、x は a よりも原点から遠いところを示していますので、プラス方向に大きい場合とマイナス方向に大きい場合があります。また、$|x| < a$ の場合、x は a よりも原点に近くなります（図21）。

■ 2次方程式の解と因数分解

x についての 2 次方程式、$ax^2 + bx + c = 0$ を成り立たせる文字の値を 2 次方程式の解といい、すべての解を求めることを解くといいます。因数分解を利用すると、いろいろな 2 次方程式を解くことができます。

例えば、$3x^2 - 21x + 30 = 0$ では、
$3(x^2 - 7x + 10) = 0$
「3.3.1 項：多項式の展開や因数分解」に示した公式 $x^2 + (a+b)x + ab = (x+a)(x+b)$ を使って因数分解すると、
$3\{x^2 + (-5-2) + (-5) \times (-2)\} = 0$
$3(x-5) \times (x-2) = 0$
となります。したがって、$x - 5 = 0$ または $x - 2 = 0$ が成り立ち、$x = 2$ と $x = 5$ という 2 つの解が求まります。

また、$x^2 - a = 0$ は、

$a > 0$ のとき、因数分解で $x^2 - a = (x + \sqrt{a})(x - \sqrt{a}) = 0$ となりますので、$x = \pm\sqrt{a}$ という 2 つの解が求まります。

図22　一般的な2次方程式の解

$$
\begin{aligned}
0 &= ax^2 + bx + c \quad (a \neq 0) \\
&= x^2 + \frac{b}{a}x + \frac{c}{a} \quad \text{——両辺を } a \text{ で割る} \\
&= x^2 + \frac{b}{a}x + \frac{b^2}{4a^2} - \frac{b^2}{4a^2} + \frac{c}{a} \quad \frac{b^2}{4a^2} - \frac{b^2}{4a^2} = 0 \text{ です} \\
&= x^2 + 2\left(\frac{b}{2a}\right)x + \left(\frac{b}{2a}\right)^2 - \left(\frac{b^2}{4a^2} - \frac{4ac}{4a^2}\right)
\end{aligned}
$$

因数分解する　　　　　　　　　　まとめる

$$
= \left(x + \frac{b}{2a}\right)^2 - \frac{b^2 - 4ac}{4a^2}
$$

よって、

$$
\left(x + \frac{b}{2a}\right)^2 = \frac{b^2 - 4ac}{4a^2}
$$

$$
x + \frac{b}{2a} = \pm\sqrt{\frac{b^2 - 4ac}{4a^2}}
$$

$$
= \pm\frac{\sqrt{b^2 - 4ac}}{2a} \quad \sqrt{4a^2} = \sqrt{(2a)^2} \text{ より}
$$

$\frac{b}{2a}$ を移項して、

$$
x = \frac{-b \pm \sqrt{b^2 - 4ac}}{2a}
$$

となる。

$a = 0$ のときは $x = 0$ という1つの解が求まります。

$a < 0$ のときは、$-a = b \ (b > 0)$ という正の数を考え、前項で説明した虚数 i を使うと、

$$
\begin{aligned}
x &= \pm\sqrt{a} = \pm\sqrt{(-a) \times (-1)} \pm \sqrt{(-a)} \times \sqrt{(-1)} \\
&= \pm\sqrt{b}\, i \quad (b > 0)
\end{aligned}
$$

と解けます。

2次方程式は、前項で虚数という考えを導入したことで、むりやり、$(x+a)(x-a)=0$という形の因数分解に持ち込み、**図22**のように解くことができます。2次関数 $y=ax^2+bx+c$ のグラフと、x軸の共有点のx座標は、2次方程式 $ax^2+bx+c=0$ の実数解となります。$D=b^2-4ac$ とすると、この2次方程式の解は、

$x = \dfrac{-b \pm \sqrt{D}}{2a}$ ですので、実数解の数は、Dの符号によって、**図23**のように判定できます。Dが0のとき、グラフはx軸とただ1点を共有しますが、このとき、そのグラフはx軸に接するといい、その共有点を接点といいます。

■ 図と連立方程式

2次方程式 $ax^2+bx+c=0$ は、$y=ax^2+bx+c$ と、$y=0$ の連立方程式とみなすことができますので、2つの式が示す図形が交わるところが連立方程式の解となります。放物線($y=ax^2+bx+c$)と直線($y=a'x+b'$)という連立方程式も同様に交わるところが解となります(**図24**)。

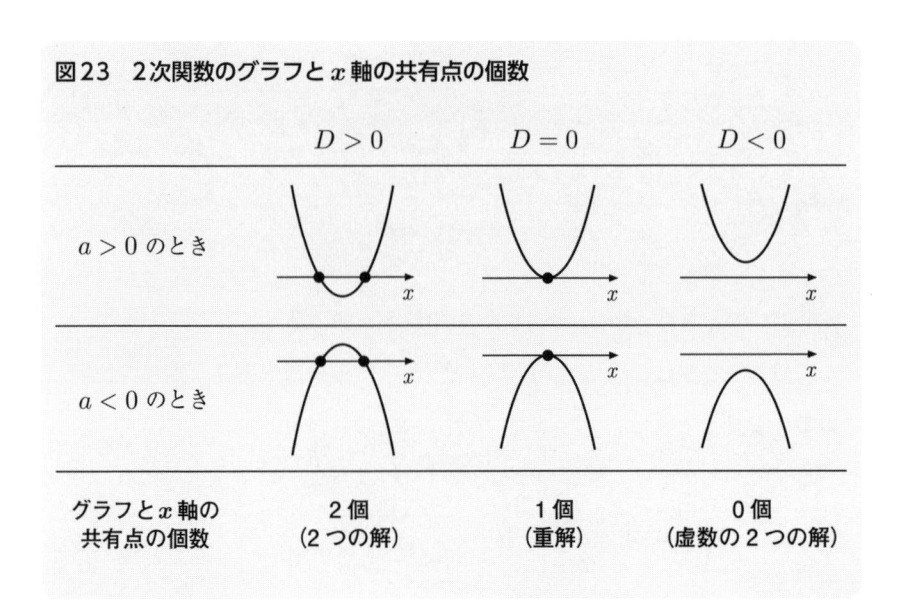

図23　2次関数のグラフとx軸の共有点の個数

	$D>0$	$D=0$	$D<0$
$a>0$のとき			
$a<0$のとき			
グラフとx軸の共有点の個数	2個 (2つの解)	1個 (重解)	0個 (虚数の2つの解)

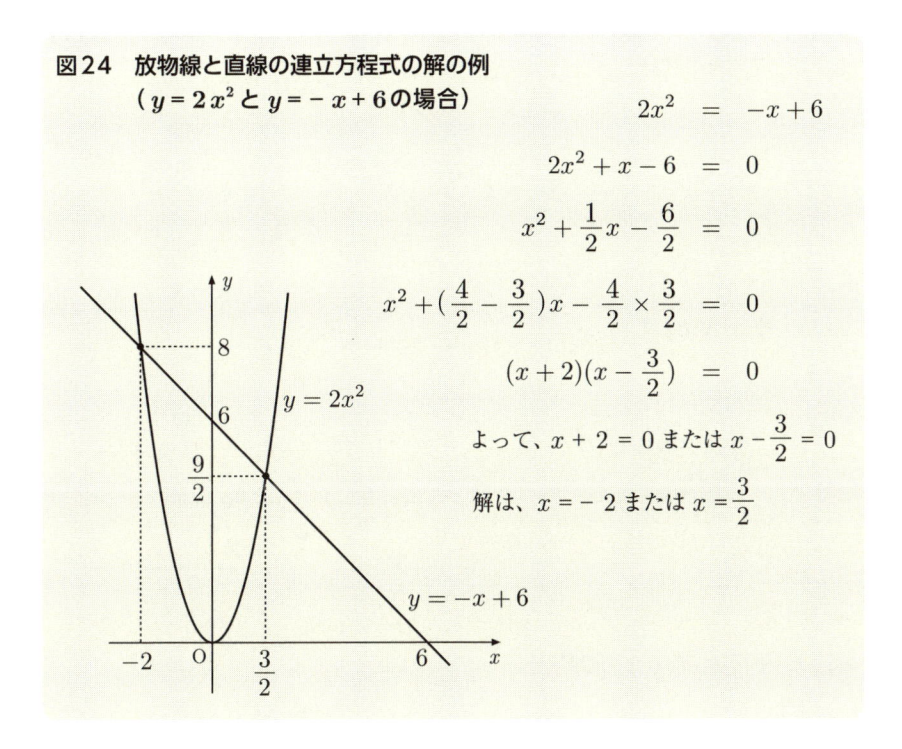

図24 放物線と直線の連立方程式の解の例
（$y = 2x^2$ と $y = -x + 6$ の場合）

$$2x^2 = -x + 6$$
$$2x^2 + x - 6 = 0$$
$$x^2 + \frac{1}{2}x - \frac{6}{2} = 0$$
$$x^2 + \left(\frac{4}{2} - \frac{3}{2}\right)x - \frac{4}{2} \times \frac{3}{2} = 0$$
$$(x + 2)\left(x - \frac{3}{2}\right) = 0$$

よって、$x + 2 = 0$ または $x - \frac{3}{2} = 0$

解は、$x = -2$ または $x = \frac{3}{2}$

4 式と証明

　数学では、ある事柄が正しいことを、すでに正しいと認められていることを根拠にして筋道を立てて説明することを証明といいます。証明をするときには、まず、仮定と結論をはっきりさせます。分かっていることが仮定、説明しようとすることが結論で、数学では、ほとんどが「（仮定）ならば（結論）」の形に書かれます。次に、根拠を考えながら仮定から結論に導きます。

■ 平面図形と証明

　平面図形では、図25〜図31が証明するときの根拠として使うことができます（「4.1節：基本的な図形」参照）。

　2本の線分 AB と CD が点 O で交わっている。このとき、AO = CO、DO = BO ならば、AD = CB であることを証明します（図32）。

図25　対頂角の性質

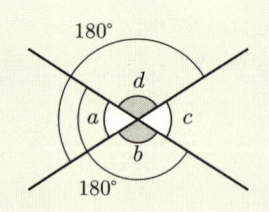

直線は180°なので、
∠a + ∠b = 180°
∠a + ∠d = 180°
よって ∠b = ∠d
同様に ∠a = ∠c

図26　平行線の性質

2直線が平行ならば、
→ 同位角は等しい。
→ 錯角は等しい。

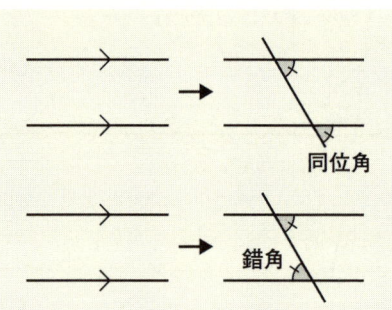

同位角

錯角

図27　平行線になるための条件

同位角が等しい、または
錯角が等しければ、
→ 2直線は平行である。

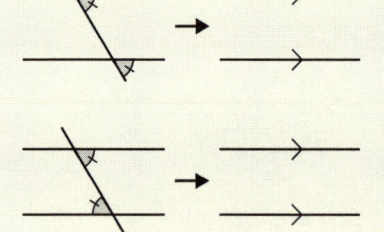

図28　三角形の内角と外角

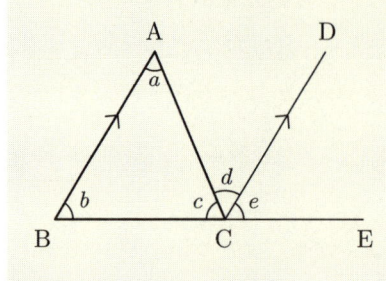

線ABと線DCは平行。

したがって、角度aと角度dは錯角となり等しい。また、角度bと角度eは同意角となり等しい。

$$\angle c + \angle d + \angle e = 180°$$

よって、∠c + ∠a + ∠b = 180°で、三角形の内角の和は180°となる。

図29　多角形の内角と外角

1 n 角形の 1 つの頂点から対角線を引いてできる三角形の数は $n - 2$ 個、したがって
n 角形の内角の和 $= 180° \times (n - 2)$

2 外角 $= 180° -$ 内角、したがって
n 角形の外角の和 $= 180° \times n - \underbrace{180° \times (n - 2)}_{\text{内角の和}}$
$= 360°$

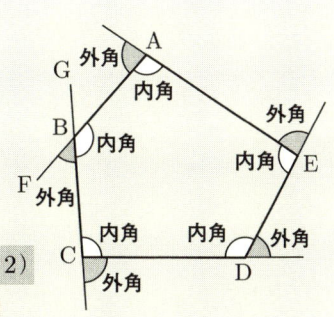

図30　合同な図形の性質

線分の長さはそれぞれ等しい。
角の大きさはそれぞれ等しい。

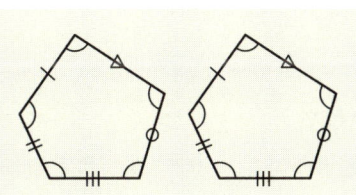

図31　三角形の合同条件

1 3 組の辺がそれぞれ等しい。

$$AB = A'B'$$
$$BC = B'C'$$
$$CA = C'A'$$

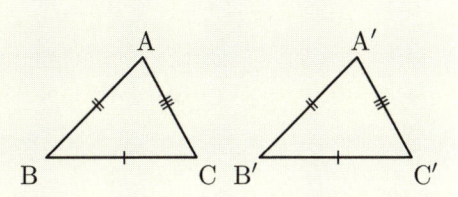

2 2 組の辺とその間の角がそれぞれ等しい。

$$AB = A'B'$$
$$BC = B'C'$$
$$\angle B = \angle B'$$

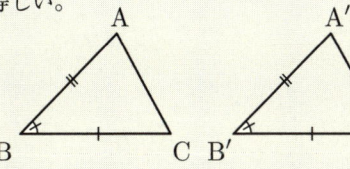

3 1 組の辺とその両端の角がそれぞれ等しい。

$$BC = B'C'$$
$$\angle B = \angle B'$$
$$\angle C = \angle C'$$

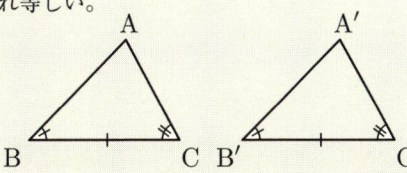

仮定：AO ＝ CO　①
　　　DO ＝ BO　②
根拠：対頂角の性質(対頂角は等しい)　③
　　2組の辺とその間の角がそれぞれ等しい2つの三角形は合同 ①②③

図32　線分ABとCDが点Oで交わっている場合

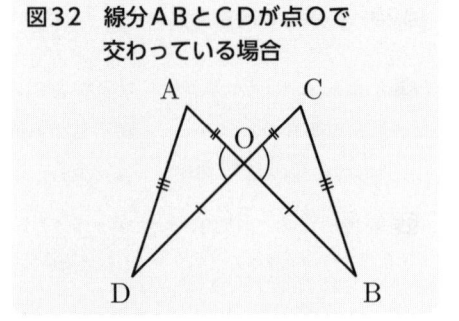

　　　合同な図形の性質から合同な図形の対応する辺は等しい
　結論：AD ＝ CB
式の場合の証明も同様に考えます。

■ 恒等式

整式の中の文字に、どのような数を代入しても成り立つ整式を恒等式といいます。分数式では分母を 0 にする値を除いて考えます。

$ax^2 + bx + c = a'x^2 + b'x + c'$ が恒等式であるためには、$a = a'$、$b = b'$、$c = c'$ が成り立つ必要があります。この整式は、どのような数を入れても成り立つのですから、$x = 0$、$x = 1$、$x = -1$ を代入した、

$$c = c' \quad ①$$
$$a + b + c = a' + b' + c' \quad ②$$
$$a - b + c = a' - b' + c' \quad ③$$

の3つの連立方程式から下記のように容易に導かれます。

①より②③は
$$a + b = a' + b' \quad ④$$
$$a - b = a' - b' \quad ⑤$$

④と⑤を足すと、
$$2a = 2a'$$

したがって
$$a = a' \quad ⑥$$

これを④に代入すると　$b = b'$

■ 次数の項の係数は一致

一般に、整式 $P(x)$ と、整式 $Q(x)$ について、$P(x) = Q(x)$ が恒等式であるためには、$P(x)$、$Q(x)$ の同じ次数の項の係数が一致剃する必要があります。$P(x) = 0$ が x についての恒等式として成り立つのは、$P(x)$ の各項の係数が 0 のときです。

3次方程式 $ax^3 + bx^2 + cx + d = 0$ $(a \neq 0)$ は、3つの解を持ちます。解を α、β、γ とすると、

$$
\begin{aligned}
ax^3 + bx^2 + cx + d &= a\left(x^3 + \frac{b}{a}x^2 + \frac{c}{a}x + \frac{d}{a}\right) &\cdots\text{①}\\
&= a(x-\alpha)(x-\beta)(x-\gamma)\\
&= a\left(x - (\alpha+\beta)x + \alpha\beta\right)(x-\gamma)\\
&= a(x^3 - (\alpha+\beta+\gamma)x^2 + (\alpha\beta+\beta\gamma+\gamma\alpha)x - \alpha\beta\gamma)\cdots\text{②}\\
&= 0
\end{aligned}
$$

となりますで、①と②の次数の係数が等しいということから、

$$\alpha + \beta + \gamma = -\frac{b}{a}, \quad \alpha\beta + \beta\gamma + \gamma\alpha = \frac{c}{a}, \quad \alpha\beta\gamma = -\frac{d}{a}$$

が成り立ちます。3次方程式の解を求める問題が、次数が減ったことで1次の連立方程式を解く問題に変わり、計算が楽になります。

■ 等式が恒等式であることを証明する

等式が恒等式であることを示すことを、等式を証明するといいます。等式 $A = B$ を証明するには、① A を変形して B を導く、② B を変形して A を導く、③ A、B をそれぞれ変形して同じ式 C を導く、④ $A - B = 0$ を示すという4つの方法があります。

■ 条件付きの等式

等式には、恒等式ではないが、ある条件のもとでは常に成り立つものもあります。これを「条件付きの等式」といいます。

例えば、$x^2 - x = y^2 - y$ は、$x = 1$、$y = 2$ のときに、

$$1^2 - 1 = 2^2 - 2$$

図33　条件付きの等式

$x + y = 1$ のとき
$$x^2 - x = (1-y)^2 - (1-y) \quad \leftarrow x = 1-y \text{ を代入}$$
$$= 1 - 2y + y^2 - 1 + y$$
$$= y^2 - y$$

$0 \neq 2$ となり成り立ちませんので恒等式ではありません。しかし、これに $x + y = 1$ という条件が付くと、図33のように、常に成り立ちます。

■ 比例式

$\dfrac{a}{b} = \dfrac{c}{d}$ のように、比の値が等しいことを示す式を比例式といいます。$a:b:c$ を a、b、c の連比といいますが、$\dfrac{a}{a'} = \dfrac{b}{b'} = \dfrac{c}{c'}$ であるときには、$a:b:c = a':b':c'$ と書くことができます。

例えば、x:y:z = 4:3:2 ならば、$\dfrac{x}{4} = \dfrac{y}{3} = \dfrac{z}{2} = k\,(k \neq 0\text{、}k\text{ は定数})$ なので、$x = 4k$、$y = 3k$、$z = 2k$ です。

■ 相加平均と相乗平均

不等式の性質から $a > 0$ のときも、$a < 0$ のときも $a^2 > 0$ が成り立ちます。また $a = 0$ のとき $a^2 = 0$ が成り立ちます。このことを利用し、両辺の差をとり、それが正であるか、負であるかで不等式を証明します。

$$\frac{(\sqrt{a} - \sqrt{b})^2}{2} \geqq 0$$

は、次のように変形できます。

$$\frac{(\sqrt{a} - \sqrt{b})^2}{2} = \frac{a - 2\sqrt{ab} + b}{2} = \frac{a+b}{2} - \sqrt{ab} \geqq 0$$

$$\underset{\text{相加平均}}{\underline{\frac{a+b}{2}}} \geqq \underset{\text{相乗平均}}{\underline{\sqrt{ab}}}$$

左辺は相加平均（足して2で割る）、右辺は相乗平均（掛けて平方根をとる）といいます（「2.8.3項：平均」参照）。a、b が正の実数のとき、相加平均はいつも相乗平均と同じか、大きくなります。同じ場合は、$a = b$ のときです。

■ **正の数の大小と2乗の数の大小**

$a > 0$、$b > 0$ のとき、$a + b > 0$ なので、$a^2 - b^2 = (a + b)(a - b)$ で、$(a^2 - b^2)$ と $(a - b)$ の符号が一致します。$a - b \geq 0$ ならば、$a^2 - b^2 \geq 0$ です。正の数の大小と2乗の数の大小は同じになります。つまり、$a^2 \geq b^2$ なら $a \geq b$ であり、$a \geq b$ なら $a^2 \geq b^2$ です。

5　高次方程式を解く

「3.3.1項：多項式の展開や因数分解」で述べたように、整式も整数のように割り算をすることができます。

整式 A を、0 でない整式 B でわったときの商を Q、余りを R とすると、

$$A = BQ + R \qquad R の字数 < B の次数$$

となります。$R = 0$ のとき、A は B で割り切れます。2種類以上の文字を含む整式についても、その中の1つの文字に着目して割り算を行うことができます。

$A = 2x^3 - 5x^2y + 6xy^2 - 8y^3$ を、$B = x - 2y$ で割ると、**図34** のようになります。余りが 0 ですので、

$$2x^3 - 5x^2y + 6xy^2 - 8y^3 = (x - 2y)(2x^2 - xy + 4y^2)$$

です。

つまり、$0 = 2x^3 - 5x^2y + 6xy^2 - 8y^3$ という3次方程式の解は、$0 = x - 2y$、または、$0 = 2x^2 - xy + 4y^2$ という2つの方程式から得られる解と同じです。

高次方程式では、次数が高い方程式ほど解くのが難しくなります。このた

図34　高次方程式の割り算の例

$$
\begin{array}{r}
2x^2 \phantom{ {}-xy} +4y^2 \phantom{{}-8y^3}\\
x-2y \overline{\smash{\big)}\, 2x^3 -5x^2y +6xy^2 -8y^3}\\
2x^3 -4x^2y \\
\hline
-x^2y +6xy^2 \\
-x^2y +2xy^2 \\
\hline
4xy^2 -8y^3\\
4xy^2 -8y^3\\
\hline
0
\end{array}
$$

答
商　　$2x^2 - xy + 4y^2$
余り　　0

め、高次方程式を解く場合は、式の数が増えても、次数をできるだけ少なくする工夫をしてから解を求めます。

■ 逆関数

関数 $y = f(x)$ を x について解き、ただ1つの解 $x = g(y)$ が得られたとすると、x が y の関数であることを示しています。ここで、x と y を入れ替えてできる関数 $y = g(x)$ を、$y = f(x)$ の逆関数といい、$y = f^{-1}(x)$ で表します。例えば、$y = 2x + 1$ では、$x = \frac{1}{2}y - \frac{1}{2}$ と変形でき、$f(x) = 2x - 1$ の逆関数は $f^{-1}(x) = \frac{1}{2}x - \frac{1}{2}$ となります。

■ 関数と逆関数は対称

逆関数の定義から分かるように、点 (a, b) が、$y = f(x)$ 上にあるということは、点 (b, a) は、$y = f^{-1}(x)$ 上にあることと同じです。点 (a, b) と、点 (b, a) は、直線 $y = x$ に対して対称であることから、関数 $y = f(x)$ のグラフと、その逆関数である $y = f^{-1}(x)$ のグラフを書くと、両者は、直線 $y = x$ に対して対称になります（図35）。

■ 合成関数

y が u の関数、u が x の関数であるとき、x の値が決まると u の値が決まり、u の値が決まれば y の値が決まります。つまり、y は x の関数と

図35 逆関数のグラフ

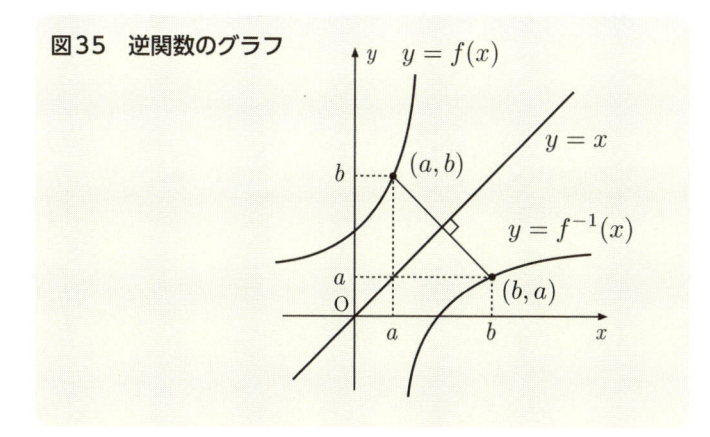

考えることができます。これを合成関数といい、$y = g(f(x))$、または、$y = (g \circ f)(x)$ と書きます(図36)。$f(x) = 2x^2$、$g(x) = 3x + 4$ のとき、合成関数 $(g \circ f)(x)$ と、$(f \circ g)(x)$ は、

$$
\begin{aligned}
(g \circ f)(x) &= g(2x^2) = 3(2x^2) + 4 = 6x^2 + 4 \\
(f \circ g)(x) &= f(3x + 4) = 2(3x + 4)^2 = 2(9x^2 + 24x + 16) \\
&= 18x^2 + 48 + 32
\end{aligned}
$$

となります。このように、一般的には、合成関数で関数の順序が違うと別の関数になります。$(g \circ f)(x) \neq (f \circ g)(x)$

また、関数 $f(x)$ が逆関数 $f^{-1}(x)$ を持つとき、関数と逆関数で合成関数

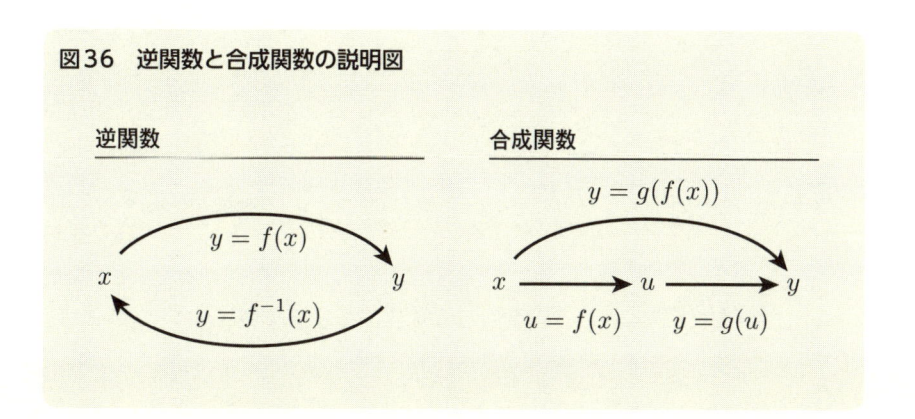

図36 逆関数と合成関数の説明図

を作ると、数の分数の、$a \times \dfrac{1}{a} = 1$のようになります。

$$(f^{-1} \circ f)(x) = f^{-1}(f(x)) = x$$
$$(f \circ f^{-1})(y) = f(f^{-1}(y)) = y$$

3.4 いろいろな関数

学校で習う内容
・三角関数、指数関数及び対数関数について理解し、関数についての理解を深め、それらを具体的な事象の考察に活用できるようにする（数学Ⅱ）。

I 三角関数

いろいろな図形の面積は三角形の和で近似でき、その三角形の面積も2つの直角三角形の面積の和で表すことができます。このため、直角三角形の性質を理解することで、いろいろな図形の性質が分かります。三角関数は、この直角三角形の角の大きさから辺の比を与える関数の総称です。三角関数については、「4.2.2項：角度」でも説明しますので、難しいと感じたら、そこを先に読んで下さい。

∠C を直角とする直角三角形 △ABC を考えます（図37）。直角三角形は1つの角が直角であり、三角形の内角の和は180°であることから、他の1つの角の大きさが θ ($=\angle A$) と定まれば、もう一方の角は $(90-\theta)$ ($=\angle B$) と決まり、三角形の3辺の比も決まります。3辺の比 AB : BC : CA が定まることから、$h = \mathrm{AB}, a = \mathrm{BC}, b = \mathrm{CA}$ とおくと、3つの関係が

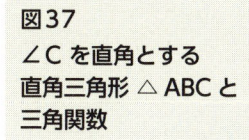

図37
∠C を直角とする
直角三角形 △ABC と
三角関数

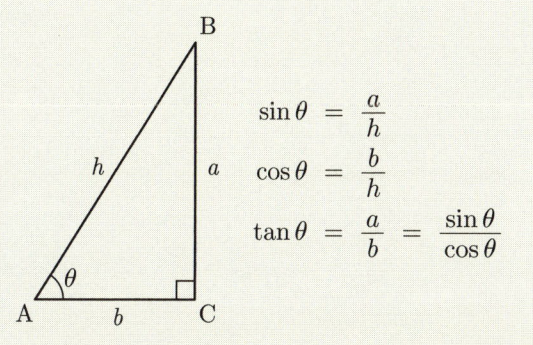

$$\sin\theta = \frac{a}{h}$$
$$\cos\theta = \frac{b}{h}$$
$$\tan\theta = \frac{a}{b} = \frac{\sin\theta}{\cos\theta}$$

求まります。それぞれは正弦(サイン/sine)、余弦(コサイン/cosine)、正接(タンジェント/tangent)と呼ばれます。

ピタゴラスの定理(三角形の長辺の自乗は、他の 2 辺の自乗の和に等しい:$h^2 = a^2 + b^2$)の両辺を h^2 で割ると、三角関数の sin と cos の間には、

$$1 = \left(\frac{a}{h}\right)^2 + \left(\frac{b}{h}\right)^2 = \sin^2\theta + \cos^2\theta$$

が成り立ちます。ここで、$\sin^2\theta$ とは、$(\sin\theta)^2$ のことです。$\sin(\theta \times \theta)$ と間違えないよう、$\sin\theta^2$ とは書きません。なお、三角関数で、どの辺とどの辺の比かということを覚えるのに、書き順を使う方法があります(**図38**)。

三角関数は、$\theta = 30°$、$\theta = 45°$、$\theta = 60°$ を除くと簡単には計算できない数字です。このため、あらかじめ三角関数の表を作っておき、実用的にはこの表を使うという方法が生まれました。古代ギリシャでは、ヒッパルコスにより、一定の半径の円における中心角に対する弦の長さが表にまとめられました(正弦表)。正弦表は後にインドに伝わり、弦の長さは半分でよいという考えから 5 世紀頃には半弦(つまり現在の sine の意味の正弦)の長さをより精確にまとめたものが作成されました。

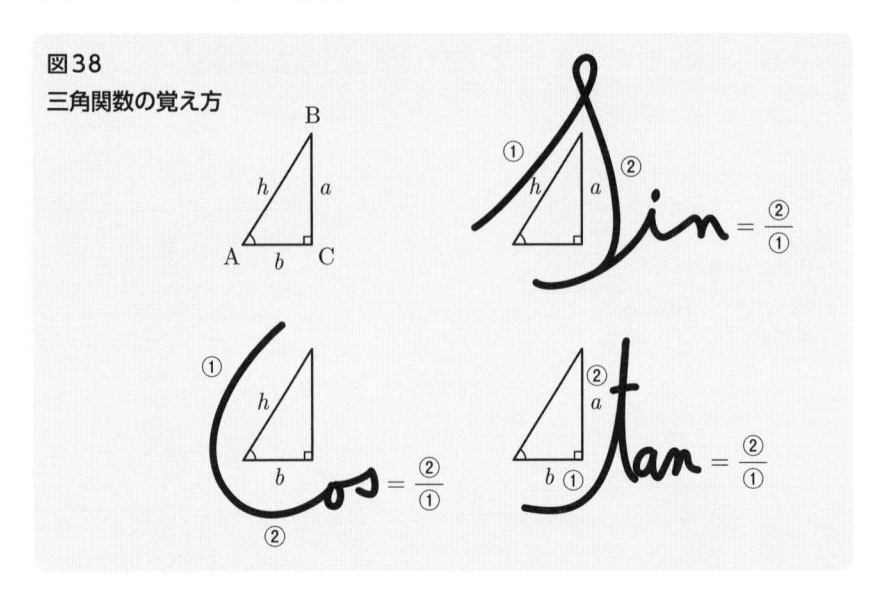

図38
三角関数の覚え方

■ 三角関数と単位円

　三角関数は、直角三角形に基づく定義であるだけでなく、円上を動く点の座標によって定まる関数でもあります。座標面上で原点 O を中心とする半径 r の円を描き、x 軸の正の部分を出発点として角 θ の動径と円 O との交点 P の座標を (x, y) とします（**図39**）。すると $\sin\theta = \dfrac{y}{r}$、$\cos\theta = \dfrac{x}{r}$、$\tan\theta = \dfrac{y}{x}$ は、半径 r の大きさにかかわらず、角 θ だけで決まります。

　したがって、原点 O を中心とする半径 1 の円（単位円）を考えれば、三角形で考えるよりも詳しく、sin、cos、tan の性質が分かります。点 P は、単位円の周上にあることから、

$$-1 \leq y \leq 1 \quad \text{より} \quad -1 \leq \cos\theta \leq 1、$$
$$-1 \leq x \leq 1 \quad \text{より} \quad -1 \leq \sin\theta \leq 1$$

が成り立ち、θ がどんどん増えても、円を 1 周するごとに同じ値が繰り返されます（**図40**）。

　また、tan は、単位円の直線 OP と直線 $x = 1$ 上を動けるので、すべての実数値をとることができます（**図41**）。△OPX と △OTR が相似関係にあることから、単位円の場合、

$$\tan\theta = \frac{y}{x} = \frac{t}{1} = t$$

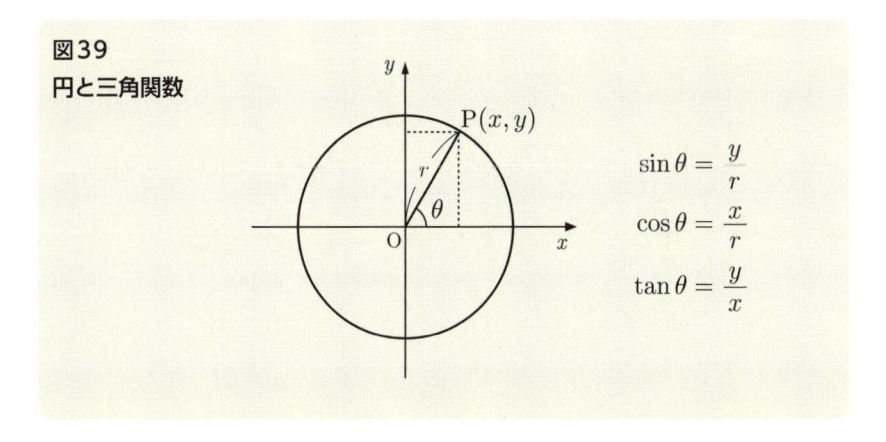

図39
円と三角関数

$$\sin\theta = \frac{y}{r}$$
$$\cos\theta = \frac{x}{r}$$
$$\tan\theta = \frac{y}{x}$$

3章 数と式

になります。

　図からも分かるように、t は直線 $x=1$ のすべての値をとりますので、すべての実数をとります。ただ、90°と270°のときは（$x=0$ のときは）、直線 $x=1$ と交わりません。つまり、解がありません。

　そして、角 θ の動径によって三角関数の正負が決まります（**図42**）。これ

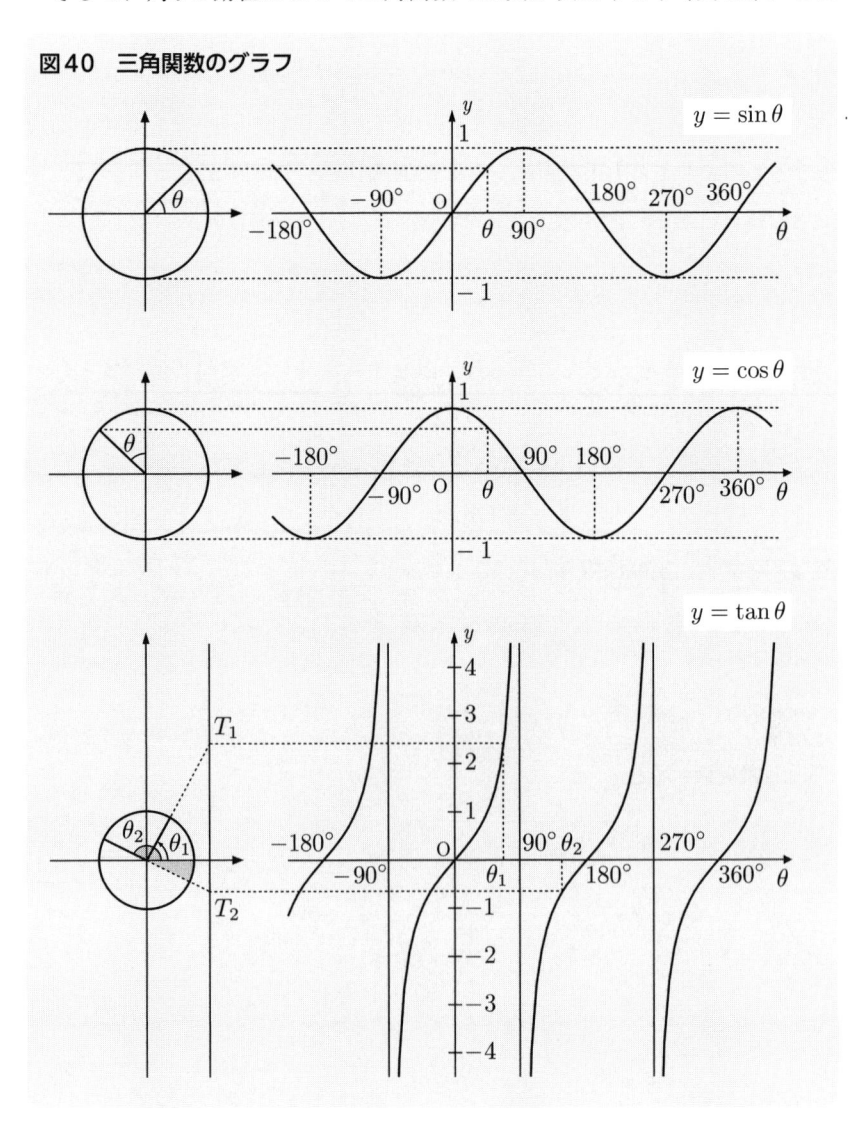

図40　三角関数のグラフ

$y = \sin\theta$

$y = \cos\theta$

$y = \tan\theta$

3.4 いろいろな関数

図41 tanの説明

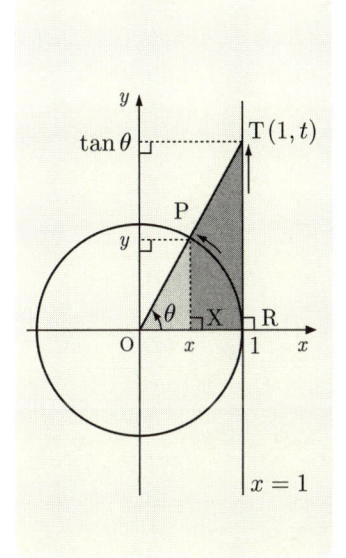

図42 三角関数の正負

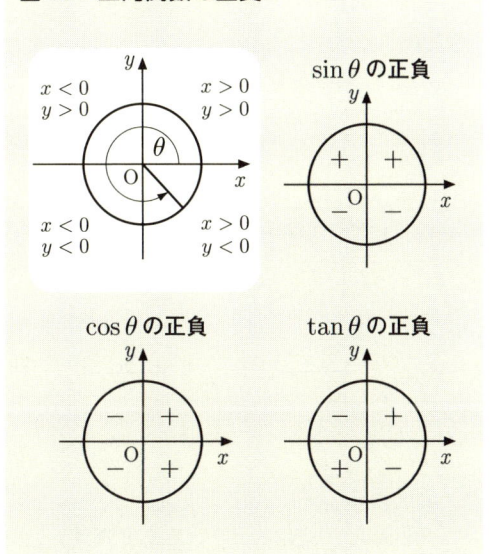

表4 三角関数の加法定理とその応用

$$\sin(\alpha + \beta) = \sin\alpha\cos\beta + \cos\alpha\sin\beta$$

$$\sin(\alpha - \beta) = \sin\alpha\cos\beta - \cos\alpha\sin\beta$$

$$\cos(\alpha + \beta) = \cos\alpha\cos\beta - \sin\alpha\sin\beta$$

$$\cos(\alpha - \beta) = \cos\alpha\cos\beta + \sin\alpha\sin\beta$$

$$\tan(\alpha + \beta) = \frac{\tan\alpha + \tan\beta}{1 - \tan\alpha\tan\beta}$$

$$\tan(\alpha - \beta) = \frac{\tan\alpha - \tan\beta}{1 + \tan\alpha\tan\beta}$$

$$\sin 2\alpha = 2\sin\alpha\cos\alpha$$

$$\cos 2\alpha = \cos^2\alpha - \sin^2\alpha$$

$$= 1 - 2\sin\alpha = 2\cos^2\alpha - 1$$

$$\tan 2\alpha = \frac{2\tan\alpha}{1 - \tan^2\alpha}$$

らのことから、三角関数の間に成り立ついくつかの相互関係を導くことができます。例えば、単位円は、半径 1 の円であることから、

$$\sin\theta = \frac{y}{r} = y、\cos\theta = \frac{x}{r} = x、\tan\theta = \frac{y}{x} \text{ より}$$

$$x^2 + y^2 = 1^2 = 1 \text{ よって、} \sin^2\theta + \cos^2\theta = 1$$

$$\tan\theta = \frac{y}{x} = \frac{\sin\theta}{\cos\theta} \quad (ただし、\cos\theta \neq 0)$$

$$1 + \tan^2\theta = 1 + \frac{y^2}{x^2} = \underset{\underset{\cos\theta = x \text{ より}}{\uparrow}}{\overset{\overset{x^2+y^2=1\text{ より}}{\downarrow}}{\frac{x^2 + y^2}{x^2}}} = \frac{1}{\cos^2\theta}$$

などです。

三角関数の公式は、いろいろありますが、円で考えると複雑ではありません。

例えば、**図43** のように $\sin(-\theta) = -\sin(\theta)$、$\cos(-\theta) = \cos\theta$ となります。

また、**図44** の場合、線分 AB の長さと線分 CE の長さは同じであることから、

$$\begin{aligned}
\mathrm{AB}^2 &= (\cos\alpha - \cos\beta)^2 + (\sin\alpha - \sin\beta)^2 \\
&= \cos^2\alpha - 2\cos\alpha\cos\beta + \cos^2\beta + \sin^2\alpha - 2\sin\alpha\sin\beta + \sin^2\beta \\
&= \cos^2\alpha + \sin^2\alpha + \cos^2\beta + \sin^2\beta - 2\cos\alpha\cos\beta - 2\sin\alpha\sin\beta \\
&= 1 + 1 - 2(\cos\alpha\cos\beta + \sin\alpha\sin\beta) \\
&= 2 - 2(\cos\alpha\cos\beta + \sin\alpha\sin\beta)
\end{aligned}$$

$$\begin{aligned}
\mathrm{CE}^2 &= (1 - \cos(\alpha-\beta))^2 + (\sin(\alpha-\beta) - 0)^2 \\
&= 1 - 2\cos(\alpha-\beta) + \cos^2(\alpha-\beta) + \sin^2(\alpha-\beta) \\
&= 1 - 2\cos(\alpha-\beta) + 1 \\
&= 2 - 2\cos(\alpha-\beta)
\end{aligned}$$

より、$\cos(\alpha-\beta) = \cos\alpha\cos\beta + \sin\alpha\sin\beta$ という三角関数の公式が求ま

図43
三角関数の公式

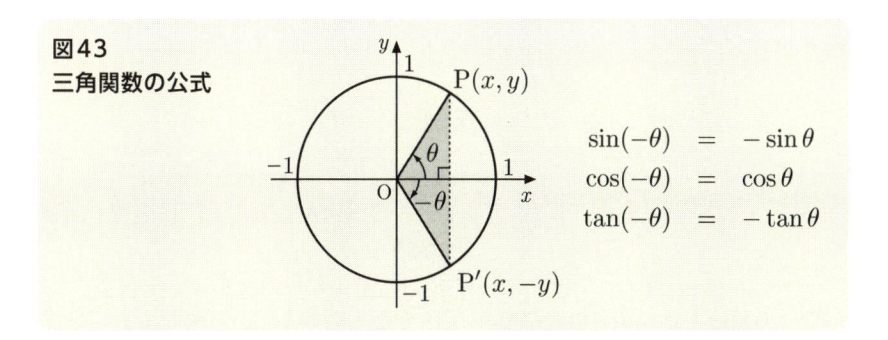

$$\sin(-\theta) = -\sin\theta$$
$$\cos(-\theta) = \cos\theta$$
$$\tan(-\theta) = -\tan\theta$$

図44　三角関数の加法定理

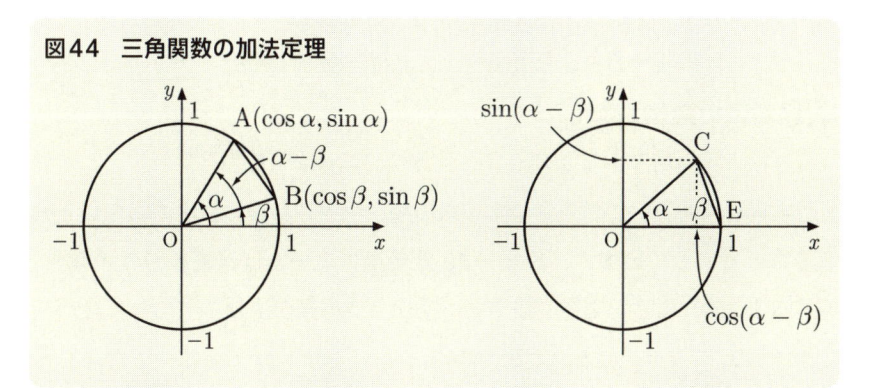

図45　座標平面上の三角関数

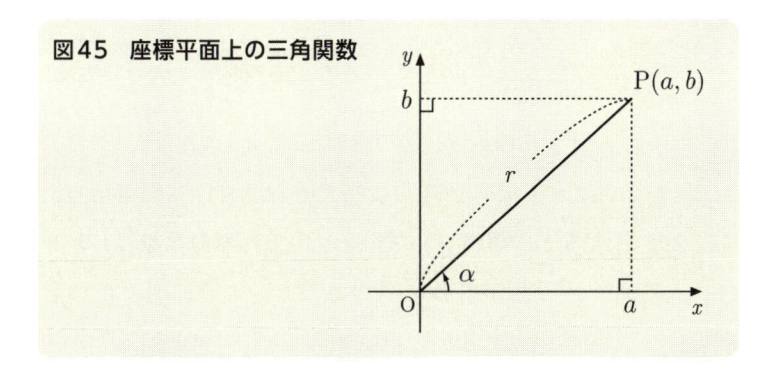

ります（**表4**）。

　また、**表4**の加法定理を利用して、$a\sin\theta + b\cos\theta$ を、$r\sin(\theta + \alpha)$ という形に変形できます。座標が $(a、b)$ である点 P をとり、線分 OP が x 軸の正の向きとなす角を α とし、長さを r とします（**図45**）。

$$a^2 + b^2 = r^2,\ a = r\cos\alpha、b = r\sin\alpha \text{より、}$$

$$\begin{aligned}
a\sin\theta + b\cos\theta &= r\cos\alpha\sin\theta + r\sin\alpha\cos\theta \\
&= r(\cos\alpha\sin\theta + \sin\alpha\cos\theta) \\
&\quad \downarrow \text{表4より} \\
&= r\sin(\theta + \alpha)
\end{aligned}$$

学校の試験では、限られた時間で問題をとく必要から、苦労して公式を覚えます。しかし、実生活では、少し時間がかかりますが、円を描いて考えることで確認できますので、公式を覚える必要はありません。

■ 日射量の変化

地球は大陽の周りを1年間かけ、地球の自転軸が公転軸に対して23.4°傾き、太陽に一番近いのは北半球が冬至の頃、一番遠いのが夏至の頃という軌道を描いて回っています。数万〜40万年単位でいえば、地球の軸の傾き、近日点(太陽にもっとも近い位置)や遠日点の位置が変わっており、この変化が氷河期の引き金になったという説もあります。北半球では太陽から遠い夏至の頃が暖かいのは、夏至の頃は自転軸が太陽のほうを向いているため、多少太陽から離れていても、単位面積当たりでは、より多くの熱を太陽から受けているからです(図46)。

太陽光が斜めから入射する場合と、真上から入射する場合は、単位面積当たりの光量が違います。太陽が直角に当たる部分で、単位面積当たりの太陽の光を I_1 とすると、面積 A_1 に当たる太陽の光の総量は、$I_1 \times A_1$ となります。これが、太陽が斜めに当たるとき、太陽に当たる面積は A_2 と広がります(図47)。太陽が直角に当たる面との角度を θ とすると、直角三角形 abc より、$\cos(\theta) = \dfrac{A_1}{A_2}$ となります。$I_1 \times A_1 = I_2 \times A_2$ より、$I_2 = I_1 \times \dfrac{A_1}{A_2} = I_1 \times \cos(\theta)$ となります。春分と秋分の頃の太陽が一番高くなる角度は、地球の緯度と同じですので、$\cos(0) = 1$、

図46 北半球での季節による日射量の変化

同じ広さの面でも面が傾いて光が斜めに当たると受ける光の量が減る

北半球は、夏に最も多くの量の光を受ける

図47 太陽から斜めに入る光

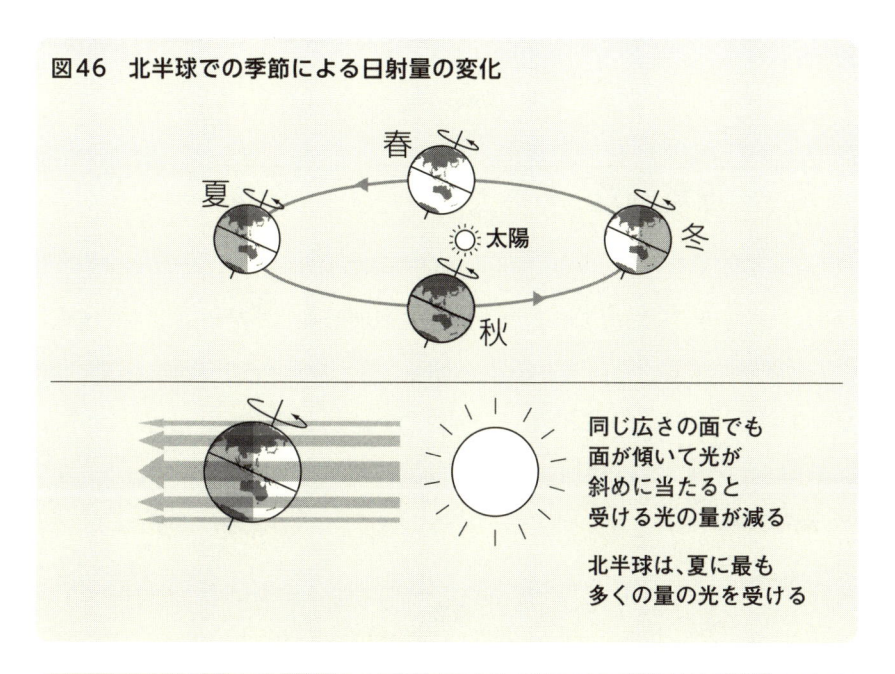

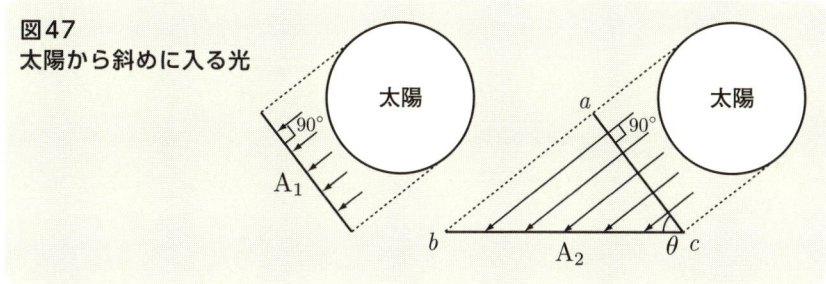

$\cos(30°) = \dfrac{\sqrt{3}}{2} = 0.866$、$\cos(60°) = 0.5$、$\cos(90°) = 0$ を使うと、北緯30度付近の種子島では赤道付近の約9割の光を受けているのに対し、北緯60度付近のストックホルム（スウエーデン）では赤道付近の半分の光しか受けていません。緯度が大きくなるにつれて受けている太陽の光は大きく減り、北極点では0となります。ヨーロッパ北部から北欧は、日本より太陽の光がかなり弱いのです。

なお、微分や積分など、高度な三角関数を使うときには、角度を度（°）で

はなく、ラジアンという単位で表します。ラジアンで表すと、計算が簡単になるからです（「4.2.2 項：角度」参照）。

2 指数関数

大きな数や小さな数を表すのに、10 を何回掛けたかで表すことを「2.1.4 項：数の表し方」および「2.2.2 項：小数」で説明しましたが、10 でなくても、0 と 1 以外の数 a であれば、10 と同様に、大きな数や小さな数を表すことができます。このとき、何回掛けたかという数を「指数」、もととなった数 a を「底」といいます（図48）。

■ 指数法則

$a \neq 0$、$b \neq 0$ のとき、

（底 → a、指数 → 0）

$$a^0 = 1, \quad a^{-n} = \frac{1}{a^n},$$

$$a^m a^n = a^{m+n}, \quad (a^m)^n = a^{mn}, \quad (ab)^n = a^n b^n,$$

$$\left(\frac{a}{b}\right)^n = \frac{a^n}{b^n}, \quad a^m \div a^n = \frac{a^m}{a^n} = a^m a^{-n} = a^{m-n}$$

などが成り立ちます。

n を正の数、a を実数とすると、n 乗して a になる数 x を、a の n 乗根

図48　指数の説明図

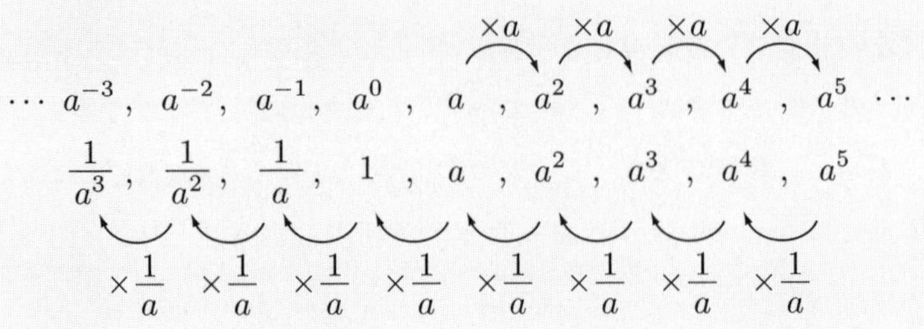

×a ×a ×a ×a
… a^{-3}, a^{-2}, a^{-1}, a^0, a, a^2, a^3, a^4, a^5 …
1/a^3, 1/a^2, 1/a, 1, a, a^2, a^3, a^4, a^5
×1/a ×1/a ×1/a ×1/a ×1/a ×1/a ×1/a ×1/a

といいます。(n 乗根のことを一般的に累乗根といいます)。$n = 2$ の場合、2 乗して a になる数 x を、a の 2 乗根といいます。

$$x = \sqrt[n]{a} \qquad x^n = \left(\sqrt[n]{a}\right)^n = a$$

■ **累乗根の性質とグラフ**

　a が正の数のとき、n が奇数のときの累乗根のグラフと、n が偶数のときの累乗根のグラフは、**図49** のようになります。

　a が 0 のときは、$\sqrt[n]{0} = 0$ となります。

　a が負のときは、a の n 乗根は実数では存在しません。

　累乗根には、**図50** のような性質があります。指数を拡張して考え、m、n が整数の場合だけでなく、有理数全体になっても、同様の式が成り立ちます。例えば、$(a^m)^n = a^{mn}$ が、$m = \dfrac{3}{4}$、$n = 4$ のとき、$(a^{\frac{3}{4}})^4 = a^3$ より、$a^{\frac{3}{4}}$ は、a^3 の 4 乗根を表します。したがって、$a^{\frac{3}{4}} = \sqrt[4]{a^3}$ となります。一般

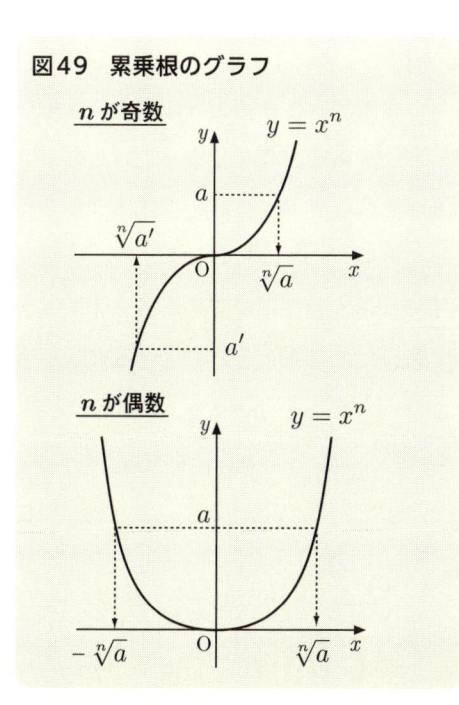

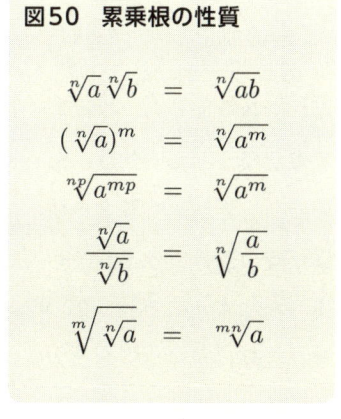

図49　累乗根のグラフ

n が奇数

n が偶数

図50　累乗根の性質

$$\sqrt[n]{a}\sqrt[n]{b} = \sqrt[n]{ab}$$
$$(\sqrt[n]{a})^m = \sqrt[n]{a^m}$$
$$\sqrt[np]{a^{mp}} = \sqrt[n]{a^m}$$
$$\frac{\sqrt[n]{a}}{\sqrt[n]{b}} = \sqrt[n]{\frac{a}{b}}$$
$$\sqrt[m]{\sqrt[n]{a}} = \sqrt[mn]{a}$$

3章 数と式

図51 指数関数のグラフ

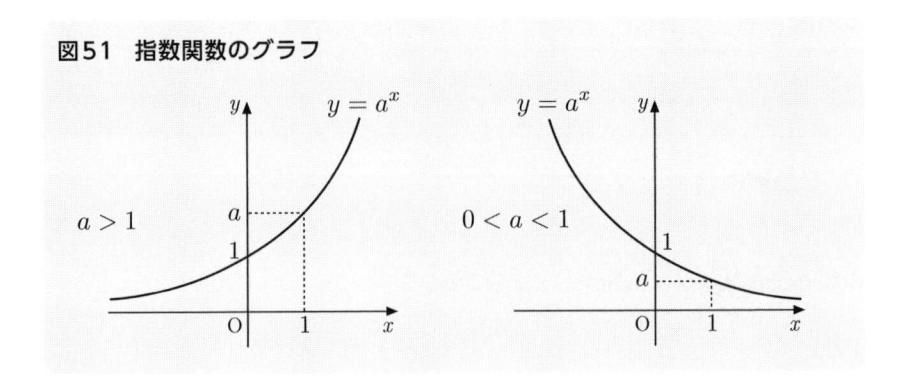

的には、$a^{\frac{m}{n}} = \sqrt[n]{a^m}$ となります。こうなると、どんな数でも指数で表すことができます。

指数関数 $y = a^x$ をグラフで表すと、**図51** のようになり、点 $(0, 1)$ を通り、x 軸 $(y = 0)$ が漸近線（限りなく近づくが接することのない線）となります。そして、a の値が 0 と 1 の間のときは右肩下がり（$p < q$ なら $ap > aq$）、$a = 1$ のときは、常に $y = 1$ という直線になり、$a > 1$ のときは右肩上がり（$p < q$ なら $ap < aq$）となります。また、$a < 0$ のときは表示できません。指数を使うと、掛け算・割り算が加法・減法になります。このため、計算機がなかった時代は、あらかじめ数表を作っておき、数を指数に直して計算し、計算結果を数表を使って数に戻すということが行われました。厳密には正確な計算ではありませんが、実用的には十分な精度で、素早く計算できました。ネイピアは、20 年かけて作成した対数表を 1614 年に発表し、煩雑な計算にかける労力を大幅に減らしたことから、ヨハネス・ケプラーによる天体の軌道計算をはじめとして、その後の科学の急激な発展を支えました。

3 対数関数

対数関数は、指数関数と対になった考えです。$a > 1$、または $0 < a < 1$ なら、指数関数のグラフから、任意の正の数 M に対して、$a^p = M$ となる

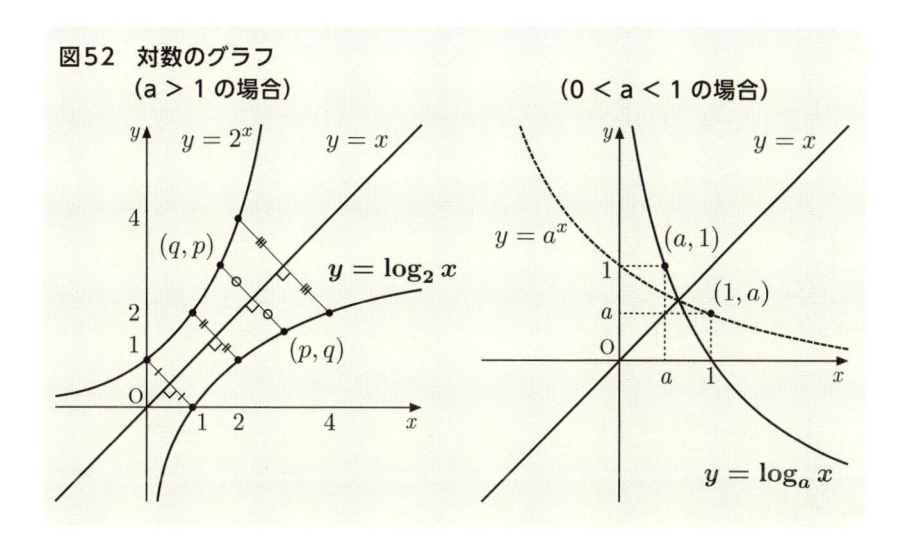

図52 対数のグラフ
(a＞1の場合)　　　　　　　(0＜a＜1の場合)

実数 P がただ 1 つ定まります。この P を、$\log_a M$ で表し（$P = \log_a M$）、「a を底とする M の対数」といいます。対数関数をグラフにすると、**図52** のようになります。

また、指数の法則から対数の法則が求まります。$a^0 = 1$ ですので、底の値によらず、$M = 1$ のときは、$\log_a 1 = 0$ となります。$\log_a M = p$、$\log_a N = q$ とおくと、$M = a^p$、$N = a^q$ となり、$M \times N = a^{p+q}$ から、

$$\log_a MN = \log_a a^{p+q} = p + q = \log_a M + \log_a N$$

という公式ができます。

さらに、$\dfrac{M}{N} = a^{p-q}$ より、

$$\log_a \frac{M}{N} = \log_a a^{p-q} = p - q = \log_a M - \log_a N$$

$M = a^p$ の両辺を r 乗して、$M^r = a^{pr}$ より、

$$\log_a M^r = \log_a a^{pr} = pr$$

$p = \log_a M$ より

$$\log_a M^r = r \log_a M$$

3章 数と式

など、指数を考えることで、対数に関するさまざまな公式が導かれます。

いろいろな底の対数がありますが、バラバラだと計算しにくくなりますので、同じ底にそろえます。a、b、cが正の整数で、aとcがともに1ではないとき、底がaとcの対数を次のように考えます。

$\log_a b = \dfrac{\log_c b}{\log_c a}$ という底の変換公式があります。この求め方は、$\log_a b = p$とすると、$a^p = b$より、cを底とする対数は、$\log_c a^p = \log_c b$となります。さらに、$\log_c a^p = p \log^c a$ですので$\log_c b = p \log^c a$となります。したがって、$p = \dfrac{\log_c b}{\log_c a} = \log_a b$です。

■ 常用対数

10を底とする対数、$\log_{10} M$を常用対数といい、これを表にしたのが常用対数表です(**表5**)。常用対数は、他の対数と区別するために "Log" などのように大文字を用いることがあります。

常用対数表を使って、例えば、1.12×1.27を計算します(実際に計算すると1.4224になります)。常用対数表より、1.12の対数は0.0492、

表5 常用対数表

数	0	1	2	3	4	5	6	7
1.0	.0000	.0043	.0086	.0128	.0170	.0212	.0253	.0294
1.1	.0414	.0453	.0492	.0531	.0596	.0607	.0645	.0682
1.2	.0792	.0828	.0864	.0899	.0934	.0969	.1004	.1038
1.3	.1139	.1173	.1206	.1239	.1271	.1303	.1335	.1367
1.4	.1461	.1492	.1523	.1553	.1584	.1614	.1644	.1673

```
1.12 の対数   0.0492
1.27 の対数   0.1038
         +
           0.1530
```

およそこの当り $\fallingdotseq 1.422$

1.27 の対数は 0.1038 ですので、1.12 × 1.27 の積の対数は、0.0492 + 0.1038 = 0.1530 となります。0.1530 は、常用対数表より 1.42 と 1.43 の間で約 1.422 となります。

■ 自然対数

底を $a = e$（2.71828 18284…：ネイピア数）とした対数を自然対数といいます。微積分などの計算が簡単になるため、数学などの研究分野で用いられることが多い対数です。他の対数と区別するために "ln"（ナチュラルログ）という記号を用いることがあります。ネイピア数 e は、図53 と定義される無理数ですが、微分や積分が非常に簡単になります（「5.2.3 項：微分法」参照）。

図53　ネイピア数 e の定義

$$e = \lim_{n \to \infty} (1 + \frac{1}{n})^n$$

3章 数と式

3.5 数列と行列

学校で習う内容
- 簡単な数列とその和及び漸化式と数学的帰納法について理解し、それらを用いて事象を数学的に考察し処理できるようにする（数学B）。
- 行列の概念とその基本的な性質について理解し、数学的に考察し処理する能力を伸ばすとともに、連立1次方程式を解くことや点の移動の考察などに活用できるようにする（数学C）。

I 数列

数列は、文字通り、数の並びです。数には、整数、有理数、無理数などいろいろな数がありますが、並びということは、数列の最初の数字があり、おのおのの数には"置かれるべき場所（項）"があるということです。数列の最初の項をその数列の初項といいます。そして、第2項の数字、第3項の数字…と並びます。数列には最初が必ずありますが、終わりがあるとは限りません。ある数列に、もし"終わり"があるなら、その最後の項を数列の末項と呼び、末項を持つ数列を有限数列といいます。有限でない数列が無限数列です。例えば、「小さな順に並んだ自然数」という数列は、初項が1で、2、3、4…と続く無限数列です。

数列 S の n 項の数を一般項といい、a_n と表します。各項を表すために小さく付されている n を添字といいます。

$$a_1（初項）, a_2, a_3, a_4, \cdots, a_n（一般項）, \cdots$$

■ 漸化式

数列の各項 a_n が、それ以前の項（$a_1, a_2, \cdots, a_{n-1}$）を用いた関係式で定まる場合、この関係式を漸化式といいます。この場合、数列 a_n は、漸化式と初項の数で定められます。

数学では、等差数列や等比数列など、規則性のある数列が主に取り扱われます。

3.5 数列と行列

■ 等差数列（算術数列）

任意の自然数 n に対して、隣り合う 2 項の差が一定のものを等差数列、または算術数列といい、その差を公差といいます。

1, 2, 3, 4, 5, 6, ... の等差数列なら、初項 1 で公差 1 です。

等差数列の漸化式は、公差を d とすると、次のように簡単な式となります。

$$a_n = a_{n-1} + d = (a_{n-2} + d) + d = \cdots = a_1 + (n-1)d$$

また、等差数列の初項 ($a_1 = a$) から n 項 ($a_n = l$：末項) までの和 S_n は、

$$S_n = a + (a+d) + (a+2d) + \cdots + (l-2d) + (l-d) + l \quad ①$$

加法は順序を変えて良いので、①は

$$S_n = l + (l-d) + (l-2d) + \cdots + (a+2d) + (a+d) + a \quad ②$$

とも書けます。

①と②を足すと、次のように S_n が求まります。

$$S_n + S_n = (a+l) + (a+l) + (a+l) + \cdots + (a+l) + (a+l)$$

となり、

$$S_n = \frac{1}{2}((a+l) \times n) = \frac{n}{2}(a+l)$$

$l = a_n = a + (n-1)d$ より

$$S_n = \frac{n}{2}(a + a + (n-1)d) = \frac{n}{2}(2a + (n-1)d)$$

■ 等比数列（幾何数列）

任意の自然数 n に対して、隣り合う 2 項の比が一定のものを等比数列、または幾何数列といい、その比を公比といいます。

1, 2, 4, 8, 16, 32, ... の等比数列なら、初項 1、公比 2 です。

等比数列の漸化式は、公比を r とすると、次のように簡単な式となります。

$$a_n = r \times a_{n-1} = r \times (r \times a_{n-2}) = \cdots = r^{n-1} \times a_1$$

等比数列の初項 ($a_1 = a$) から n 項 ($a_n = ar^{n-1}$：末項) までの和 S_n は、

$$S_n = a + ar + ar^2 + ar^3 + \cdots + ar^{n-2} + ar^{n-1} \quad ③$$

となり、これに r を掛けると、

$$rS_n = ar + ar^2 + ar^3 + ar^4 + \cdots + ar^{n-1} + ar^n \quad ④$$

となります。

③から④を引くと、次のように S_n が求まります。

$$S_n - rS_n = (1-r)S_n = a - ar^n = a(1-r^n) \text{ より、} S_n = \frac{a(1-r^n)}{1-r}$$

となります。

有限小数は、等比数列と考えることができ、分数で表現することができます。例えば、$0.\dot{3}4\dot{5}$ は、$a=0.345$、$r = 0.001$ で無限に続く等比数列の和であり、n が無限大の場合、$(0.01)^n = 0$ ですので、次のように分数になります。

$$\begin{aligned}
0.\dot{3}4\dot{5} &= 0.345(1 + 0.001 + 0.000001 + \cdots) \\
&= S_{n=\infty} = \frac{a(1-0)}{1-r} = \frac{0.345}{0.999} = \frac{345}{999} = \frac{115}{333}
\end{aligned}$$

2 | 行列とその応用

大名行列など、多人数が列を作って並んでいる様子を行列といいますが、数学における行列(matrix)は、ある要素(element)を縦横に並べたものです。行列の横方向に並んだ要素を行(row)と呼び、縦方向に並んだ要素を列(column)と呼びます。行列に含まれる行の数が m、列の数が n であるときには、その行列を「m 行 n 列行列($m \times n$ 行列)」あるいは、「(m, n) 型行列」と呼びます。行列の i 行目、j 列目の要素を特に行列の (i, j) 要素と呼びます(図54)。すべての要

図54 行列の要素(4行3列行列の場合)

行 →
列 ↓

$$A = \begin{pmatrix} a_{11} & a_{12} & a_{13} & a_{14} \\ a_{21} & a_{22} & a_{23} & a_{24} \\ a_{31} & a_{32} & a_{33} & a_{34} \end{pmatrix}$$

素が実数の行列を実行列、すべての要素が複素数の行列は複素行列です。

■ 行列と連立方程式の解き方

1行のみからなる行列を行ベクトル、1列のみからなる行列を列ベクトルといいます（ベクトルについては「4.3.5項：ベクトル」で説明します）。

行列 A の i 行目の成分だけを並べたベクトル（第 i 行ベクトル）を、

$$a_i = (a_{i1},\ a_{i2},\ a_{i3},\ a_{i4})$$

とすると、行列 A は、

$$A = (a_1,\ a_2,\ a_3,\ a_4)$$

と表現できます。同様に、j 列目の成分だけを並べたベクトル（第 j 列ベクトル）を用いて、$b_j = (a_{1j},\ a_{2j},\ a_{3j})$ とすると、行列 A は、

$$A = \begin{pmatrix} b_1 \\ b_2 \\ b_3 \end{pmatrix}$$

となります。

行列の起源が連立方程式を簡便に解く方法からきているとおり、連立方程式の解法など、数学を道具として利用する自然科学や工学の各分野において基本的な道具として使われます。

2つの数列 (x_n)、(y_n) が与えられていて、これらが図55という連立漸化式を満たしているとします。このときの連立漸化式は、行列 A を使うと、図56のように書けます。この場合の行列 A を係数行列といいますが、係数

図55 連立漸化式の例

$$\begin{cases} x_{n+1} = ax_n + by_n \\ y_{n+1} = cx_n + dy_n \end{cases}$$

図56 行列を用いた連立漸化式の例

$$X_{n+1} = AX_n$$

$$A = \begin{pmatrix} a & b \\ c & d \end{pmatrix}$$

$$X_n = \begin{pmatrix} x_n \\ y_n \end{pmatrix}$$

3章 数と式

行列の掛け算が計算できるなら、連立漸化式を解くとができます。

図55は、一般的な書き方をしましたが、$c = 1$、$d = 0$の場合は、**図57**のようになります。また、$c = 0$、$d = 1$の場合は、**図58**のようになります。このように簡単な場合は、行列を使わなくても方程式を解くことができます。しかし、関係が複雑になってくるほど、行列を使って加減乗除を行うことで、連立方程式を簡単に解くことができます。

m行m列である行列A、B、Cを考えます。a_{ij}、b_{ij}、c_{ij}をおのおのの行列の成分とすると、次式が成り立ちます。

$$C = A + B \quad c_{ij} = a_{ij} + b_{ij}$$
$$C = A - B \quad c_{ij} = a_{ij} - b_{ij}$$

また、次のように、掛け算も成り立ちます。**図59**は、具体的な行列の計算例です。

$$C = A \times B \quad c_{ij} = \sum_{k=1}^{m} a_{ij} - b_{ij}$$

図57 行列を用いた連立漸化式 ($c = 1$、$d = 0$の場合)

$$X_{n+1} = \begin{pmatrix} a & b \\ 1 & 0 \end{pmatrix} X_n$$

$$\begin{pmatrix} x_{n+1} \\ y_{n+1} \end{pmatrix} = \begin{pmatrix} a & b \\ 1 & 0 \end{pmatrix} \begin{pmatrix} x_n \\ y_n \end{pmatrix}$$

$$\Downarrow$$

$$x_{n+1} = ax_n + by_n$$
$$y_{n+1} = x_n + 0$$
$$(y_n = x_{n-1})$$

$$\Downarrow$$

$$x_{n+1} = ax_n + bx_{n-1}$$

図58 行列を用いた連立漸化式 ($c = 0$、$d = 1$の場合)

$$X_{n+1} = \begin{pmatrix} a & b \\ 0 & 1 \end{pmatrix} X_n$$

$$\begin{pmatrix} x_{n+1} \\ y_{n+1} \end{pmatrix} = \begin{pmatrix} a & b \\ 0 & 1 \end{pmatrix} \begin{pmatrix} x_n \\ y_n \end{pmatrix}$$

$$\Downarrow$$

$$x_{n+1} = ax_n + by_n$$
$$y_{n+1} = 0 + y_n$$
$$(y_n = y_{n-1} = \cdots = y_0)$$

$$\Downarrow$$

$$x_{n+1} = ax_n + by_0$$

図59　行列の計算例

$$A = \begin{pmatrix} 5 & 6 \\ 7 & 8 \end{pmatrix} \quad B = \begin{pmatrix} 1 & 2 \\ 3 & 4 \end{pmatrix}$$

$$A + B = \begin{pmatrix} 5+1 & 6+2 \\ 7+3 & 8+4 \end{pmatrix} = \begin{pmatrix} 6 & 8 \\ 10 & 12 \end{pmatrix}$$

$$A - B = \begin{pmatrix} 5-1 & 6-2 \\ 7-3 & 8-4 \end{pmatrix} = \begin{pmatrix} 4 & 4 \\ 4 & 4 \end{pmatrix}$$

行列の積の計算

$$\begin{pmatrix} 5 & 6 \\ 7 & 8 \end{pmatrix} \times \begin{pmatrix} 1 & 2 \\ 3 & 4 \end{pmatrix}$$

↓

$$\begin{pmatrix} 5 \times 1 + 6 \times 3 & - \\ - & - \end{pmatrix}$$

↓

$$\begin{pmatrix} 5 & 6 \\ 7 & 8 \end{pmatrix} \times \begin{pmatrix} 1 & 2 \\ 3 & 4 \end{pmatrix}$$

↓

$$\begin{pmatrix} 5 \times 1 + 6 \times 3 & 5 \times 2 + 6 \times 4 \\ - & - \end{pmatrix}$$

↓

$$\begin{pmatrix} 5 & 6 \\ 7 & 8 \end{pmatrix} \times \begin{pmatrix} 1 & 2 \\ 3 & 4 \end{pmatrix}$$

↓

$$\begin{pmatrix} 5 \times 1 + 6 \times 3 & 5 \times 2 + 6 \times 4 \\ 7 \times 1 + 8 \times 3 & - \end{pmatrix}$$

↓

$$\begin{pmatrix} 5 & 6 \\ 7 & 8 \end{pmatrix} \times \begin{pmatrix} 1 & 2 \\ 3 & 4 \end{pmatrix}$$

↓

$$A \times B = \begin{pmatrix} 5 \times 1 + 6 \times 3 & 5 \times 2 + 6 \times 4 \\ 7 \times 1 + 8 \times 3 & 7 \times 2 + 8 \times 4 \end{pmatrix} = \begin{pmatrix} 23 & 34 \\ 31 & 46 \end{pmatrix}$$

■ 数の計算と行列の計算の違い

　しかし、行列の乗法では、数の計算との違いがいくつかあります。まず、0 に相当する行列です。すべての要素が 0 の行列を零行列（ぜろ）といいますが、2 つの行列の積が零行列でも、どちらかが零行列であると結論できないのです。式の計算では $2 \times 3 = 0$ が成り立ちませんが、行列の世界では成り立つことがあります。

　例えば、$A = \begin{pmatrix} 1 & 0 \\ 1 & 0 \end{pmatrix}$　$B = \begin{pmatrix} 0 & 0 \\ 1 & 0 \end{pmatrix}$ のとき、$A \times B = \begin{pmatrix} 0 & 0 \\ 0 & 0 \end{pmatrix}$ となります。

$$A \times B = \begin{pmatrix} 1 & 0 \\ 1 & 0 \end{pmatrix}\begin{pmatrix} 0 & 0 \\ 1 & 0 \end{pmatrix} = \begin{pmatrix} 1\times 0 + 0\times 1 & 0\times 0 + 0\times 0 \\ 1\times 0 + 0\times 1 & 1\times 0 + 0\times 0 \end{pmatrix}$$

$$= \begin{pmatrix} 0 & 0 \\ 0 & 0 \end{pmatrix}$$

しかし、$B \times A = \begin{pmatrix} 0 & 0 \\ 1 & 0 \end{pmatrix}$ です。

$$B \times A = \begin{pmatrix} 0 & 0 \\ 1 & 0 \end{pmatrix}\begin{pmatrix} 1 & 0 \\ 1 & 0 \end{pmatrix} = \begin{pmatrix} 0\times 1 + 0\times 1 & 0\times 0 + 0\times 0 \\ 1\times 1 + 0\times 1 & 1\times 0 + 0\times 0 \end{pmatrix}$$

$$= \begin{pmatrix} 0 & 0 \\ 1 & 0 \end{pmatrix}$$

この例でも分かるように、一般的には、$A \times B$ と $B \times A$ が等しくなりません。行列では掛ける順序が違うと積が異なるのです。このことに注意すると、行列は、数と同じように、加減乗除ができますし、結合法則、分配法則が成り立ちます。

　　　結合法則　　　$(AB)C = A(BC)$
　　　分配法則　　　$(A + B)C = AC + BC$
　　　　　　　　　　$A(B + C) = AB + AC$

また、数 k に関して次の法則も成り立ちます。

$$(kA)B = A(kB) = k(AB)$$

3.5 数列と行列

■ 対角行列と単位行列

対角成分以外の成分が 0 である行列を対角行列と呼びます。

$$P = \begin{pmatrix} 1 & 0 & 0 \\ 0 & 2 & 0 \\ 0 & 0 & 3 \end{pmatrix}$$

└─ 対角成分

対角行列の中で、その対角成分がすべて 1 である行列を単位行列といい、I と記します。

$$I = \begin{pmatrix} 1 & 0 & 0 \\ 0 & 1 & 0 \\ 0 & 0 & 1 \end{pmatrix}$$

行列 A は、単位行列 I と掛けても値は代わりません。数の計算で、1 のようなものです。

$$A \times I = I \times A = A$$

例 $\begin{pmatrix} 1 & 2 \\ 3 & 4 \end{pmatrix} \begin{pmatrix} 1 & 0 \\ 0 & 1 \end{pmatrix} = \begin{pmatrix} 1 & 2 \\ 3 & 4 \end{pmatrix}, \quad \begin{pmatrix} 1 & 0 \\ 0 & 1 \end{pmatrix} \begin{pmatrix} 1 & 2 \\ 3 & 4 \end{pmatrix} = \begin{pmatrix} 1 & 2 \\ 3 & 4 \end{pmatrix}$

数の場合、0 でない数 a の場合にその逆数 $a^{-1}(a \times a^{-1} = a^{-1} \times a = 1)$ を考えて、「a で割る演算」を「a^{-1} を掛ける演算」にしました(「2.5 節:除法」参照)。実は、行列も単位行列を使い、同じように考えることができるのです。

■ 逆行列

行列 A に対し、$A \times X = X \times A = I$ となる行列 X が存在するとき、この行列 X を A の逆行列といいます。

$$AA^{-1} = A^{-1}A = I$$

このような逆行列をみつけることができれば、$AY = B$ という行列の等式の場合は左から A^{-1} を掛けて、$A^{-1}AY = A^{-1}B$ となり、$Y = A^{-1}B$ と計算できます。$YA = B$ の場合は右から A^{-1} を掛けて、$YAA^{-1} = Y = BA^{-1}$ となります。ただ、行列 A に対し、逆行列が存在し

ない場合は除法はできません。2行2列行列 A の逆行列は、図60のようになります。

図60 逆行列の例

$$A = \begin{pmatrix} a & b \\ c & d \end{pmatrix}$$

$ad - bc \neq 0$ ならば、A の逆行列 A^{-1} が存在し、$A^{-1} = \dfrac{1}{ad-bc}\begin{pmatrix} d & -b \\ -c & a \end{pmatrix}$

$ad - bc = 0$ ならば、A の逆行列は存在しない

$$\begin{pmatrix} a & b \\ c & d \end{pmatrix}\begin{pmatrix} d & -b \\ -c & a \end{pmatrix} = \begin{pmatrix} ad-bc & 0 \\ 0 & ad-bc \end{pmatrix} = (ad-bc)\begin{pmatrix} 1 & 0 \\ 0 & 1 \end{pmatrix}$$

$$\begin{pmatrix} d & -b \\ -c & a \end{pmatrix}\begin{pmatrix} a & b \\ c & d \end{pmatrix} = \begin{pmatrix} ad-bc & 0 \\ 0 & ad-bc \end{pmatrix} = (ad-bc)\begin{pmatrix} 1 & 0 \\ 0 & 1 \end{pmatrix}$$

4章 図形

4.1 基本的な図形

4.2 面積と角度と体積

4.3 図形と計量

4章 図形

4.1 基本的な図形

学校で習う内容

- 身近な立体についての観察や構成などの活動を通して、図形についての理解の基礎となる経験を豊かにする（小1）。
- ものの形についての観察や構成などの活動を通して、図形についての理解の基礎となる経験を一層豊かにする（小2）。
- ものの形についての観察や構成などの活動を通して、基本的な図形について理解できるようにする（小3）。
- 図形についての観察や構成などの活動を通して、基本的な図形についての理解を深める（小4）。
- 図形についての観察や構成などの活動を通して、基本的な平面図形についての理解を一層深めるとともに、図形の構成要素及びそれらの位置関係に着目して考察できるようにする（小5）。
- 図形についての観察や構成などの活動を通して、基本的な立体図形についての理解を深めるとともに、図形の構成要素及びそれらの位置関係に着目して考察ができるようにする（小6）。
- 基本的な図形を見通しを持って作図する能力を伸ばすとともに、平面図形についての理解を深める（中1）。
- 図形を観察、操作や実験を通して考察し、空間図形についての理解を深める。また、図形の計量についての能力を伸ばす（中1）。
- 観察、操作や実験を通して、基本的な平面図形の性質を見いだし、平行線の性質を基にしてそれらを確かめることができるようにする（中2）。
- 平面図形の性質を三角形の合同条件などを基にして確かめ、論理的に考察する能力を養う（中2）。
- 図形の性質を三角形の相似条件を基にして確かめ、論理的に考察し表現する能力を伸ばす（中3）。
- 三角形や円などの基本的な図形の性質についての理解を深め、図形の見方を豊かにするとともに、図形の性質を論理的に考察し処理できるようにする（数学A）。

1 ものの形と基本的な図形

　身の回りにあるものは複雑な形をしていますが、三角形や円などの基本的な図形の集まりに近いと考えることができます。

　基本的な図形については、その性質や面積(体積)などを簡単に求めることができますので、複雑な形の性質や面積(体積)も、基本的な図形の和として求めることができます(**図1**)。このため、小学校から繰り返し基本的な図形について学びます。微分・積分という考えは、複雑な形をできるだけ細かい基本図形(細長い長方形)に分けて考えるものです。

　ぴんと張ったひものように、まっすぐな線を直線といいます。数学でいう直線は、両方に際限なくまっすぐに伸びている線です。このうち、点Aと点Bを通る直線を、「直線AB」といいます。直線ABのうち、AからBまでの部分を線分ABといいます(**図2**)。

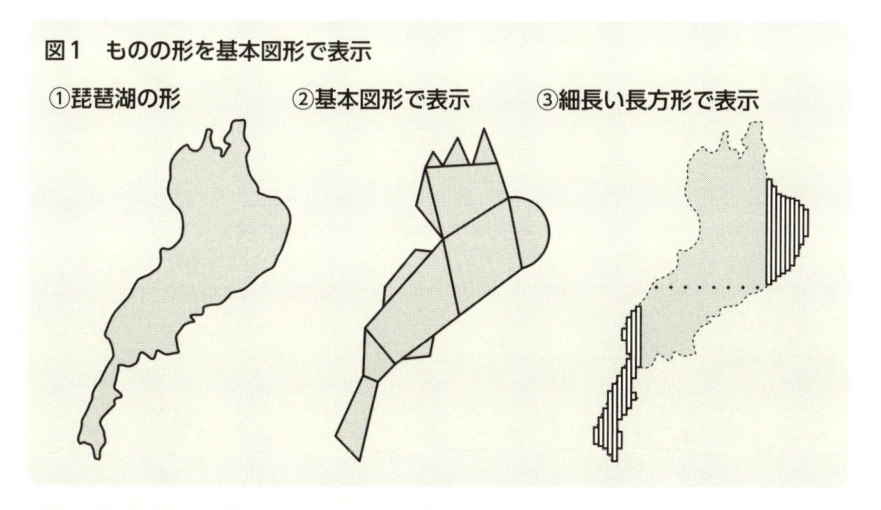

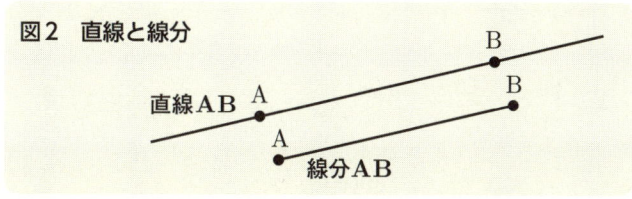

図1　ものの形を基本図形で表示
①琵琶湖の形　　②基本図形で表示　　③細長い長方形で表示

図2　直線と線分
直線AB　　　線分AB

4章 図形

　1本の直線を折り目にして2つに折ると、折り目の両側がきちんと重なり合う図形を線対称の図形といい、折り目になる直線を軸といいます（**図3**）。重なり合う点を対応する点、重なり合う辺を対応する辺、重なり合う角を対応する角といい、対応する辺の長さや、対応する角の大きさはそれぞれに等しくなります。線対称の図形では、**図3**の点m、dを結ぶ線分は、対称の軸（直線AB）と直交します。これは、対応する2つの点を結ぶ直線は、対称の軸に垂直に交わるということです。長方形、正方形、ひし形、正三角形、二等辺三角形、円などは軸対称です。対称の軸は、1つのときもありますが、正方形では4つなど、対称の軸が複数のときもあります。円は、中心を通る直線がすべて対称の軸になりますので、対称の軸は無限個です。

■ 点対称の図形

　1つの点を中心に、180°回転すると、もとの図形にきちんと重なる図形を点対称な図形といい、その中心点を対称の中心といいます（**図4**）。点対称の図形では、対応する2つの点を結ぶ直線は、対称の中心を通ります。線分 $\overline{イサ}$ の長さと、線分 $\overline{キサ}$ の長さが等しいなど、対称の中心から対応する2つの点までの長さは等しくなっています。正方形、ひし形、円は点対称です。

図3　線対称の例
　　　（点aから点pを結ぶ図形：
　　　線ABが軸）

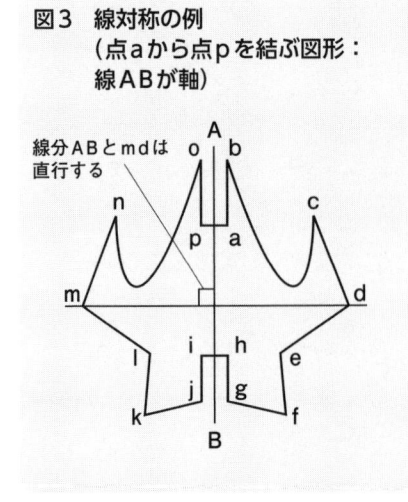

図4　点対称の例
　　　（点アから点コを結ぶ図形：
　　　点サは対称の中心）

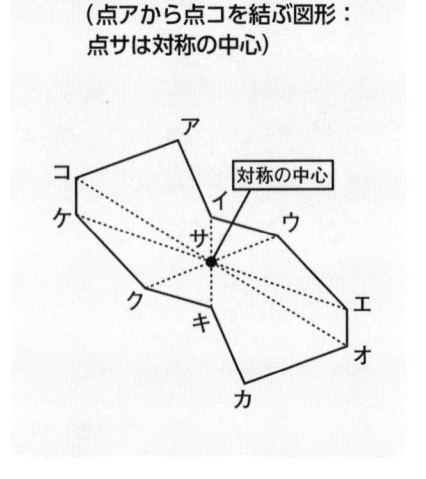

4.1 基本的な図形

■ **作図**

直線や線分を引くための定規と、円をかいたり線分の長さを写したりするためのコンパスだけで図をかくことを作図といいます。主な作図は、垂直二等分線の作図（**図5**）、角の二等分線の作図（**図6**）、垂線の作図（**図7**）で、いずれも、直角三角形の性質を用いたものです。また、これを応用すると、円に接線を引くことができます。

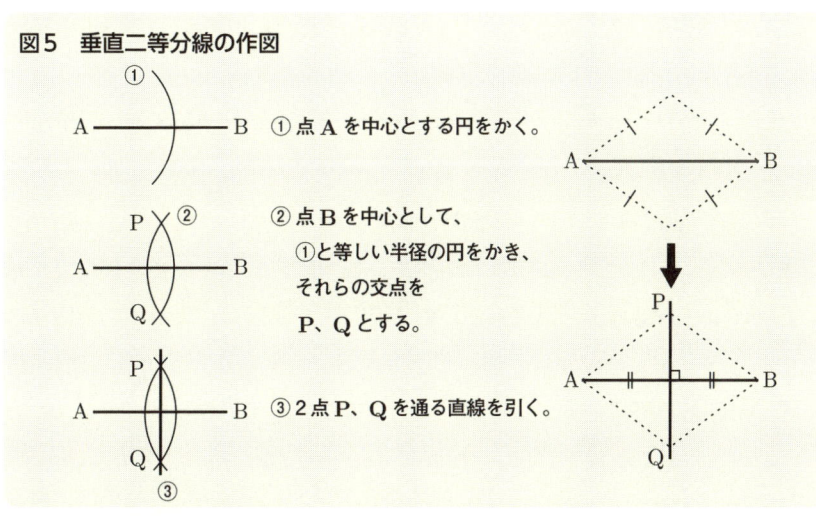

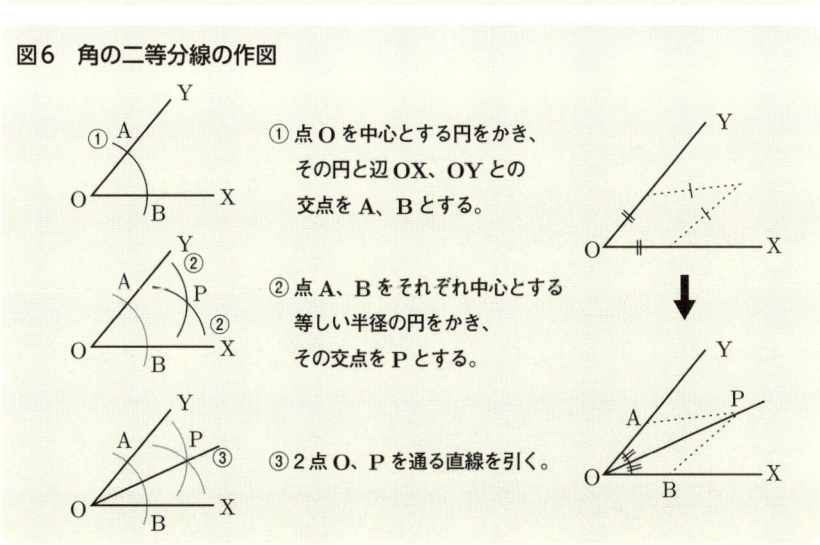

図5　垂直二等分線の作図

① 点 A を中心とする円をかく。

② 点 B を中心として、①と等しい半径の円をかき、それらの交点を P、Q とする。

③ 2点 P、Q を通る直線を引く。

図6　角の二等分線の作図

① 点 O を中心とする円をかき、その円と辺 OX、OY との交点を A、B とする。

② 点 A、B をそれぞれ中心とする等しい半径の円をかき、その交点を P とする。

③ 2点 O、P を通る直線を引く。

図7 垂線の作図

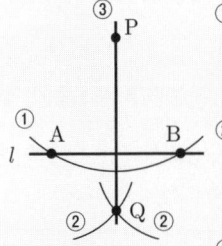

① 点Pを中心とする円をかき、直線 l との交点をA、Bとする。

② 点A、Bをそれぞれ中心とする等しい半径の円をかき、その交点をQとする。

③ 2点P、Qを通る直線を引く。

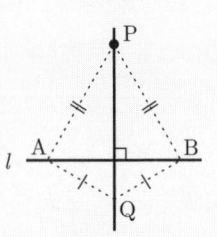

2　平面図形

　図形には平面図形と立体図形があります。身の回りにあるものは、縦、横、高さがある立体ですが、このうち一つが、他に比べて考える必要がないくらい非常に小さい場合を平面図形といいます。平面図形の性質は、立体図形に比べて分かりやすいので、立体図形でも平面で考えることができる場合は、できるだけ平面図形で考えます。ただ、立体図形で考えるといっても、場合によっては、非常に小さくても立体で考えなければならないこともあります。

　例えば、地球の大気は、地表付近から対流圏、成層圏、中間圏、熱圏と区分されています。空気のほとんどは対流圏、成層圏、中間圏にあり、そこでは窒素や酸素など、大気成分のほとんどすべてがあります。地表から中間圏の上端までの距離は約 80 km ありますが、これは地球の半径（赤道半径

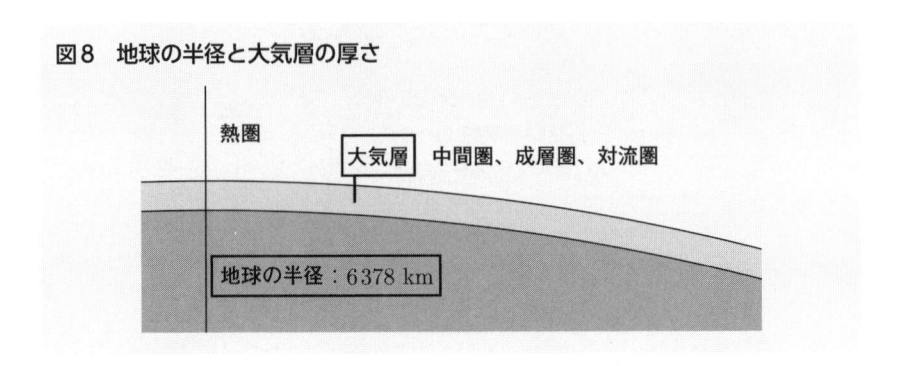

図8　地球の半径と大気層の厚さ

熱圏

大気層　中間圏、成層圏、対流圏

地球の半径：6378 km

6 378 km）の 1%ちょっとにしかすぎません（**図8**）。地球の大きさに比べると非常に小さいので、大気の動きを考えるときは、天気図という平面図を書いて、平面上の動きとして考えることができます。しかし、雲や雨などの天気変化は、大気層の中の地表に一番近い対流圏で起きています。局地的に発生する上昇流や下降流といった鉛直流が重要なはたらきをしますので、平面図だけでは考えることができません。平面図から上昇流や下降流が起きやすい場所を探し、レーダーや気象衛星などを通じて雲や雨を立体的にとらえています。

3　基本的な平面図形の性質

平面上に 2 直線（L_1 と L_2）と交わる 1 直線（L_3）があると、**図9** のように 8 つの角ができます。このうち、α と α'、β と β'、γ と γ'、δ と δ' を同位角と呼びます。また、γ と α'、δ と β' を錯角といいます。小学校で最初に習う平行線の説明では、分かりやすさのため、「1 つの直線に対し直角に交わる 2 本の直線は平行」ですが、直角でなくとも、同位角や錯角が等しいとき、平面上の 2 直線（L_1 と L_2）は、どこまで延長しても交わらない平行線です（「3.3.4 項：式と証明」参照）。

■ **三角形と二等辺三角形**

基本的な図形である三角形は、3 つの辺で囲まれた図形です。三角形の角の点を頂点といい、周りの直線を辺といいます。2 つの辺が等しい三角形を二等辺三角形といいます（**図10**）。二等辺三角形において、等しい 2 辺の間の角を

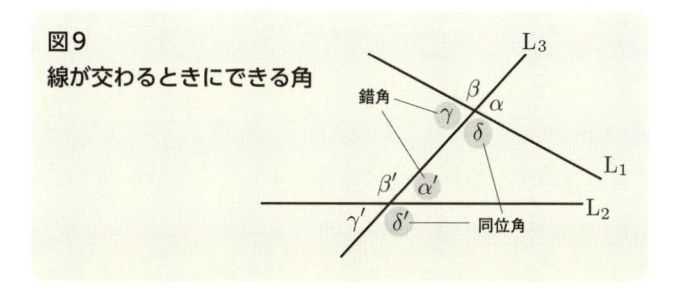

図9
線が交わるときにできる角

図10　二等辺三角形と正三角形

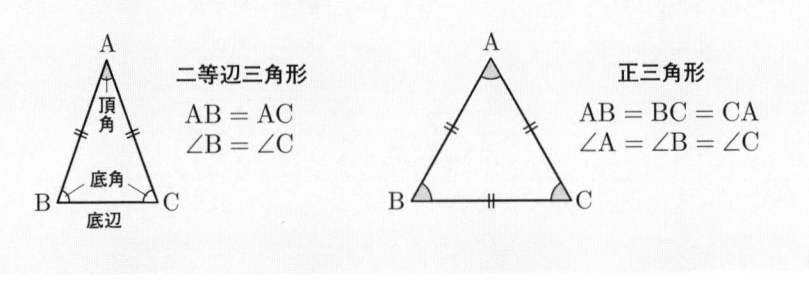

二等辺三角形
AB = AC
∠B = ∠C

頂角
底角
底辺

正三角形
AB = BC = CA
∠A = ∠B = ∠C

頂角、頂角に向かい合う辺を底辺、底辺の両側の角を底角といい、二等辺三角形の底角は等しくなります。底角が等しい三角形は二等辺三角形です。

■ 正三角形の性質

正三角形は、3つの辺の長さが等しい三角形のことです。特別な二等辺三角形とみることもできます。どの角についても二等辺三角形となり、底角が等しくなります。したがって、正三角形の3つの角は等しく60°になります。三角形の1つの角が90度の三角形を直角三角形といいます。

■ n 角形

三角形の頂点は3個、辺は3本です。四角形は4つ、五角形は5つ、六角形は6つの辺に囲まれた図形です。n 角形は、頂点の数が n 個、辺の数が n 本です。多くの辺に囲まれた多角形は、すべて三角形の和で表現することができます（**図11**）。四角形は対する角を線で結ぶと2つの三角形に、五角形は3つの三角形に、六角形は4つの三角形に分けることができるように、多角形は、（角の数 − 2）個の三角形に分けることができます。四角形は2つの三角形として考えることもありますが、四角形として性質を考えたほうが分かりやすい場合が多くあります。

四角形のうち、角がどれも直角なものを長方形といいます。長方形は同位角が等しいことから、四角形を構成する2組の辺は、ともに平行線です。長方形のうち、辺の長さが等しいものを正方形といいます。

平面上の線 OA のうち、1つの点 O から OB という直線がでているとき、

図11 多角形と三角形

四角形
(2つの三角形)

五角形
(3つの三角形)

六角形
(4つの三角形)

n角形は(n−2)個の三角形に分けることができる。

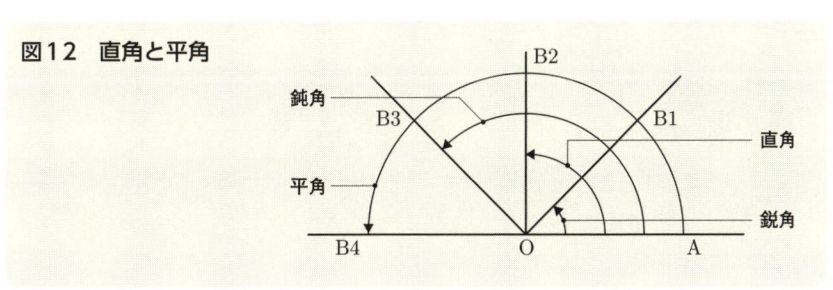

図12 直角と平角

OAとOBが作る角（∠AOBと表現します）は、図12のようになります。OBが反時計回りに回転してOAと一直線になるときの角度を平角といいます。その半分の角度が直角です。なお、直角より小さい角度を鋭角、大きい角度を鈍角と呼びます。

■ 円の弦、弧、円周角

円は、1点からの距離が等しい点全体が作る図形です。糸の一端を固定して、その周りに他端を回転させることによって得られることから、古代から円は完全な図形と考えられてきました。円周上の2点を結んだ線分ABを弦、それに対応する円周を弧といいます（図13）。弓に例えた表現です。「上弦の月」は、新月から満月にいたる間の月で、西の空に沈むときに弦の部分が上方にくるからです（図14）。また、点A、Bと中心Oを結ぶ線分が作る角（∠AOB）を中心角、点A、Bと円周上の他の点Pを結ぶ線分が作る角（∠APB）を円周角といいます。円周角の大きさは、中心角の2分の1

図13 弦と弧

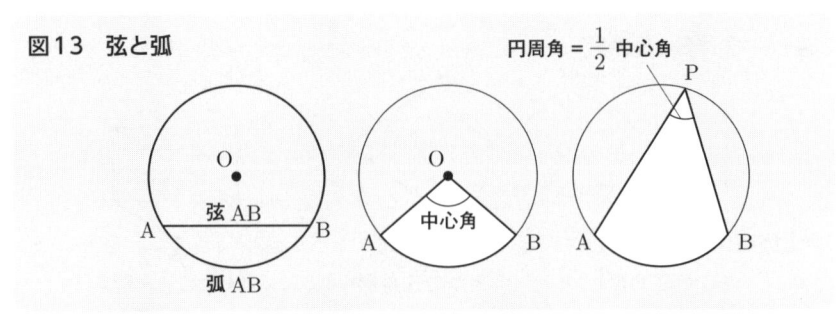

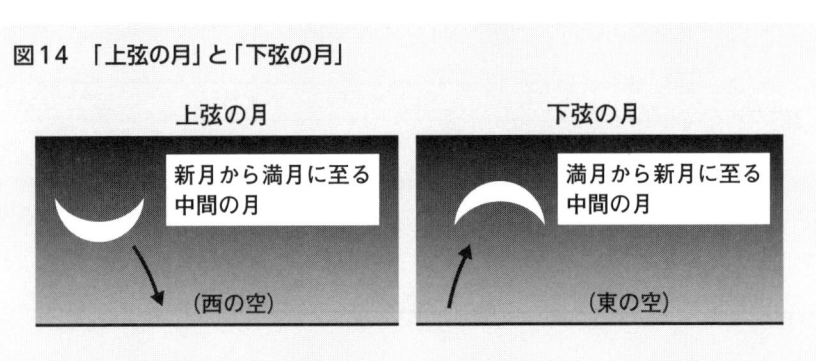

円周角 = $\frac{1}{2}$ 中心角

図14 「上弦の月」と「下弦の月」

上弦の月　新月から満月に至る中間の月　（西の空）

下弦の月　満月から新月に至る中間の月　（東の空）

となり、P が円周上をどう動いても、円周角の大きさは同じになります(**図15**)。線分 AB が円の中心 O を通るとき、中心角は 180°、円周角はその半分の直角になり、△APB は直角三角形になります(**図16**)。

■ 内角の和

三角形の 1 辺に平行な線を引くと、錯覚が等しいことから 3 つの内角の和は 180° となります（「3.3.4 項：式と証明」参照）。四角形は 2 つの三角形に分けられるので、内角の和は $180 \times 2 = 360°$、五角形は三角形が 3 つなので、内角の和は $180 \times 3 = 540°$ となります。n 角形 ($n \geq 3$) では、三角形が $(n-2)$ 個できるので、内角の和は $180 \times (n-2)$ ° となります。

■ 合同な図形

ぴたりと重ねることができる図形を合同な図形といいます。三角形は、角の点 ABC と △ を使って、「△ABC」と書きます。**図17**で、△ABC を右

図15 円周角と中心角の関係

右の図のように、点 O を通る線分 PQ（直径）をひき、
$$\angle \mathrm{APO} = \angle a, \quad \angle \mathrm{BPO} = \angle b$$
とする。△PAO は二等辺三角形なので
$$\begin{aligned}\angle \mathrm{AOQ} &= 180° - \angle \mathrm{AOP} \\ &= 180° - (180° - (\angle a + \angle a)) \\ &= 2\angle a\end{aligned}$$
同様に、△PBO は二等辺三角形なので
$$\angle \mathrm{BOQ} = 2\angle b$$
よって、
$$\begin{aligned}\angle \mathrm{AOQ} + \angle \mathrm{BOQ} &= 2(\angle a + \angle b) \\ &= 2(\angle \mathrm{APO} + \angle \mathrm{BPO})\end{aligned}$$
したがって、$\angle \mathrm{AOB} = 2\angle \mathrm{APB}$

つまり、$\boxed{\angle \mathrm{APB} = \dfrac{1}{2}\angle \mathrm{AOB}}$
　　　　　円周角　　　　中心角

図16　円周角と直角三角形

図17　三角形の合同

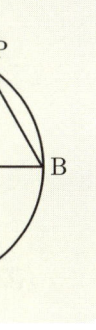

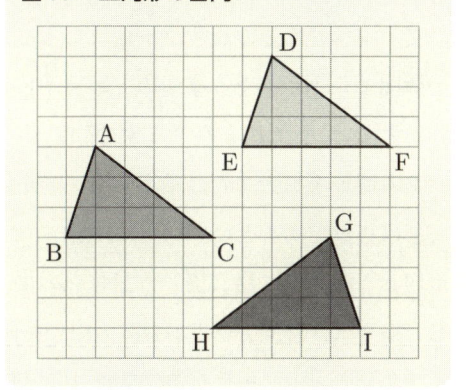

上にずらすと、△DEF と重なりますので、△ABC と、△DEF は合同です。また、△ABC を裏返して移動させると、△GIH と重なりますので、△ABC と △GIH も合同です。線対称の図形は、対称の軸にそって裏返すと重なりますので、合同な 2 つの図形に分けることができます。

図18 円の接線

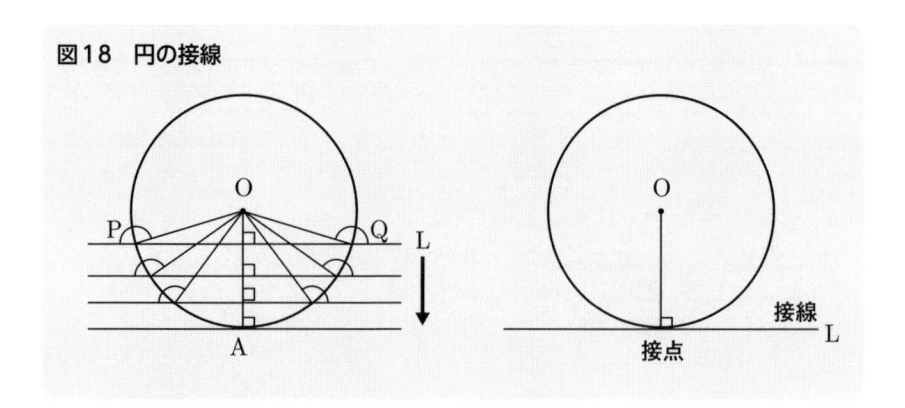

■ 縮図と拡大図と相似

　半径 OA に垂直な直線 L と円 O との交点を点 P、Q とし、直線 L を点 A の方向に移動させていくと(**図18**)、2 点 P、Q は次第に近づき、点 A の位置で一致します。円 O と直線 L に共通する点がただ 1 つのとき、円 O と直線 L は接するといい、その点を接点、直線 L を円 O の接線といいます。円の接線は、接点を通る半径に垂直です。

　縮図と拡大図は、元の図形を縮めたり拡大した図形で、すべての角度は同じで、すべての辺の長さが r 倍になっている図です。$0 < r < 1$ のとき、もとの図より小さくなりますので縮図、$1 < r$ のとき、もとの図より大きくなりますので、拡大図となります(**図19**)。なお、$1 = r$ のときは合同の図です。

　ある図形を拡大または縮小した図形があるとき、その図形と、もとにした図形は相似であるといい、「similar(似ている)」から s をとり、文字や数と混同しないように横に倒した記号(∞)を使います(**図20**)。相似で面積が等しい場合は、合同で、3 本の線の記号を使います。

　三角形の底辺に平行な線分を使って相似について考えてみます(**図21**)。△ABC の辺 AB 上に点 D をとり、辺 AC 上に点 E を DE と BC が平行になるようにとると、△ADE と△ABC は相似となり、辺の長さの比

$$AD : AB = AE : AC = DE : BC$$

が成り立ちます。これを使うと、任意の線分 AB を等分することができます。

4.1 基本的な図形

図19　縮図と拡大図

図20　相似と合同の記号

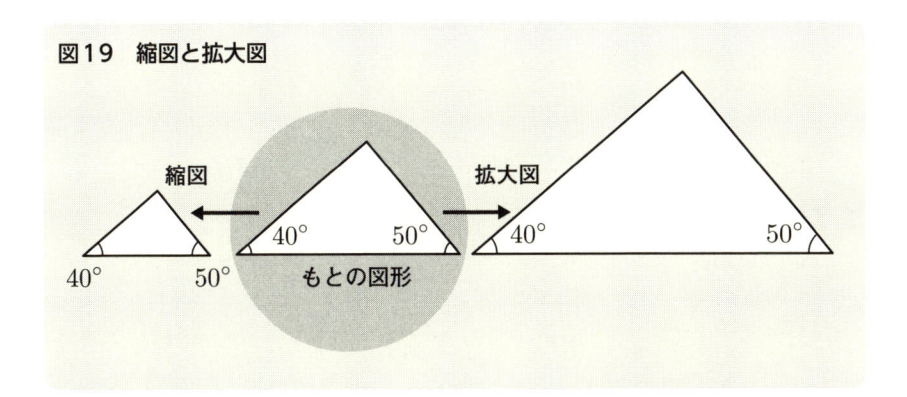

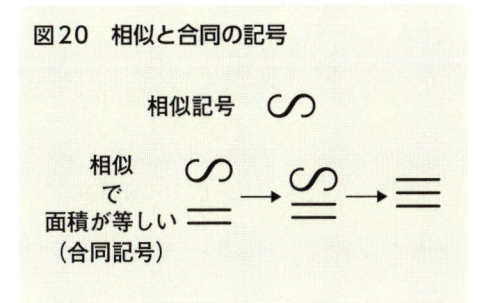

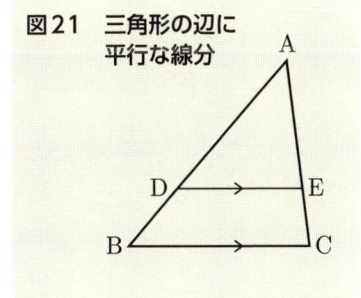

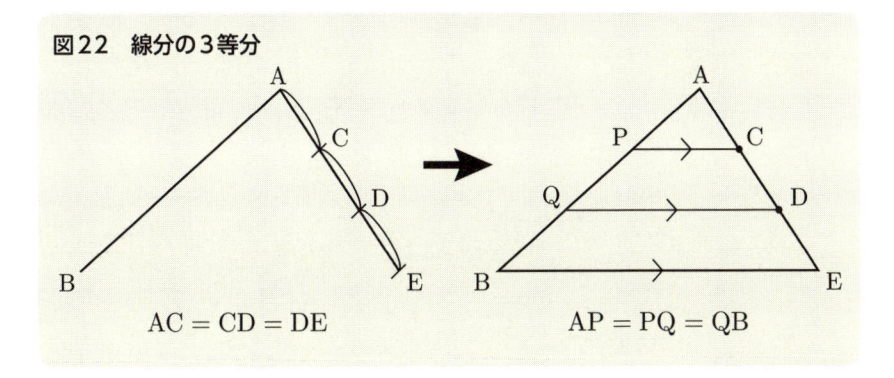

図21　三角形の辺に平行な線分

図22　線分の3等分

AC = CD = DE

AP = PQ = QB

例えば、線分 AB を 3 等分する場合は（**図22**）、点 A から B とは別の方向に線を引き、コンパスで同じ長さで点 C、D、E を刻み、点 E から B に直線 EB を引きます。この直線に平行に、点 D および C から平行線を引くと、線分 AB と交わった点 Q、P が 3 分の 1 の場所です。

4 立体図形

立体はその特徴から、角柱、角錐(かくすい)、円柱、円錐(えんすい)、球の 5 つに分類できます（図23）。複雑な形をした立体図形でも、この 5 つの組み合わせで近似することができますので、この 5 つの立体の性質を知ることで、立体図形の性質が分かります。

■ 角柱

角柱は、2 つの平行な底面（上にあるものも下にあるものも同じ形であり、ともに底面といいます）と、底面の辺の数と同じ数の側面から構成される立体で、各面の角には辺があります（図24）。底面が正三角形、正方形である角柱を、正三角柱、正四角柱といいます。また、角柱のうち、正方形だけで

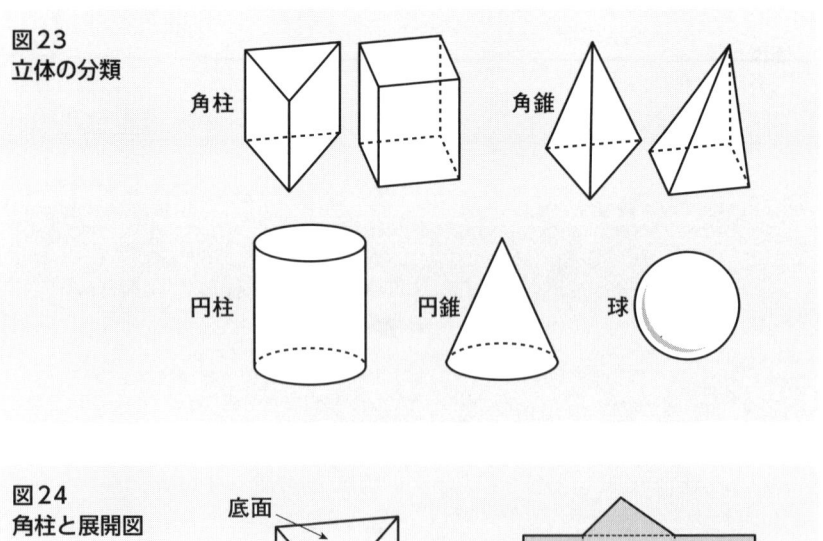

図23
立体の分類

角柱　　角錐　　円柱　　円錐　　球

図24
角柱と展開図

底面、辺、側面、底面、三角柱

図25 直方体と立方体

	面の数	辺の数	頂点の数
直方体	長方形や正方形 6個	短い 4本 中位 4本 長い 4本	8個
立方体	正方形 6個	同じ長さ 12本	8個

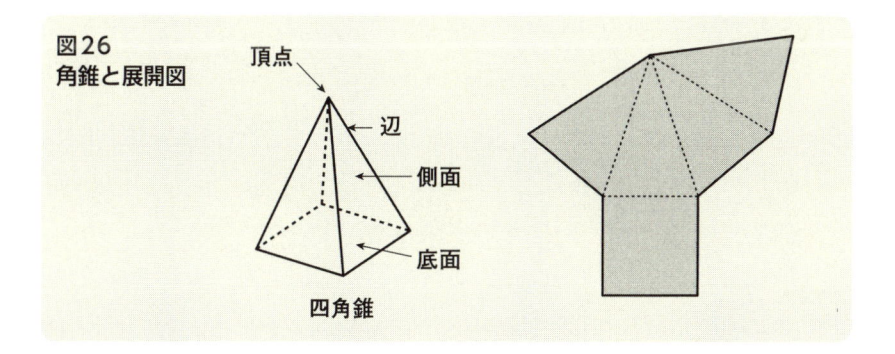

図26 角錐と展開図

四角錐

囲まれている形を「立方体」といい、長方形だけで囲まれているか、長方形と正方形で囲まれている形を「直方体」といいます。直方体と立方体は、図25のような、面と辺と頂点の数を持っています。

■ 角錐

角錐は、図26のように頂点がある立体です。角錐の錐は、尖ったという意味です。底面が三角形、四角形のものを、三角錐、四角錐といいます。角錐のうち、底面が正三角形、正方形で、側面が二等辺三角形である角錐を正三角錐、正四角錐といいます。

■ 円柱と円錐

円柱は底面が円である柱で（**図27**）、円錐は底面が円で頂点がある立体です（**図28**）。底になる面を底面、周りの面を側面といいます。

図27
円柱と展開図

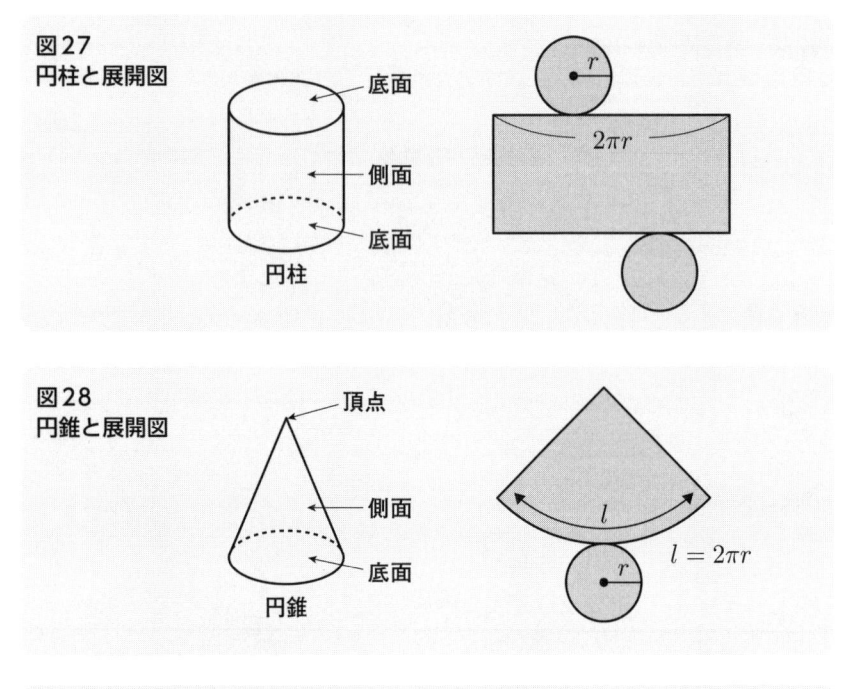

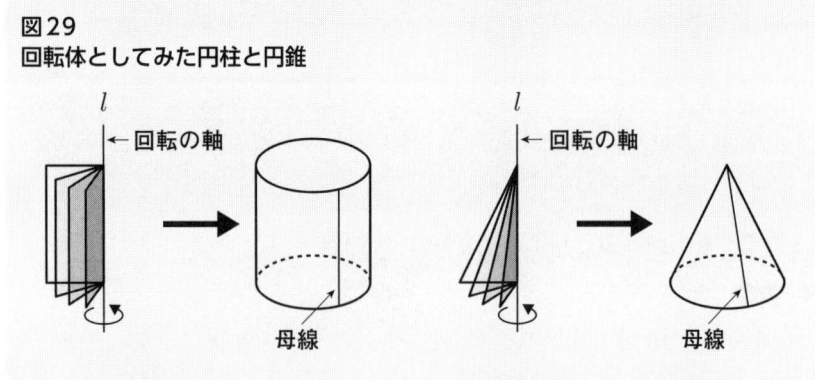

図28
円錐と展開図

図29
回転体としてみた円柱と円錐

　角柱や円柱では、1つの底面上の点からもう一方の底面に垂直におろした線分の長さを立体の「高さ」といいます。角錐や円錐では、頂点から底面に垂直におろした線分の長さが立体の高さとなります。

　円柱や円錐は、長方形や直角三角形を直線の周りに1回転させてできた図形とみることができます（**図29**）。球は、円の直径を通る直線の周りに回転

させた図形とみることができます。このように平面図形をある直線の周りに1回転してできる立体を回転体といい、そのときの直線を回転軸といいます。

また、円柱や円錐の側面を作り出す線分を母線といいます。回転体を回転軸を含む平面で切ると、その切り口はすべて合同な図形となり、その切り口は回転軸に対して線対称な図形となります。また、円柱や円錐を回転軸に垂直な平面で切ると、その切り口は回転軸を中心とする円になります。

■ 空間にある直線と平面についての関係

角柱、角錐、円柱、円錐、球の特徴を考えるとき、空間にある直線と平面についての関係が重要となります。2点A、Bを通る平面はいくつもありますが、1直線上にない3点A、B、Cを通る平面は1つしかありません。また、1直線とその上にない1点、平行な2直線、交わる2直線も1つの平面を決定します（図30）。

また、2直線の位置関係、直線と平面の位置関係、2平面の位置関係は、図31のようになっています。このうち、よく使うのは、直交か平行の関係になっているときです。図32のように、直線Lと、平面Pが交わる点を

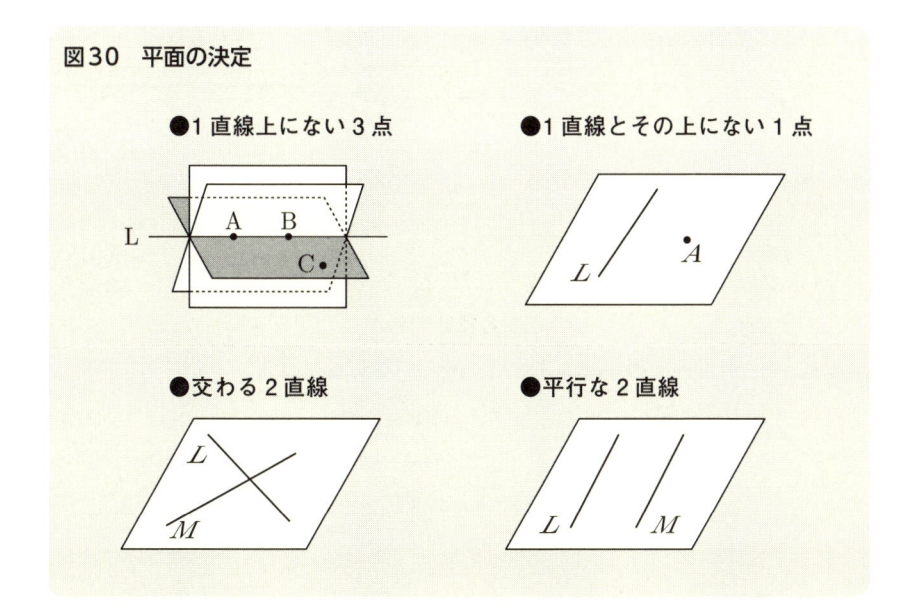

図30　平面の決定

●1直線上にない3点

●1直線とその上にない1点

●交わる2直線

●平行な2直線

Hとすると、点Hを通る平面P上の2本の直線と直線Lとが垂直であるとき、直線Lは平面Pに垂直であるといいます。L⊥Pと書きます。また、平面Pと平面Qが垂直に交わるときは、P⊥Qと書き、P面上の直線OXと、Q面上の直線OYが垂直になっています。

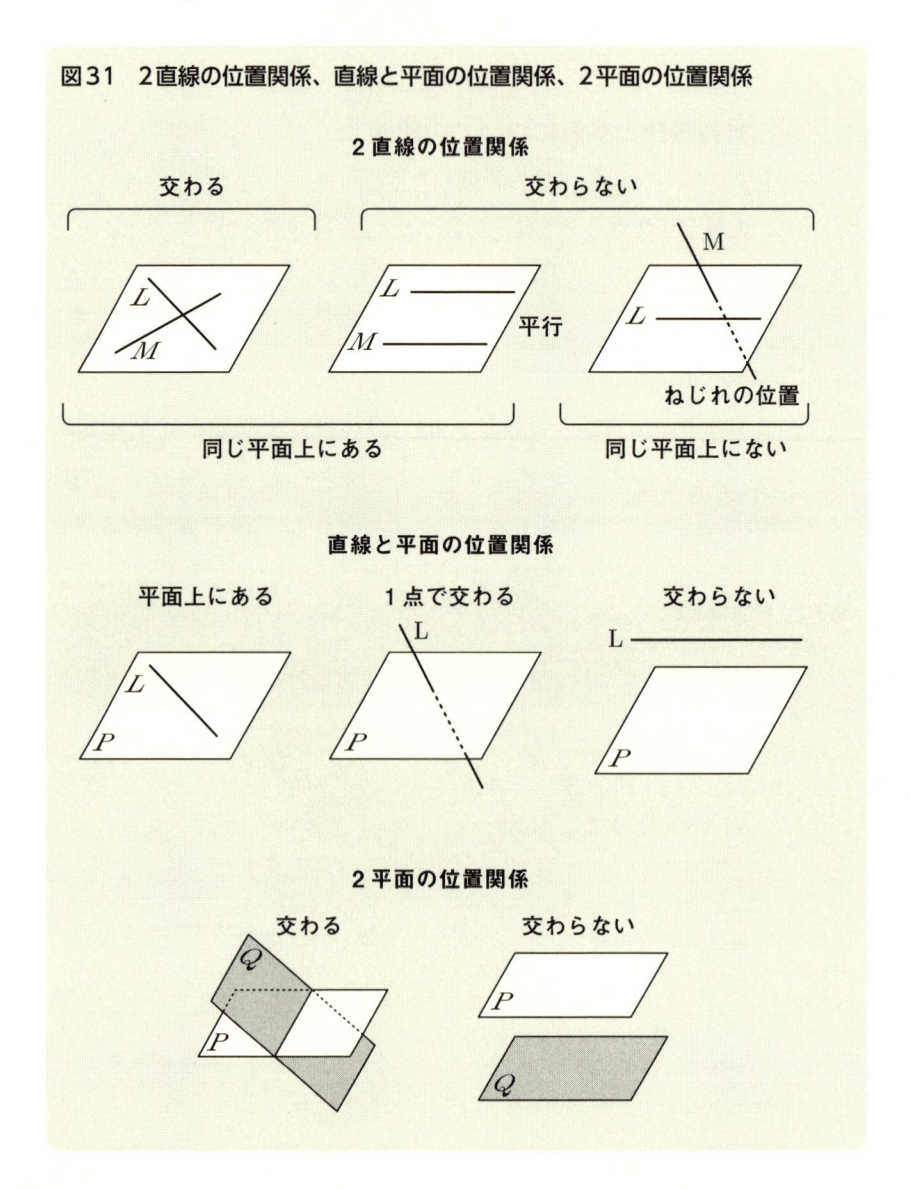

図31　2直線の位置関係、直線と平面の位置関係、2平面の位置関係

2直線の位置関係

交わる / 交わらない

平行 / ねじれの位置

同じ平面上にある / 同じ平面上にない

直線と平面の位置関係

平面上にある / 1点で交わる / 交わらない

2平面の位置関係

交わる / 交わらない

図31のように直線Lと平面Pが交わらないとき、直線Lと平面Pは平行であるといい、L ∥ P と書きます。また、平面Pと平面Qが交わらないとき、平面Pと平面Qは平行であるといい、P ∥ Q と書きます。

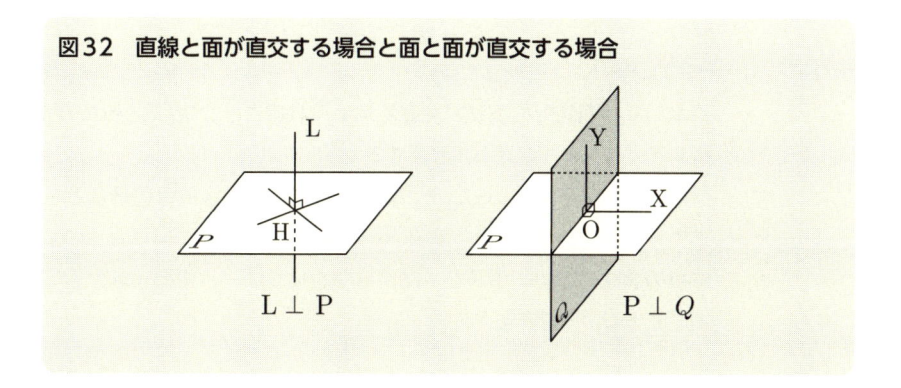

図32　直線と面が直交する場合と面と面が直交する場合

4章 図形

4.2 面積と角度と体積

学校で習う内容
- 面積の意味について理解し、簡単な場合について、面積を求めることができるようにする (小4)。
- 角の大きさについて理解し、それを測定することができるようにする (小4)。
- 基本的な平面図形の面積が計算で求められることの理解を深め、面積を求めることができるようにする (小5)。
- 身近にある図形について、その概形をとらえ、およその面積などを求めることができるようにする (小6)。
- 体積の意味について理解し、簡単な場合について、体積を求めることができるようにする (小6)。

I 面積

基本的な図形の面積は、**図33**のようになります。長方形の面積は縦と横の積、直角三角形は長方形を2つに分けたものですので、その面積は底辺と高さの積の2分の1となります。一般的な三角形の面積も、2つの直角三角形を考えると、底辺と高さの積の2分の1です。三角形の底辺は、どの辺をとってもかまわないので、三角形の面積は3通りに求められますが、いずれも同じ値になります。

円を等分して並べ替えると、ほぼ長方形になります。この等分をどんどん細かくしていくと、長方形とみなすことができます (**図34**)。このため、円の面積 S は、円の半径を r、円の周囲を L とすると、$L = 2 \times \pi \times r = 2\pi r$ から次式が求まります。ここで、π は、$\pi = 3.14\cdots$ と続く無限小数です。

$$S = (円周 \div 2) \times r = (2\pi r \div 2) \times r = \pi r^2 \quad (図35)$$

いろいろな図形は、三角形、四角形、円といった基本図形に分けることができます。つまり、これらの基本図形の面積を加えることで、その図形の面

積が求まります。例えば、台形は、2つの三角形とその間の四角形の面積の和として求めることができます（図36）。

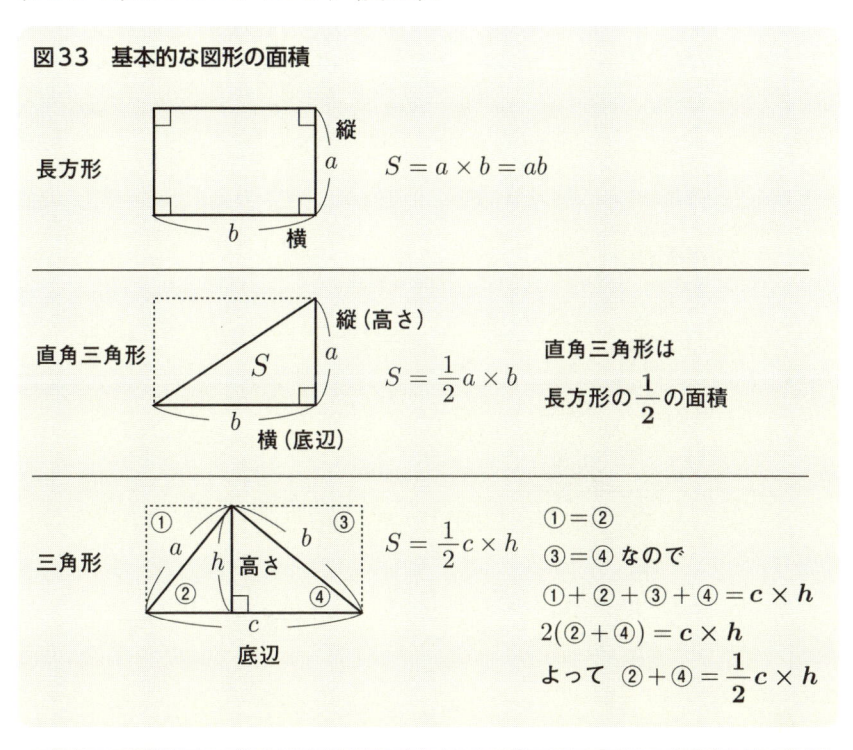

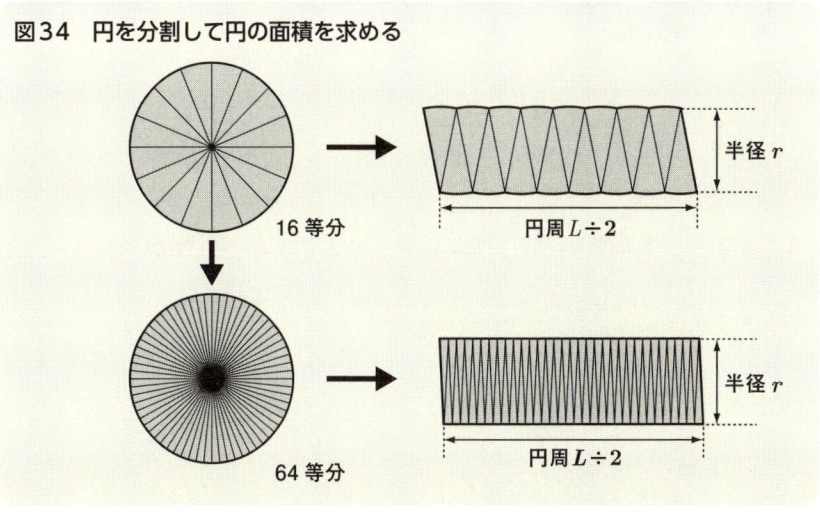

図33　基本的な図形の面積

長方形　　$S = a \times b = ab$

直角三角形　　$S = \dfrac{1}{2} a \times b$　　直角三角形は長方形の $\dfrac{1}{2}$ の面積

三角形　　$S = \dfrac{1}{2} c \times h$

① = ②
③ = ④ なので
① + ② + ③ + ④ = $c \times h$
$2(② + ④) = c \times h$
よって　② + ④ = $\dfrac{1}{2} c \times h$

図34　円を分割して円の面積を求める

16等分　→　半径 r、円周 $L \div 2$

64等分　→　半径 r、円周 $L \div 2$

図35 円の面積と周の長さ

円の面積 $S = \pi r^2$
円の円周 $R = 2\pi r$

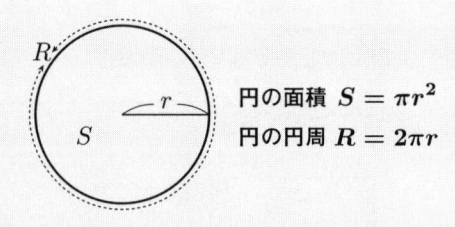

図36 台形の面積

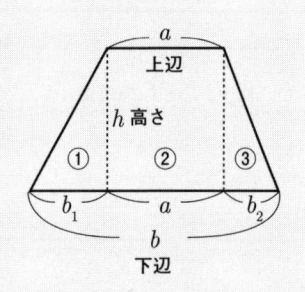

台形の面積 S

$$\begin{aligned}
S &= ① + ② + ③ \\
&= \frac{1}{2}b_1 \times h + a \times h + \frac{1}{2}b_2 \times h \\
&= \frac{1}{2}(b_1 + 2a + b_2) \times h \\
&= \frac{1}{2}\{a + (b_1 + a + b_2)\} \times h \\
&= \frac{1}{2}(a + b) \times h \\
&= \frac{1}{2}(上辺 + 下辺) \times (高さ)
\end{aligned}$$

2　角度

角を表すのに、鋭角、直角、鈍角、平角だけでは不十分で、もっと細かい表現が必要になります。そこで、直角を $90°$ とし、その間を 90 で分割したものを角度として使います。$1°$ の 60 分の 1 が 1 分($1'$)、1 分の 60 分の 1 が 1 秒($1''$)と小さな角度は 60 進数を使って表します。平角は $180°$（$= 90° \times 2$）で、反時計回りに 1 周してくると $360°$ です。図37 から分かるように、$\angle\mathrm{AOB}$ は、角 θ であり、n 周した $\theta + 360° \times n$ でもあります。なお、時計回りに $\angle\mathrm{BOA}$ を考えるときは、マイナス θ と考えます。

角度をラジアン（rad）という単位で表すことがあります（図38）。半径と同じ長さの弧に対する中心角 α を 1 とする単位です。

$2\pi r$(円の周の長さ)：$r = 360$ 度：α より、$360\,r = 2\pi r \alpha$ 。したがって、
$$1 \text{ rad} = \alpha = \frac{360}{\pi} = 57.295\,7 \cdots$$
となります。

図37　角度を360°で表現

図38　角度をラジアンで表現

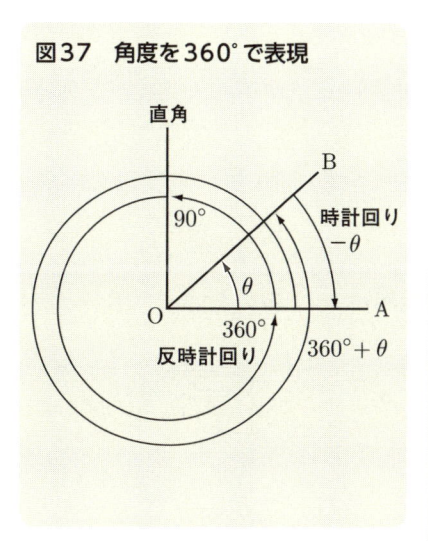

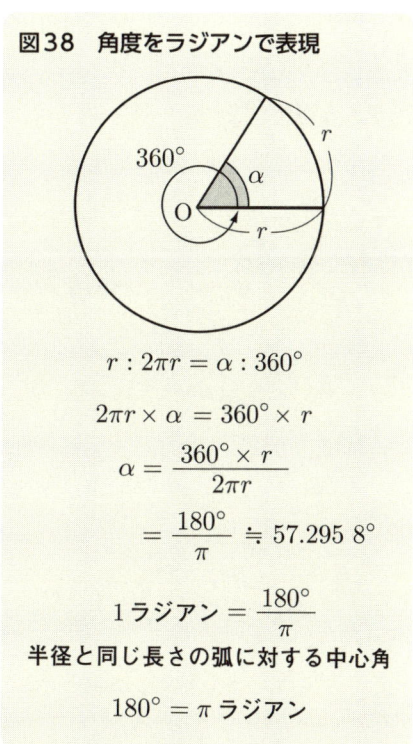

$$r : 2\pi r = \alpha : 360°$$
$$2\pi r \times \alpha = 360° \times r$$
$$\alpha = \frac{360° \times r}{2\pi r}$$
$$= \frac{180°}{\pi} \fallingdotseq 57.295\,8°$$
$$1 \text{ラジアン} = \frac{180°}{\pi}$$
半径と同じ長さの弧に対する中心角
$$180° = \pi \text{ ラジアン}$$

3　体積と表面積

　直方体（角柱）の体積 V は、$V =$ 縦×横×高さで表されます。直方体を、底面が長方形の四角柱と考え、底面の面積（底面積）を S とすると、$V =$（縦×横）×高さ＝（底面積）×高さとなります。底面が台形の柱や円柱も体積は底面積×高さとなります（**図39**）。

　底面のすべての辺から上方にある１点に向かって伸びる直線によって形づ

くられる立体を錐体といいます。錐体の体積 V は、$V = \frac{1}{3} \times$ 底面積 $\times$ 高さです。三角錐と底面積と高さが同じ三角柱の体積は、三角錐の3倍となります。

また、球の半径を r とすると、球の体積 V は、$V = \frac{4}{3}\pi r^3$、球の表面積 S は、$S = 4\pi r^2$ となります。(「4.3.3項；角の大きさなどを用いた計量」参照)。覚え方として、球の体積は「身の上に心配があるので参上」、球の表面積は、「心配がある事情」です。

球がすっぽり入る円柱(半径 r、高さ $2r$)の体積 V_1 は、

図39　柱の体積

$$体積 V = 底面積 S \times 高さ h$$

角柱

円柱

底面積 S

$$S = \frac{1}{2} \times 3 \times 4 = 6$$
$$V = 6 \times 5 = 30$$

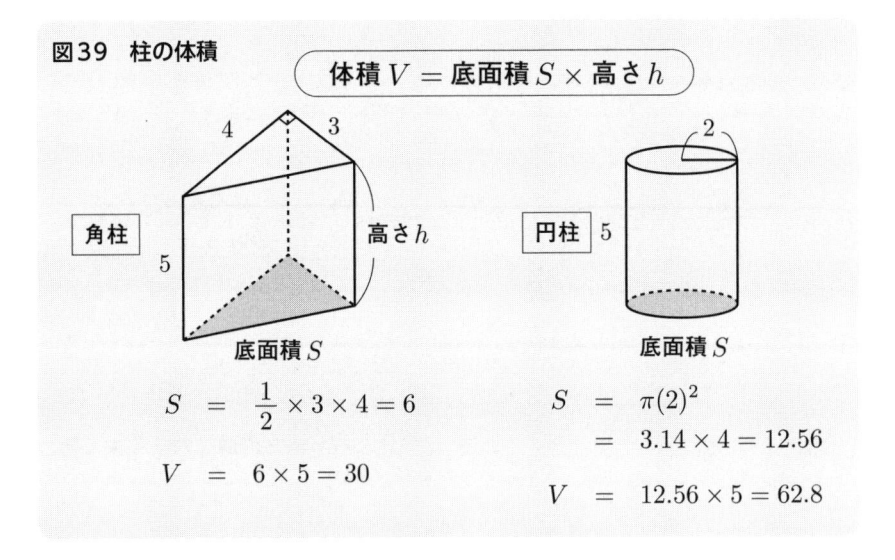

$$S = \pi(2)^2$$
$$= 3.14 \times 4 = 12.56$$
$$V = 12.56 \times 5 = 62.8$$

図40　球がすっぽり入る円柱の体積

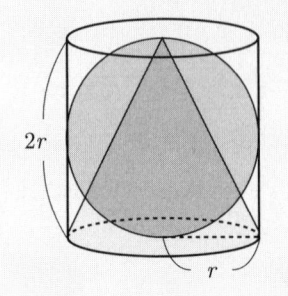

(球の体積) $= V$ のとき

底面の半径 r、高さ $2r$ の

(円柱の体積) $= \frac{3}{2}V$

(円錐の体積) $= \frac{1}{2}V$

$$V_1 = \underset{\text{底面積}}{\pi r^2} \times \underset{\text{高さ}}{2r} = 2\pi r^3 = \frac{3}{2} \times \underset{\text{球の体積}}{\frac{4}{3}\pi r^3} = \frac{3}{2}V$$

と球の体積の 1.5 倍です (図40)。

また、底面が πr^2、高さが $2r$ の円錐の体積 V_2 は

$$V_2 = \frac{1}{3}V_1 = \frac{1}{3} \times \pi r^2 \times 2r = \frac{2}{3}\pi r^3 = \frac{1}{2} \times \frac{4}{3}\pi r^2 = \frac{1}{2}V$$

となります。

■ 複雑な立体図形の体積

複雑な立体図形の体積は、いくつかに分けた立体図形の体積を考えて加えるか、いくつかの立体図形の体積を考えて引くという方法で求めます。

見取り図や展開図は、縦横高さの 3 次元で表される立体の様子を縦横の

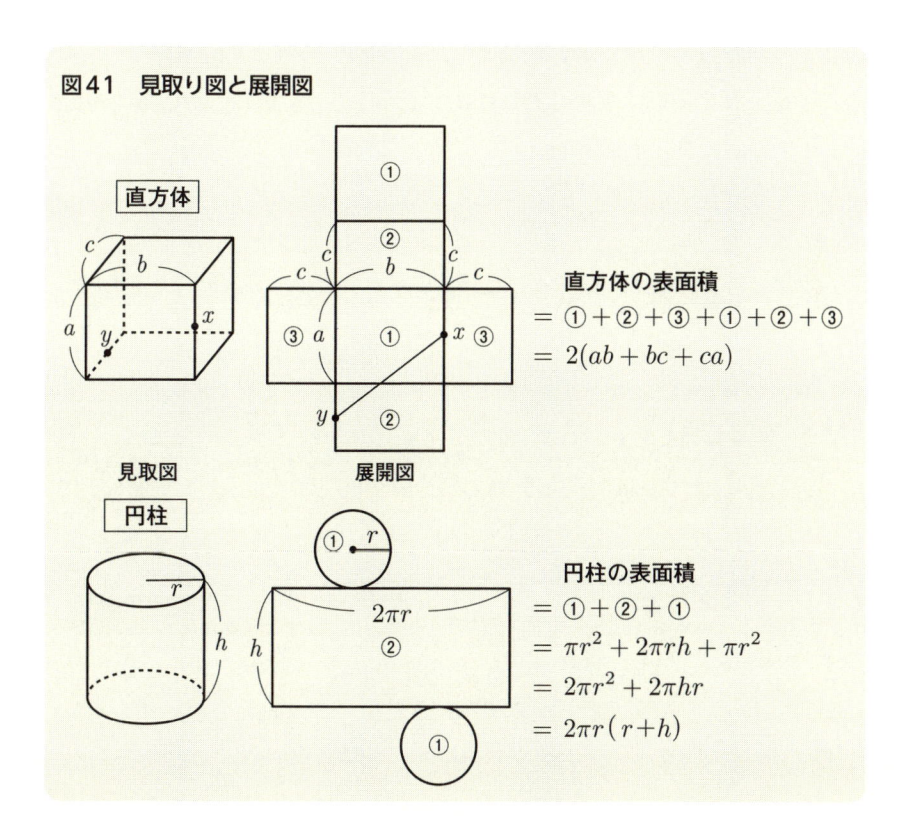

図41 見取り図と展開図

直方体

直方体の表面積
= ① + ② + ③ + ① + ② + ③
= $2(ab + bc + ca)$

円柱

円柱の表面積
= ① + ② + ①
= $\pi r^2 + 2\pi rh + \pi r^2$
= $2\pi r^2 + 2\pi hr$
= $2\pi r(r+h)$

2 次元で表現し、ひとめで分かりやすくしたものです(**図41**)。立体の表面全体の面積(表面積)や、表面上を移動するときの最短距離は、展開図で考えるとよく分かります。

広島県呉市にある音戸大橋は、呉市側の堤防の関係で、倉橋島では、直径 55 m (半径はこの 2 分の 1)の円形の道路を回りながら降ります(**図42**)。2 周半回って 27 m 下の倉橋島の上に降りますので、$2\pi \underbrace{\left(\dfrac{55}{2}\right)}_{\text{半径}} \times \underbrace{2.5}_{\text{周回数}} = \underbrace{137.5\pi}_{\text{距離}}$ から、島に降りる道路の傾きは $\dfrac{27}{137.5\pi} \fallingdotseq 0.06$ となります。

■ **角柱、円柱、角錐、円錐の表面積**

柱体や錐体の表面積は、底面積と側面積(側面の面積)の合計です(図41)。円錐の展開図では、側面のおうぎ形の半径は、母線の長さに等しくなります。おうぎ形では、弧の長さ l や面積 S は中心角 x° に比例します。円の半径を r とすると、次式で表されます(**図43**)。つまり、三角形の面積と同じような式になります。

$$l = 2\pi r \times \frac{x}{360}$$

$$S = \pi r^2 \times \frac{x}{360}$$

$$= \frac{2}{2}\pi r \times r \times \frac{x}{360} = \frac{1}{2} \times \underbrace{\left(2\pi r \times \frac{x}{360}\right)}_{= l \text{より}} \times r$$

$$= \frac{1}{2} l \cdot r$$

4.2 面積と角度と体積

図42　広島県呉市にある音戸大橋

直径 55 m　呉市

高さ 27 m

倉橋島

27 m

$2\pi \dfrac{55}{2}$ m（円周）× 2.5

図43　おうぎ形の面積と円錐の表面積

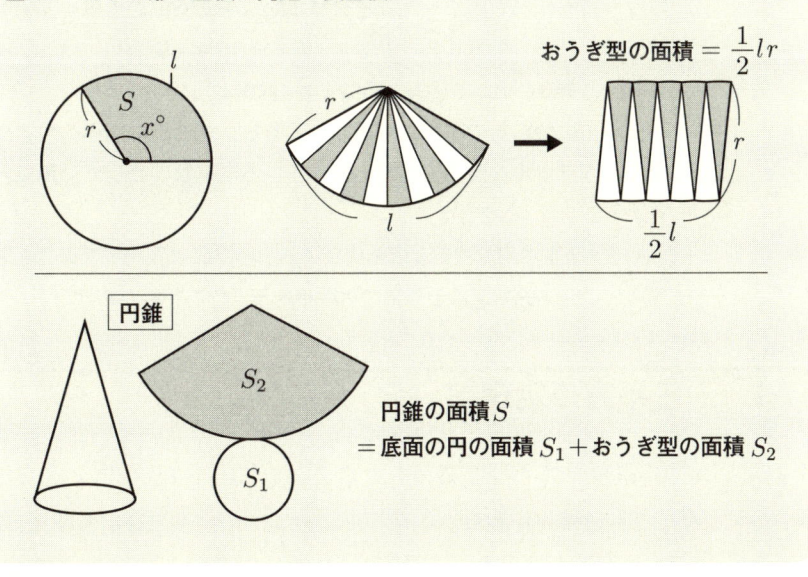

l, S, r, $x°$

おうぎ型の面積 $= \dfrac{1}{2}lr$

r, $\dfrac{1}{2}l$, l

円錐

S_2, S_1

円錐の面積 S
＝底面の円の面積 S_1 ＋おうぎ型の面積 S_2

4章 図形

4.3 図形と計量

学校で習う内容

- 三平方の定理について理解し、それを用いることができるようにする (中3)。
- 直角三角形における三角比の意味、それを鈍角まで拡張する意義及び図形の計量の基本的な性質について理解し、角の大きさなどを用いた計量の考えの有用性を認識するとともに、それらを具体的な事象の考察に活用できるようにする (数学Ⅰ)。
- 座標や式を用いて直線や円などの基本的な平面図形の性質や関係を数学的に考察し処理するとともに、その有用性を認識し、いろいろな図形の考察に活用できるようにする (数学Ⅱ)。
- ベクトルについての基本的な概念を理解し、基本的な図形の性質や関係をベクトルを用いて表現し、いろいろな事象の考察に活用できるようにする (数学B)。
- 2次曲線の基本的な性質及び曲線がいろいろな式で表現できることを理解し、具体的な事象の考察に活用できるようにする (数学C)。

I 三平方の定理

直角三角形の直角をはさむ2辺の長さを a、b、斜辺の長さを c とすると、$a^2 + b^2 = c^2$ の関係が成り立ちます (「3.1.2：平方根」図4参照)。これを「三平方の定理」といいます。ギリシャの数学者ピタゴラス (紀元前572〜492年頃) が発見したという説があることから、「ピタゴラスの定理」ともいわれます。三角形は、直角三角形でなくても、直角三角形の組み合わせで表現できること、すべての多角形は三角形で表現できることから、図形を考えるときに非常に重要な定理です。ピタゴラスの定理は、すべての直角三角形で成り立つ法則ですが、3辺とも整数ということは少なく、2辺が整数でも、残りの1辺が無限小数である平方根という場合がほとんどです。

三平方の定理の逆もあります。三角形の辺の長さ a、b、c の間に、$a^2 +$

$b^2 = c^2$ の関係が成り立つとき、この三角形は、長さ c の辺を斜辺とする直角三角形であるというものです。三角形は、① 1 つの辺の長さと両端の角度、② 2 つの辺の長さとその間の角度、③ 3 つの辺の長さのいずれかが分かると、面積など、いろいろな性質を計算できます。

辺の長さが 3、4、5 の場合は、簡単な 3 つの整数の組み合わせで三平方の定理が成立する数少ない例の 1 つです。古代エジプトでは、ピタゴラスよりも前から、縄につけた等間隔の目印を使い、直角を作り、土地の区分けなどに使っていました（図44）。

三角形には、1 つの角が鈍角の鈍角三角形と、3 つの角がすべて鋭角の鋭角三角形があります（図45）。三平方の定理は直角三角形でないと成り立たない法則ですが、鈍角三角形、鋭角三角形ともに、2 つの直角三角形で表現することができます（図46）。三平方の定理が重要視される理由がここにあります。

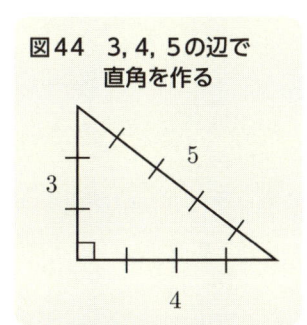

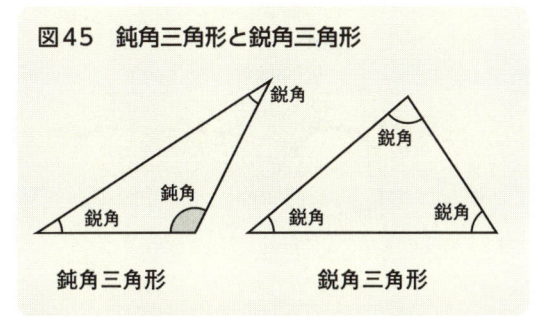

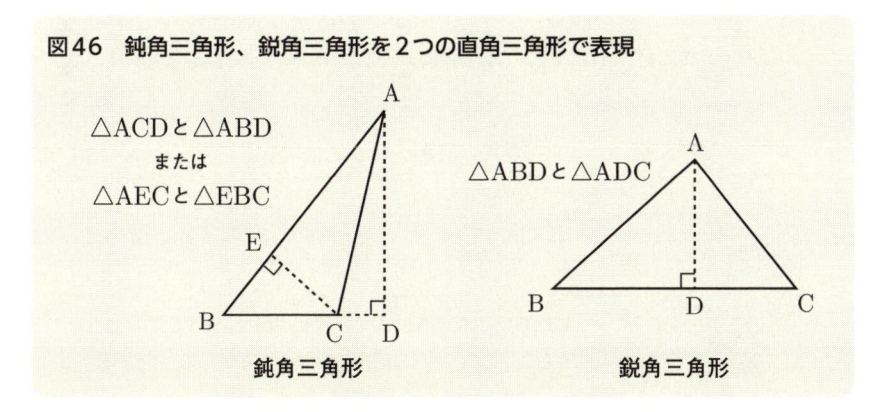

図44　3, 4, 5の辺で直角を作る

図45　鈍角三角形と鋭角三角形

図46　鈍角三角形、鋭角三角形を2つの直角三角形で表現

△ACDと△ABD
または
△AECと△EBC

鈍角三角形

△ABDと△ADC

鋭角三角形

2 三角比

三角関数について、「3.4.1 項：三角関数」で説明しましたが、この節では、もう少し詳しく説明します。∠C を直角とする直角三角形△ABC で、$\dfrac{\text{CB}}{\text{AC}}$ の値は、三角形の大きさに関係なく、∠A の大きさだけで決まります。

例えばゴルフで、自分の位置からカップまでの距離 $y\,\text{m}$ は、**図47** のように、定規を持った腕を伸ばし、片目でポールの長さを定規で読みとることで求まります。腕の長さを 65 cm、定規から読みとったポールの長

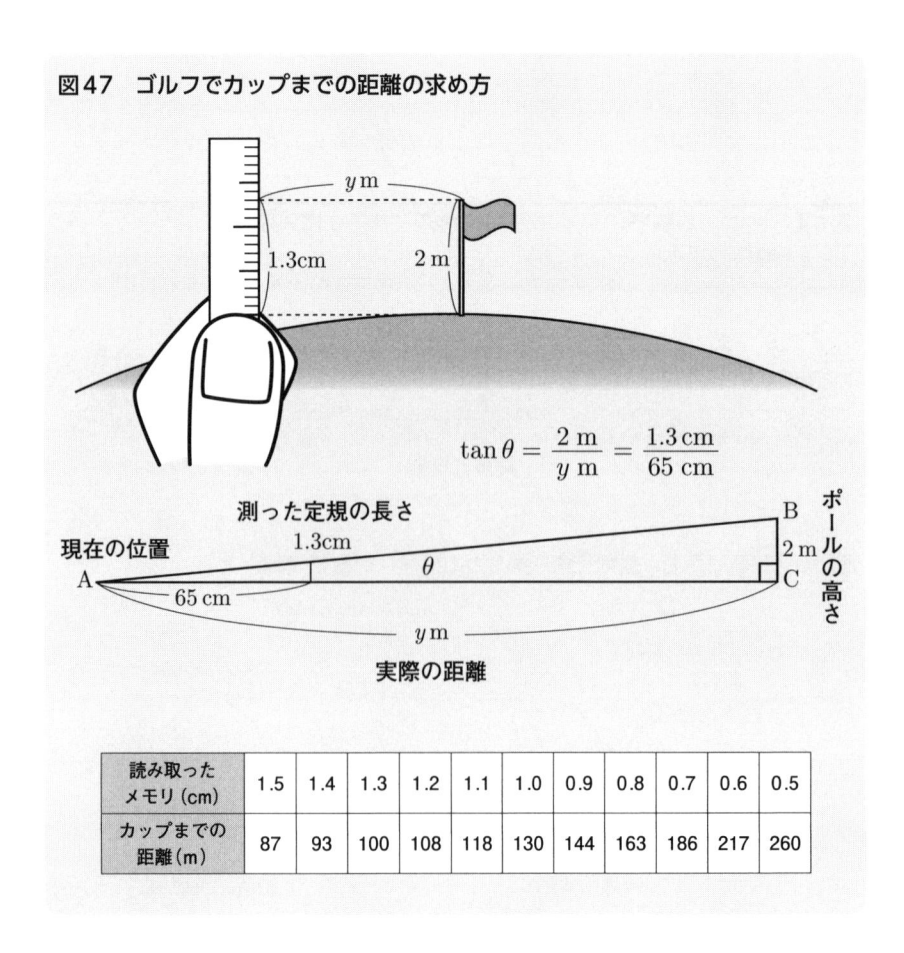

図47　ゴルフでカップまでの距離の求め方

$$\tan\theta = \frac{2\,\text{m}}{y\,\text{m}} = \frac{1.3\,\text{cm}}{65\,\text{cm}}$$

読み取った メモリ (cm)	1.5	1.4	1.3	1.2	1.1	1.0	0.9	0.8	0.7	0.6	0.5
カップまでの 距離 (m)	87	93	100	108	118	130	144	163	186	217	260

さを 1.3 cm、実際のポールの長さを 2 m とすると、三角関数を使って、$\tan\theta = \dfrac{2\text{ m}}{y\text{ m}} = \dfrac{1.3\text{ cm}}{65\text{ cm}}$ より、$y = 100\,(\text{m})$ となります。定規で読みとった値が 0.7 cm なら、約 190 m となります。

■ 外接円と正弦定理、余弦定理

三角形の 3 つの頂点を通る円はただ 1 つに定まり、これを三角形の外接円といいます (図48)。△ABC の外接円の半径を R とすると、次のような正弦定理が成り立ちます (図49)。

$$\frac{a}{\sin A} = \frac{b}{\sin B} = \frac{c}{\sin C} = 2R$$

R は外接円の半径

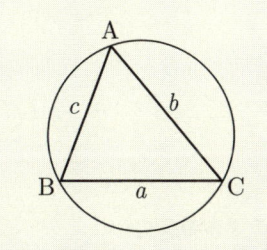

図48　外接円

図49　正弦定理の証明

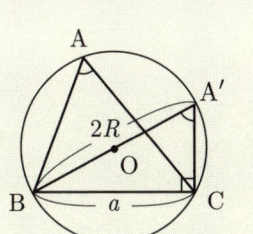

△ABC の外接円の中心を O とし、
点 B から O を通る直線を引き、BA' とする。
円周角の定理から、∠BAC = ∠BA'C
BA' は直径なので
　　　　∠A'CB = 90°（直角）
よって
　　　$a = \text{BA}'\sin A' = 2R\sin A$ ……①
同様にして、次の等式が成り立つ。
　　　$b = 2R\sin B$　　……②
　　　$c = 2R\sin C$　　……③
①、②、③ より
$$\frac{a}{\sin A} = \frac{b}{\sin B} = \frac{c}{\sin C} = 2R$$

さらに、$\triangle ABC$ の 1 つの角と 3 辺の間には、次のような余弦定理が成り立ちます（図50）。

$$a^2 = b^2 + c^2 - 2bc \cos A \quad \cdots ①$$
$$b^2 = c^2 + a^2 - 2ca \cos B$$
$$c^2 = a^2 + b^2 - 2ab \cos C$$

①を $\cos A$ について解くと $\cos A = \dfrac{b^2 + c^2 - a^2}{2bc}$

a、b、c は三角形の辺の長さなので、正の数であることから、$\cos A$ の符号と、$b^2 + c^2 - a^2$ の符号は一致し、次の公式が成り立ちます（図51）。

図50
余弦定理の証明

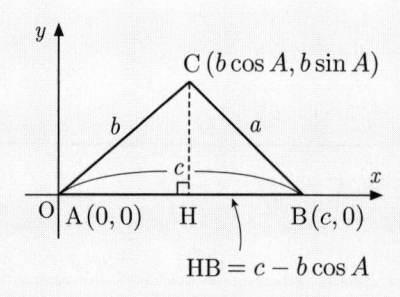

$\triangle ABC$ に対して右の図のように座標軸を定めれば 3 頂点 A、B、C の座標は次のようになる。

$$A(0,0)、B(c,0)、C(b\cos A, b\sin A)$$

また、$CH \perp AB$ となるような x 軸上の点 $H(b\cos A, 0)$ をとる。
直角三角形 BCH を考えて

$$a^2 = BC^2 = HB^2 + HC^2 \quad \text{と}$$
$$HB = c - b\cos A \quad \text{より、}$$
$$\begin{aligned} a^2 &= (c - b\cos A)^2 + (b\sin A)^2 \\ &= c^2 - 2bc\cos A + b^2(\cos^2 A + \sin^2 A) \\ &= b^2 + c^2 - 2bc\cos A \end{aligned}$$

$\llcorner = 1$

同様にして、他の 2 つの式も得られる。

4.3 図形と計量

図51 三角形の辺と角の大きさ

① $a^2 < b^2 + c^2 \iff A < 90°$
② $a^2 = b^2 + c^2 \iff A = 90°$
③ $a^2 > b^2 + c^2 \iff A > 90°$

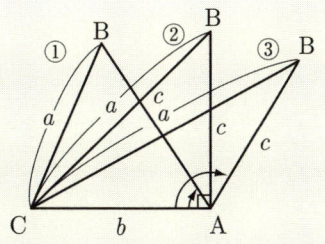

図52 ヘロンの公式の求め方

$S = \dfrac{1}{2} bc \sin A$ より

$$\begin{aligned}
S^2 &= \dfrac{1}{4} b^2 c^2 \sin^2 A \\
&= \dfrac{b^2 c^2}{4}(1 - \cos^2 A) \\
&= \dfrac{b^2 c^2}{4}(1 + \cos A)(1 - \cos A)
\end{aligned}$$

$\cos A = \dfrac{b^2 + c^2 - a^2}{2bc}$ より

$$\begin{aligned}
S^2 &= \dfrac{b^2 c^2}{4} \left(1 + \dfrac{b^2 + c^2 - a^2}{2bc}\right)\left(1 - \dfrac{b^2 + c^2 - a^2}{2bc}\right) \\
&= \dfrac{b^2 c^2}{4} \left(\dfrac{b^2 + 2bc + c^2 - a^2}{2bc}\right)\left(\dfrac{2bc - b^2 - c^2 + a^2}{2bc}\right) \quad = -(b^2 - 2bc + c^2) \\
&= \dfrac{b^2 c^2}{4} \cdot \dfrac{(b^2 + 2bc + c^2 - a^2)(a^2 - (b-c)^2)}{4 b^2 c^2} \\
&= \dfrac{1}{16} ((b+c)^2 - a^2)(a^2 - (b-c)^2) \quad \cdots\cdots b^2 c^2 \text{で約分} \\
&= \dfrac{1}{16} (b+c+a)(b+c-a)(a-b+c)(a+b-c) \\
&= \left(\dfrac{a+b+c}{2}\right)\left(\dfrac{a+b+c-2a}{2}\right)\left(\dfrac{a+b+c-2b}{2}\right)\left(\dfrac{a+b+c-2c}{2}\right)
\end{aligned}$$

$s = \dfrac{a+b+c}{2}$ とすると、

$$S^2 = s(s-a)(s-b)(s-c)$$

よって $S = \sqrt{s(s-a)(s-b)(s-c)}$

図52 をご覧下さい。三角形の面積 S は、$S = \dfrac{1}{2} \times c \times b \sin A$ で計算できます。さらに、三角関数を使うと、角度が分からなくても、3 辺の長さだけで面積が求まります。これを「ヘロンの公式」といいます。

$s = \dfrac{a+b+c}{2}$ とすると、$S = \sqrt{s(s-a)(s-b)(s-c)}$

3 | 角の大きさなどを用いた計量

■ 面積

相似な平面図形の面積は、対応する部分の長さが k 倍なら面積は k^2 倍になります (図53)。△ABC と△A'B'C' の面積を S、S'、

$$S = \dfrac{1}{2} bc \sin A、\quad S' = \dfrac{1}{2} b'c' \sin A'$$

とすると、

$$A = A'、\quad b' = kb、\quad c' = kc$$

より、

$$S' = \dfrac{1}{2} kb \times kc \times \sin A = \dfrac{k^2}{2} bc \sin A = k^2 S$$

となります。

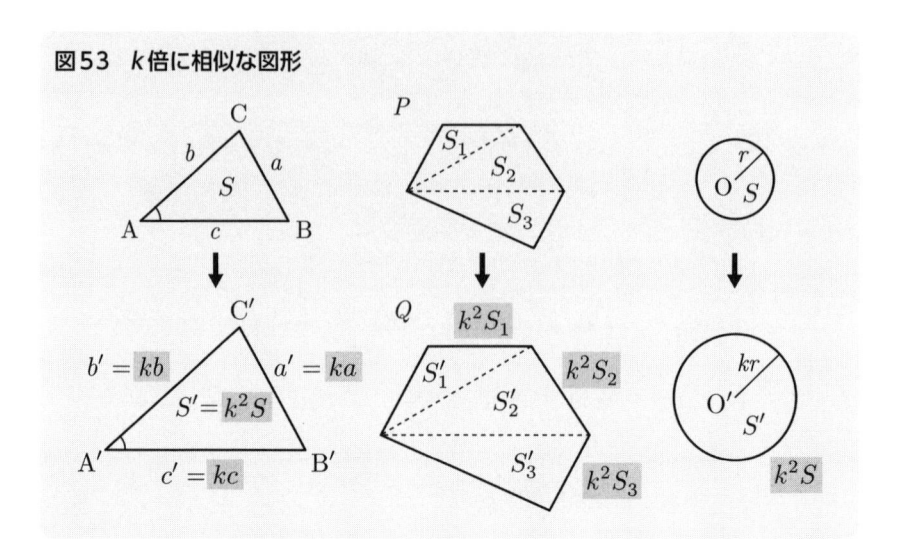

図53 k 倍に相似な図形

図54
おうぎ形の面積

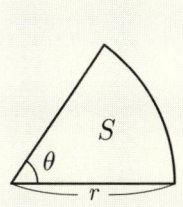

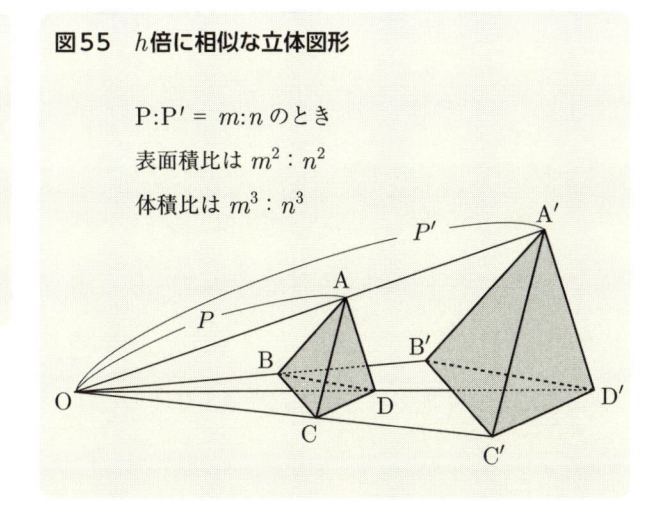

図55 h 倍に相似な立体図形

P:P′ = $m:n$ のとき
表面積比は $m^2 : n^2$
体積比は $m^3 : n^3$

円の面積 S は、$S = \pi r^2$ で表されるので、半径 r が k 倍になると、$S' = \pi(kr)^2 = k^2 \pi r^2 = k^2 S$ となります。

おうぎ形の面積 S は、中心角を θ とすると、

$$S = 円の面積 \times \frac{\theta}{360} = \pi r^2 \times \frac{\theta}{360} = \frac{\pi \theta r^2}{360}$$

となります（図54）。この場合も、半径が k 倍になると、面積は k^2 倍になります。いろいろな図形は、三角形や円（おうぎ形）の組み合わせで表現できますので、相似な図形があり、長さが k 倍であるなら、面積は k^2 倍となります。また、相似比が $m:n$ のとき、面積比は $m^2:n^2$ となります。

■ **面積比と体積比**

相似な立体図形の表面積は、対応する部分の長さが h 倍なら h^2 倍になります（図55）。△ABC と △A′B′C′ を考えると、h 倍の相似図形だからです。相似な立体の体積は、対応する部分の長さが h 倍なら h^3 倍になります。相似比が $m:n$ のとき、体積比は $m^3:n^3$ となります。

■ **体積**

図56において、立体 P は、半径 1 の球の上半分です。立体 Q は底面が半径 1 の円で高さが 1 の円柱から、底面が半径 1 の円で高さが 1 の円錐を

図のように取り除いて得られる立体です。立体 P と立体 Q において、高さ h の水平面で切ったときの切り口の面積は、ともに $\pi(1-h^2)$ です。2つの立体において、すべての高さの切り口の面積が等しいので、この立体の体積は等しいと考えられます。

立体 P の体積 = 立体 Q の体積 = 円柱の体積 − 円錐の体積
$$= \pi \times 1^3 - \frac{1}{3} \times \pi \times 1^3 = \pi - \frac{1}{3}\pi = \frac{2}{3}\pi$$

立体 P は、半球ですので、半径 1 の球の体積 V_1 は、この 2 倍の $V_1 = \frac{4}{3}\pi$ となります。半径 1 の球と半径 r の球は、相似比が $1:r$ なので、体積の比は r^3 倍となります。半径 r の球の体積 V_r は、$V_r = \frac{4}{3}\pi r^3$ となり、球の体積の公式と一致します。

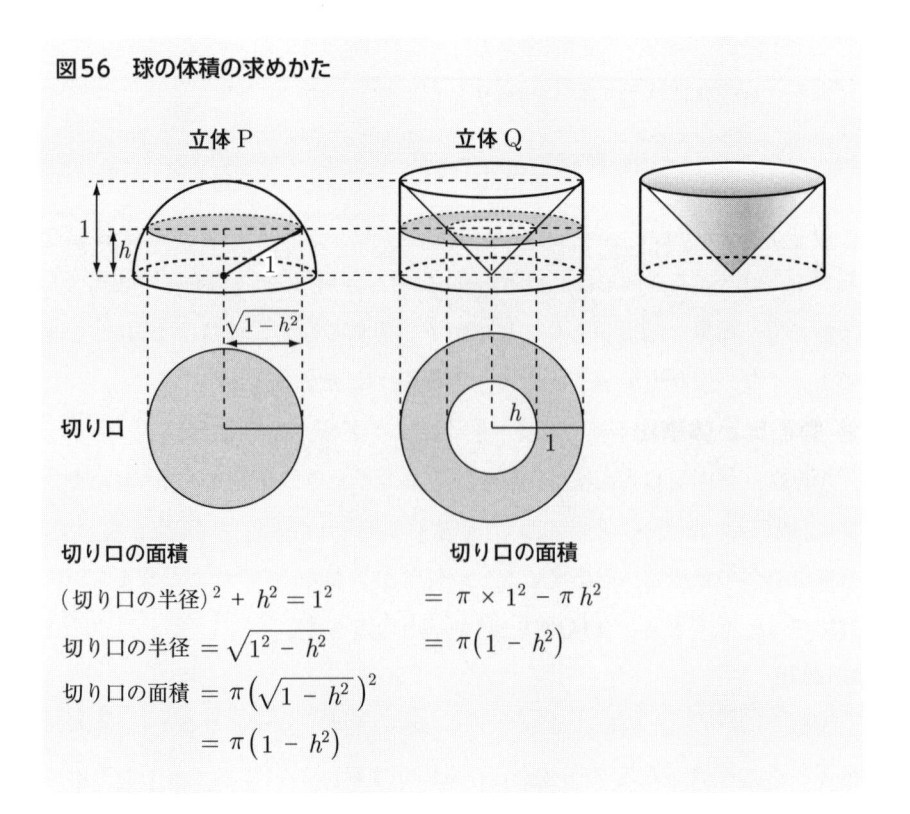

図56 球の体積の求めかた

立体 P

立体 Q

切り口

切り口の面積

(切り口の半径)$^2 + h^2 = 1^2$

切り口の半径 $= \sqrt{1^2 - h^2}$

切り口の面積 $= \pi\left(\sqrt{1-h^2}\right)^2$
$= \pi(1-h^2)$

切り口の面積

$= \pi \times 1^2 - \pi h^2$
$= \pi(1-h^2)$

4 │ 図形と方程式

いろいろな図形は、方程式で表すことができます。ここでは、基本的な図形と方程式の関係を説明します。

■ **2点間の距離**

数直線上の点には実数が対応し、2点 A(a) と B(b) の間の距離 AB は、AB $= |b - a|$ で表されます(**図57**)。座標平面上での2点、A(x_1, y_1) と B(x_2, y_2) の距離は、直角三角形 ABC から、三平方の定理より、

$$AB = \sqrt{(x_2 - x_1)^2 + (y_2 - y_1)^2}$$

となります。

■ **内分**

線分 AB の上に点 P があって AP : PB $= m : n$ が成り立つとき、点 P は線分 AB を $m : n$ に内分するといいます(**図58**)。2点 A(a) と B(b) の間では、$a < x < b$ のときは、AP $= x - a$、PB $= b - x$ とすると、AP : PB $= m : n$ より、

$(x - a) : (b - x) = m : n$ で、

$m(b - x) = n(x - a)$ となります。これを解くと、

$x = \dfrac{na + mb}{m + n}$ となります。

図57 数直線上の距離と、座標平面上での2点間の距離

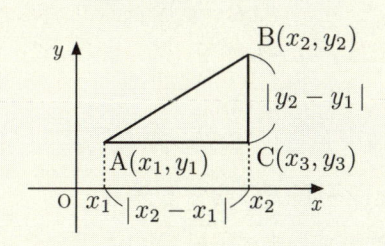

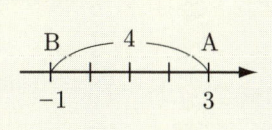

AB $= |-1 - 3| = 4$

AB $= \sqrt{(x_2 - x_1)^2 + (y_2 - y_1)^2}$

図58 内分点と外分点

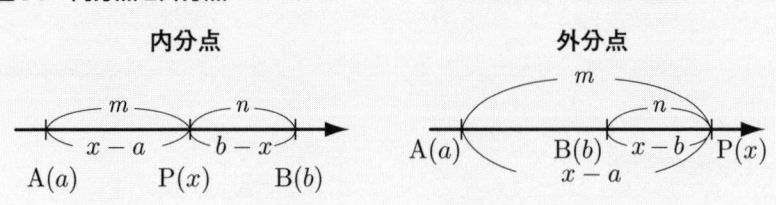

内分点

外分点

図59 2種類ある外分点

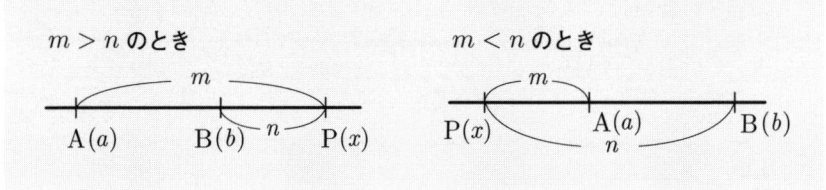

$m > n$ のとき

$m < n$ のとき

■ 外分

　線分 AB の延長線上に点 P があって AP：PB $= m : n$ が成り立つとき、点 P は線分 AB を $m : n$ に外分するといいます。m と n の大小関係において、m が n より大きいときは線分 AB の右側に P がきますが、小さい場合は線分 AB の左側に P がきます(**図59**)。2 点 A(a) と B(b) に対し、m が n より大きい場合は(小さい場合も同じ結論になります)、AP $= x - a$、PB $= x - b$ です。AP：PB $= m : n$ より、

$(x - a) : (x - b) = m : n$ ですから、

$m(x - b) = n(x - a)$　となります。これを解くと、$m \neq n$ の場合、

$x = \dfrac{-na + mb}{m - n}$ となります。

　外分の公式は、内分の公式の n を $-n$ に置き換えたものです。

■ 座標平面上の内分と外分

　座標平面上で、A(x_1, y_1) と B(x_2, y_2) を結ぶ線分 AB を $m : n$ に内分する点 P の座標は、数直線上の内分点の公式により、**図60** のようになります。外分点は内分点の公式で n を $-n$ に置き換えたものになります。

図60
座標平面上での線分ABの内分点

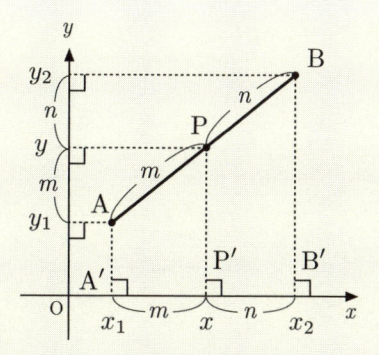

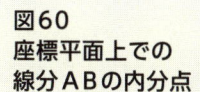

2点 $A(x_1, y_1)$、$B(x_2, y_2)$ を結ぶ線分 AB を

$m:n$ に**内分**する点の座標は $\left(\dfrac{nx_1 + mx_2}{m+n}, \dfrac{ny_1 + my_2}{m+n}\right)$

$m:n$ に**外分**する点の座標は $\left(\dfrac{-nx_1 + mx_2}{m-n}, \dfrac{-ny_1 + my_2}{m-n}\right)$

とくに、線分 AB の**中点**の座標は $\left(\dfrac{x_1 + x_2}{2}, \dfrac{y_1 + y_2}{2}\right)$

$m = n$ のとき、外分点はありませんが、内分点は $A(x_1, y_1)$ と $B(x_2, y_2)$ の中間の場所であり、中点といいます。

■ 三角形の重心

$A(x_1, y_1)$、$B(x_2, y_2)$、$C(x_3, y_3)$ の3点を頂点とする△ABC において、辺 BC、CA、AB の中点をそれぞれ、M、N、L とすると、**図61** のように、中点 M の座標 $\left(\dfrac{x_2 + x_3}{2}, \dfrac{y_2 + y_3}{2}\right) = (M_x, M_y)$ とし、線分 AM を $2:1$ に内分する点を $G(x, y)$ とすると、x、y はそれぞれ、

$$x = \dfrac{1 \times x_1 + 2 \times M_x}{2+1} = \dfrac{x_1 + 2\left(\dfrac{x_2+x_3}{2}\right)}{3} = \dfrac{x_1 + x_2 + x_3}{3}$$

$$y = \dfrac{y_1 + y_2 + y_3}{3}$$

となります。

4章 図形

図61 三角形の重心

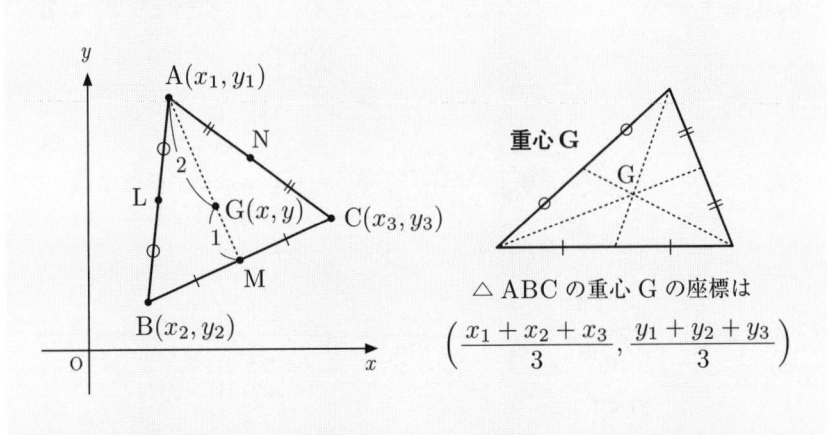

△ABC の重心 G の座標は
$$\left(\frac{x_1+x_2+x_3}{3}, \frac{y_1+y_2+y_3}{3}\right)$$

同様に BN を 2:1 に内分する点、CL を 2:1 に内分する点もそれぞれ求めると、点 $G(x, y)$ と同じ点になります。点 $G(x, y)$ は三角形の重心と呼びます。

■ 異なる2点を通る直線

x、y の1次方程式が示す図形は直線となります。点 $A(x_1, y_1)$ を通り、傾きが m の直線は、

$y - y_1 = m(x - x_1)$、$m = \dfrac{y - y_1}{x - x_1}$ となります。

図62 異なる2点を通る直線

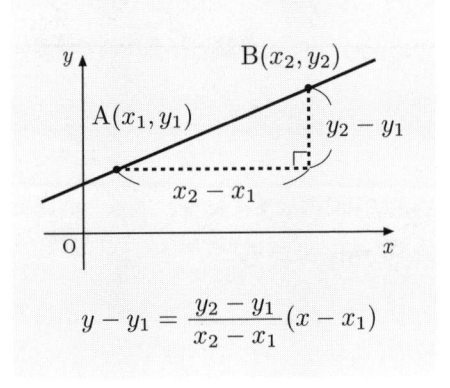

$$y - y_1 = \frac{y_2 - y_1}{x_2 - x_1}(x - x_1)$$

異なる2点 $A(x_1, y_1)$、$B(x_2, y_2)$ を通る直線は、図62のようになります。$x_1 = x_2$ のとき、直線 AB は y 軸に平行であり、$x = x_1$ となります。

■ 平行な2直線

2直線 $L(y = mx + n)$ と、$L'(y = m'x + n')$ が平行であるとき、傾きは $m = m'$ です（図63）。$m = m'$ で、$n = n'$ のときは、2つの線は一致します。L と L' が平行でない場合は、直線はどこかで必ず交わります。

図63　2直線の平行と垂直

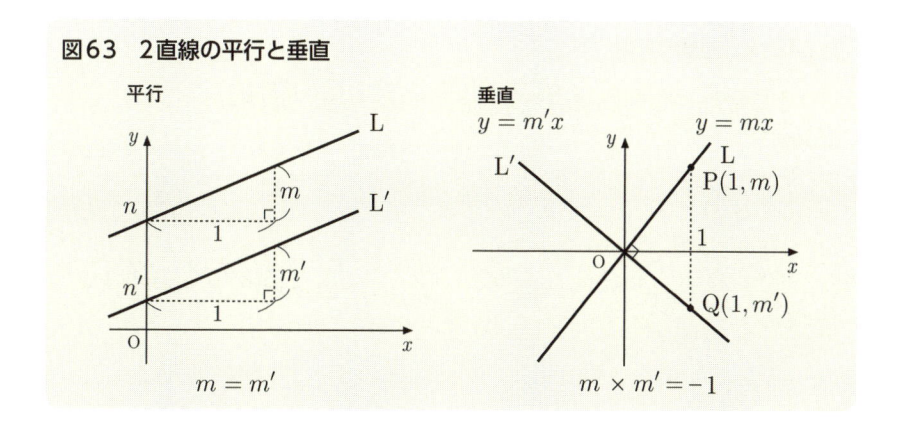

平行　　$m = m'$

垂直　　$m \times m' = -1$

交点では、Lの式も、L'の式も満たしますので、交点の座標は、2直線を表す方程式を連立させた連立2元1次方程式の解として得られます。

■ **垂直に交わる2直線**

また、2直線　LとL'が垂直のときは、図63のように交点を原点に移動させてみると $m \times m' = -1$ であることが分かります。図63でL線上にP$(1, m)$、L'線上にQ$(1, m')$をとると、OPとOQが垂直であることから、三平方の定理を使い、

$$PQ^2 = OP^2 + OQ^2$$

となり、

$$(m - m')^2 = (1 + m^2) + \{1 + (m')^2\}$$

整理すると、$-2mm' = 2$　から、$mm' = -1$ となります。これを2直線の垂直条件と呼びます。

■ **点Pから直線までの距離**

直線 $ax + by + c = 0$ をLとし、P(x_1, y_1)をL上にない1点とします（**図64**）。Pから直線Lまでの距離は、Pから直線Lに下した垂線PHの長さです。

$a \neq 0$、$b \neq 0$ の場合、Hの座標を (x_2, y_2) とすると、垂直条件から、（線分PHの傾き）×（直線Lの傾き）$= \dfrac{y_2 - y_1}{x_2 - x_1} \times \left(-\dfrac{a}{b}\right) = -1$ がでてきます。

図64　点と直線の距離

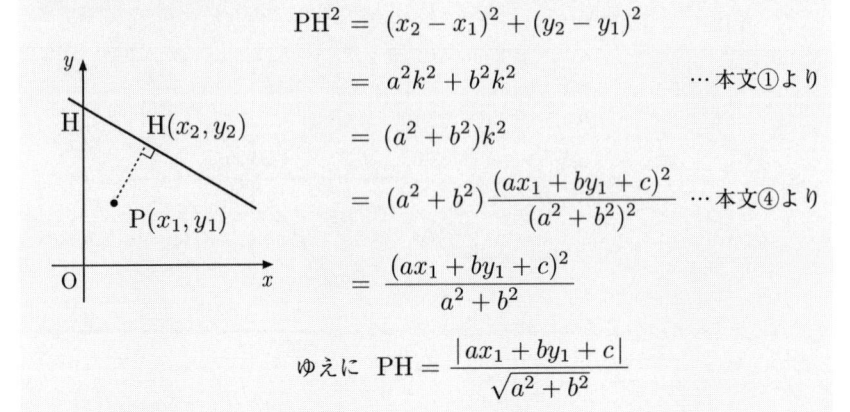

$$\begin{aligned}
\text{PH}^2 &= (x_2 - x_1)^2 + (y_2 - y_1)^2 \\
&= a^2 k^2 + b^2 k^2 \quad\quad \text{…本文①より} \\
&= (a^2 + b^2) k^2 \\
&= (a^2 + b^2) \frac{(ax_1 + by_1 + c)^2}{(a^2 + b^2)^2} \quad \text{…本文④より} \\
&= \frac{(ax_1 + by_1 + c)^2}{a^2 + b^2}
\end{aligned}$$

ゆえに　$\text{PH} = \dfrac{|ax_1 + by_1 + c|}{\sqrt{a^2 + b^2}}$

これを整理して、

$$\frac{y_2 - y_1}{b} = \frac{x_2 - x_1}{a} = k \quad\quad \cdots ①$$

とすると、

$$x_2 = ka + x_1,\ y_2 = kb + y_1 \quad\quad \cdots ②$$

H(x_2, y_2) は直線 L の上にあるので、

$$ax_2 + by_2 + c = 0 \quad\quad \cdots ③$$

②に①を代入すると、

$$\begin{aligned}
a(ka + x_1) + b(kb + y_1) + c &= 0 \\
ka^2 + ax_1 + kb^2 + by_1 + c &= 0 \\
k(a^2 + b^2) &= -(ax_1 + by_1 + c) \\
k &= -\frac{(ax_1 + by_1 + c)}{a^2 + b^2} \quad\quad \cdots ④
\end{aligned}$$

となり、図64 のように P 点から直線 L までの距離 PH が求まります。

■ 円の方程式

点 C(a, b) からの距離が r である点全体は、点 C を中心とする半径 r の円となります。この円上の点を P(x, y) とすると、

$r = \sqrt{(x-a)^2 + (y-b)^2}$、すなわち、$r^2 = (x-a)^2 + (y-b)^2$ となります（図65）。原点$(0,0)$を中心とする円では、$a = b = 0$なので、$r^2 = x^2 + y^2$です。

$x^2 + y^2 + lx + my + n = 0$（$l$、$m$、$n$は定数）のとき、この式は、$r^2 = (x-a)^2 + (y-b)^2$ と書き直すことができますので、この式も円を示す

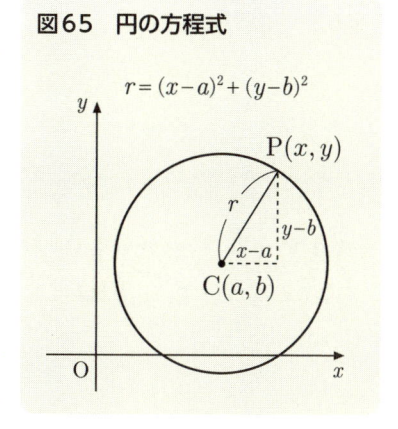

図65　円の方程式

方程式です。xの2次元の係数とyの2次元の係数が同じ場合は円になります。なお、$x^2 + 3y^2 + lx + my + n = 0$ のように、xの2次元の係数とyの2次元の係数が違う場合は楕円を示す式となり、数学での取り扱いは円より複雑になります。

■ 外接円

△ABCにおいて、A(x_1, y_1)、B(x_2, y_2)、C(x_3, y_3)の3点を通る円を外接円といい、その中心を外心といいます。求める円の方程式を

$$x^2 + y^2 + lx + my + n = 0$$

として、x、yに3点の位置を入れると、l、m、nについての3本の連立方程式ができ、それを解くと外接円の中心と円の半径が分かります（図66）。

■ 円の接線

円と直線の共有点の座標は、円と直線の方程式を連立させ、これを解くことで求まります。円と直線の方程式を連立させ、1つの文字、例えばyを消去し、xの2次方程式 $ax^2 + bx + c = 0$ が得られたとき、2次方程式の実数解の個数（$D = b^2 - 4ac$として、$D > 0$で2個、$D = 0$で1個、$D < 0$で0個「3.3.3項：方程式の解き方」参照）が、共有点の個数です。別のいい方をすると、原点Cから直線lまでの距離をd、円の半径をrとすると、図67の関係になります。

図66　三角形の外心

3点 A$(-7, 5)$、B$(-3, 7)$、C$(0, -2)$を通る円の方程式を $x^2 + y^2 + lx + my + n = 0$ とおく。

これが点 A$(-7, 5)$を通ることより
$(-7)^2 + 5^2 - 7l + 5m + n = 0$
すなわち
$-7l + 5m + n + 74 = 0$　…①

同様に点Bを通ることより
$(-3)^2 + 7^2 - 3l + 7m + n = 0$
すなわち
$-3l + 7m + n + 58 = 0$　…②

点Cを通ることより
$0^2 + (-2)^2 + 0 \times l - 2m + n = 0$
$-2m + n + 4 = 0$　　　…③

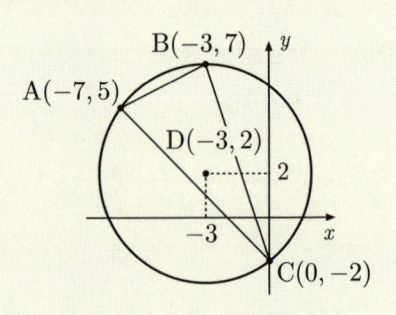

①、②、③より
$l = 6, \quad m = -4, \quad n = -12$

よって、求める円の方程式は
$x^2 + y^2 + 6x - 4y - 12 = 0$

となり、この式は、
$x^2 + 6x + 9 + y^2 - 4y + 4 - 25 = 0$
$(x+3)^2 + (y-2)^2 = 5^2$

と変形できる。よって、この円の中心は$(-3, 2)$で半径は5となる。

図67　円Cと直線Lの位置関係

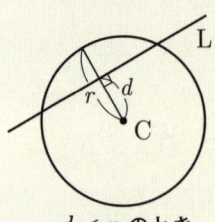

$d < r$ のとき
2点で交わる

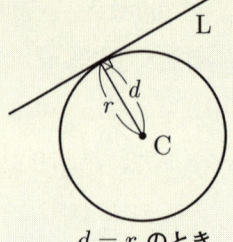

$d = r$ のとき
1点で接する

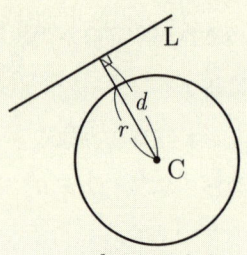

$d > r$ のとき
共有点はない

4.3 図形と計量

円 $r^2 = x^2 + y^2$ の周上の点 $P(x_1, y_1)$ における接線の方程式は、$x_1 x + y_1 y = r^2$ となります（図68）。

図68　円に接する直線Lの方程式

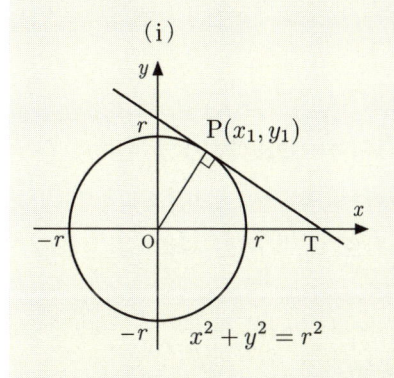

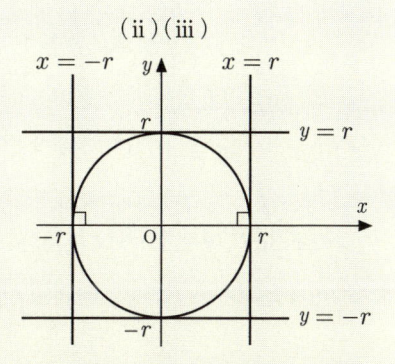

(i) $x_1 \neq 0$、$y_1 \neq 0$ のとき、半径 OP の傾きは $\dfrac{y_1}{x_1}$ であり、P を通る接線 PT は OP に垂直であるから、PT の傾きは $-\dfrac{x_1}{y_1}$ となる。

したがって、その方程式は

$$y - y_1 = -\dfrac{x_1}{y_1}(x - x_1)$$

分母をはらって整理すると

$$x_1 x + y_1 y = x_1^2 + y_1^2$$

ここで点 $P(x_1, y_1)$ は円周上にあるから

$$x_1^2 + y_1^2 = r^2$$

ゆえに、求める接線の方程式は

$$x_1 x + y_1 y = r^2 \quad \cdots\cdots ①$$

である。

(ii) $y_1 = 0$ のとき $x_1 = \pm r$ となる。

図から点 $(r, 0)$ における接線の方程式は　$x = r$

また、点 $(-r, 0)$ における接線の方程式は　$x = -r$

(iii) 同様に $x_1 = 0$ のとき、接線の方程式は $y = r$, $y = -r$ となる。

■ 不等式が示す領域

一般に、x、y についての不等式がある場合、それを満たす点 (x, y) 全体の集合を、その不等式が表す領域といいます。直線 $y = mx + n$ を L とすれば、$y > mx + n$ の表す領域は直線 L の上側となります（図69）。

$y < mx + n$ の表す領域は直線 L の下側となります。同様に、
$r^2 = (x - a)^2 + (y - b)^2$ を C とすれば、
$r^2 > (x - a)^2 + (y - b)^2$ が示す領域は円の内部（図70）、
$r^2 < (x - a)^2 + (y - b)^2$ が示す領域は円の外部となります。

2つの不等式（連立不等式）を同時に満たす点全体の集合は、それぞれの不等式が示す領域の共通部分です（図71）。

図69　$y > mx + n$ の表す領域

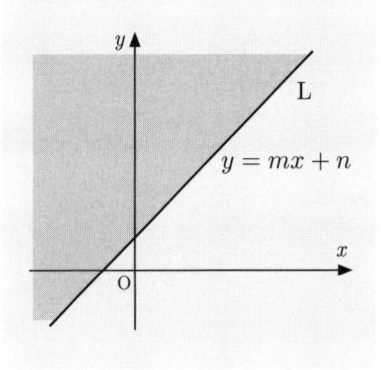

図70　$r^2 > (x - a)^2 + (y - b)^2$ が示す領域

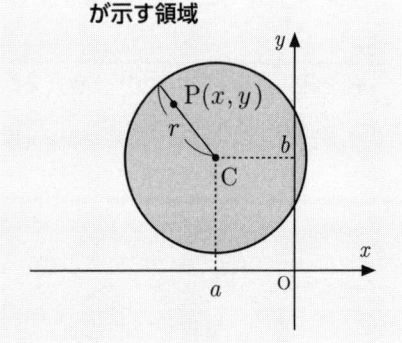

図71
連立不等式の例
（$y > \frac{1}{2}x + \frac{1}{2}$ と $y > -x + 2$ の場合）

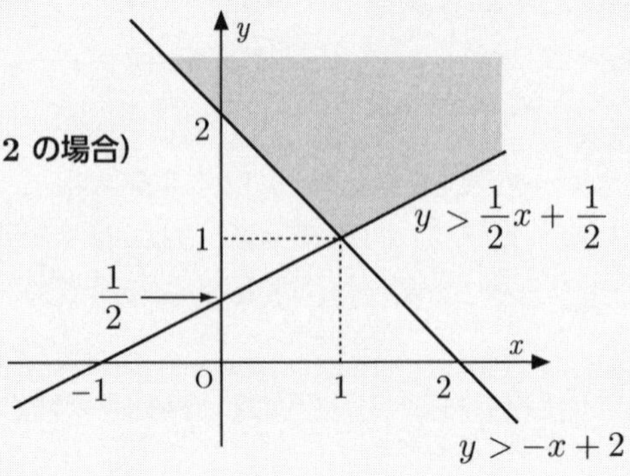

5　ベクトル

　ラテン語の運ぶもの（Vector）からきたベクトルという言葉は、「好奇心のベクトルが伸びる」など、方向性、矛先などの意味でも使われます。数学では、向きと大きさを持った量をさします。ベクトルに対応する言葉がスカラーです。スカラーは、4.3 とか 3.2 とか大きさを持った量ですが、方向性はありません。「風速 3 m/s」というのがスカラーの表現で、「西の風で風速 3 m/s」というのがベクトルの表現です。

　ベクトルの表現は、点 S を始点とし、点 T を終点とする線分を考え、向きの区別のために「ST」の上に矢印を書きます（図72）。ベクトルでは、互いに同じ向きで、平行な、長さの等しい線分のベクトルは互いに等しいとします（図73）。ベクトル $\vec{a}$ と同じ方向で大きさの比率（スカラー）が k であるようなベクトルを $k\vec{a}$ と表します。また、$\vec{a}$ と同じ大きさで逆の向きを持つベクトルは $-\vec{a}$ と表します。2つのベクトル $\vec{a}$、$\vec{b}$ があり、その和 $\vec{a}+\vec{b}$ は、それらの始点を合わせたときにできる平行四辺形の（始点を共有する）対角線に対応するベクトルになります（図74）。その差 $\vec{a}-\vec{b}$ は、$\vec{b}$ のベクトルと大きさが同じで逆向きのベクトル $\vec{d}$（$\vec{d}=-\vec{b}$）と $\vec{a}$ との和になります。

図72　ベクトルの表示

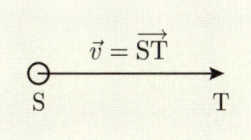

$\vec{v}=\overrightarrow{ST}$

図73　平行で長さの等しいベクトル

$\overrightarrow{ST}=\overrightarrow{S'T'}$

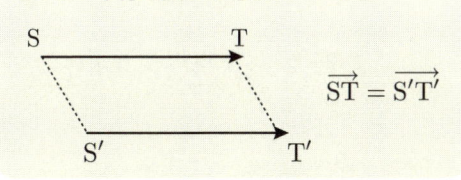

図74　ベクトルの和とベクトルの差

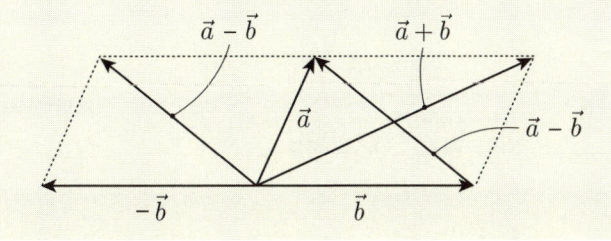

逆に 1 つのベクトルは、2 つ以上の異なるベクトルの和に分解することができます。

ベクトル $\vec{a}$ とベクトル $\vec{b}$ がともに平面座標の原点を始点とし、終点を示す位置を、$\vec{a} = (x_1, y_1)$、$\vec{b} = (x_2, y_2)$ とすると、

$$\vec{a} + \vec{b} = (x_1 + x_2, y_1 + y_2)$$

となり、要素ごとの和になります。

■ **気象とベクトル**

気象の世界では、風をベクトルで考えます。そして、下層の風 $\vec{V_L}$ と上層の風 $\vec{V_U}$ の差のベクトルに注目します（図75）。差のベクトルは温度風と呼ばれていますが、実際の風ではありません。気象学的な説明は難しいので、ここでは、空気の密度は、温度によって変わることから、上空に寒気や暖気が

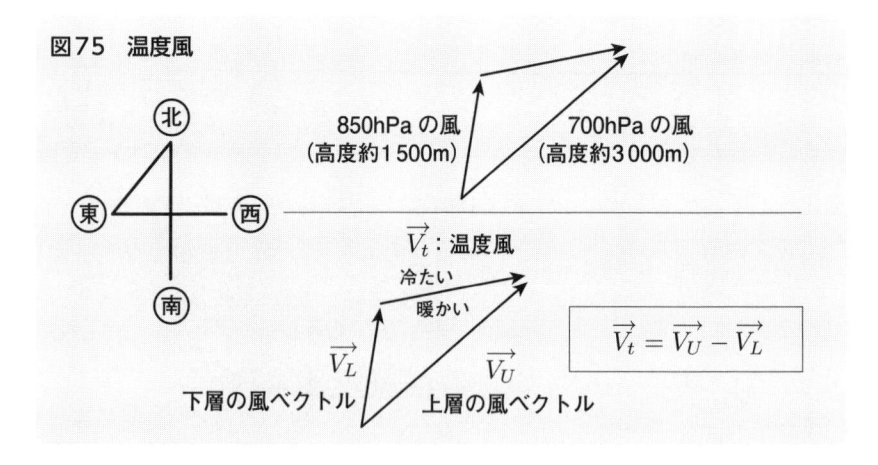

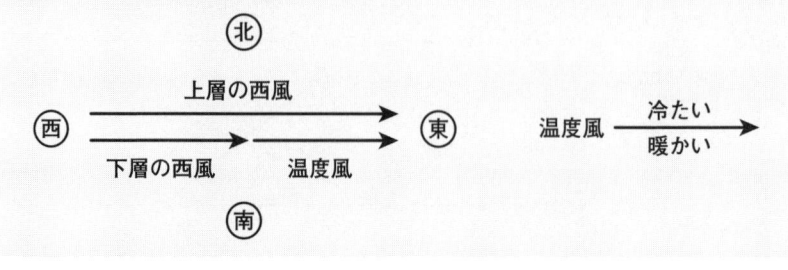

図75　温度風

図76　上空ほど西風が強くなる理由

入って水平方向の温度差ができていると、上空の気圧配置が換わり、風速が下層と上層では違ってくるという説明にとどめます。

温度風のベクトルは、ベクトルの向きの左側に寒気が、右側に暖気があり、ベクトルの長さが大きければ大きいほど上空での温度差が大きいことを示します。中緯度では西風が吹いていますが、下層が西の風 5 m/s、上層が西の風 15 m/s の場合、温度風は西の風 10 m/s となります。温度風の左側（北側）に寒気があり、その寒気が強ければ強いほど、上空に行くにつれて西風は強くなります（図76）。

■ ベクトルの大きさ

長さ 1 のベクトル（基本ベクトル、単位ベクトル）を立体の縦、横、高さを軸に対応する x、y、z の各軸にそれぞれ $\vec{i}$、$\vec{j}$、$\vec{k}$ と置くと、空間の任意の点を示すベクトル $\vec{V}$ は、始点を xyz 座標系の原点にとることで、ベクトル $\vec{i}$ の v_x 倍のベクトルと、ベクトル $\vec{j}$ の v_y 倍のベクトルと、ベクトル $\vec{k}$ の v_z 倍のベクトルの和になります（v_x、v_y、v_z はともにスカラー）。ここで、ピタゴラスの定理を用いると、ベクトル $\vec{v}$ の大きさ $|\vec{v}|$ は

$|\vec{v}| = \sqrt{v_x^2 + v_y^2 + v_z^2}$ です（図77）。

ベクトルは、図78 のように、行列で表すことができます。ベクトルの計算では、行列の計算が使えます（「3.5.2 項：行列とその応用」参照）。

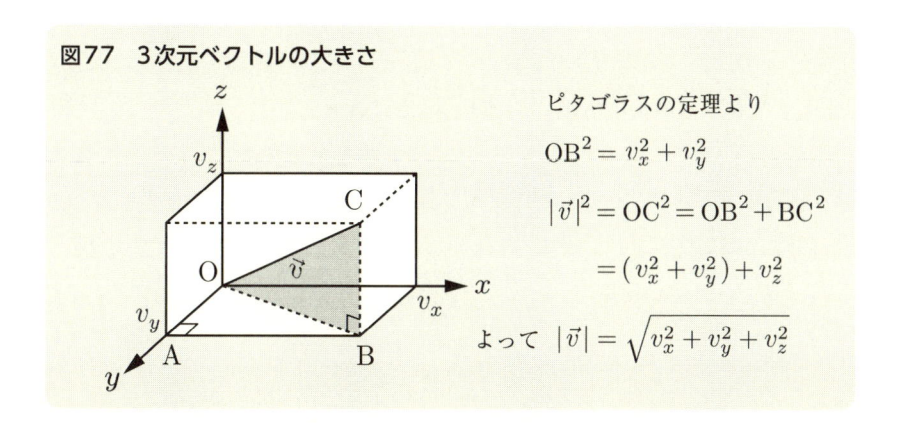

図77　3次元ベクトルの大きさ

ピタゴラスの定理より

$OB^2 = v_x^2 + v_y^2$

$|\vec{v}|^2 = OC^2 = OB^2 + BC^2$

$= (v_x^2 + v_y^2) + v_z^2$

よって $|\vec{v}| = \sqrt{v_x^2 + v_y^2 + v_z^2}$

図78　ベクトルと行列

$$\vec{v} = v_x\vec{i} + v_y\vec{j} + v_z\vec{k} \quad \leftrightarrow \quad (v_x, v_y, v_z) = P(\vec{v})$$

■ ベクトルと次元

　位置ベクトルは x, y, z の3次元で考えますが、相対性理論など、物理の世界ではこれに時間 (t) を入れて $x、y、z、t$ の4次元で考えるので、ますます難しいように思えます。私たちは生活の中で、4次元以上のベクトルの考え方を使っている例が少なくありません。例えば栄養素について考えると、タンパク質、脂質、炭水化物、ミネラルの4次元のベクトルが考えられます（ビタミンなどを入れると5次元以上のベクトルができます）。食パンのベクトル $\vec{P}$、ベーコンのベクトル $\vec{B}$、卵のベクトル $\vec{E}$、牛乳のベクトル $\vec{M}$ を、100 g 当たりの g 数で考えると、

$\vec{P} = ($タンパク質 $= 9.3$, 脂質 $= 4.4$, 炭水化物 $= 46.7$、ミネラル $= 1.6)$

$\vec{B} = (12.9、39.1、0.3、2.7)$

$\vec{E} = (12.3、10.3、0.3、1.0)$

$\vec{M} = (3.3、3.8、4.8、0.7)$

と4次元のベクトルができます。

　また、食パン6枚切り1枚が60 g、ベーコン1切れ20 g、卵1個50 g とすると、食パン1枚、ベーコン1切れ、卵1個、牛乳200 g という朝食では、$0.6\vec{P} + 0.2\vec{B} + 0.5\vec{E} + 2.0\vec{M} = (0.6 \times 9.3 + 0.2 \times 12.9 + 0.5 \times 12.3 + 2.0 \times 3.3 = 20.91, 23.21, 37.83, 3.4)$ の栄養素がとれたことになります。ベクトルの加法は要素ごとの加法ですので、栄養素ごとに足し算をします。牛乳を先に飲んでも、最後に飲んでもこの値は変わりません。ここで、「タンパク質を増やしたいが脂質は増やしたくない」という考えで、卵を2個、ベーコンを半切れとする ($0.6\vec{P} + 0.1\vec{B} + 1.0\vec{E} + 2.0\vec{M}$) と、タンパク質は 4.86 g 増加しますが、脂質も 1.24 g 増加します。栄養を考えるときには、事実上、ベクトルの考えを使っているのです。

5章 量と測定

5.1 いろいろな量

5.2 微分と積分

5.3 確率

5.4 統計

5章 量と測定

5.1 いろいろな量

学校で習う内容
- ものの長さを比較することなどの活動を通して、量とその測定についての理解の基礎となる経験を豊かにする（小1）。
- 長さについて理解し、簡単な場合について、長さの測定ができるようにする（小2）。
- 日常生活の中で時刻をよむことができるようにする（小2）。
- 長さ、かさ、重さについて理解し、簡単な場合について、それらの測定ができるようにする（小3）。
- 長さなどについて、およその見当をつけたり、目的に応じて単位や計器を適切に選んで測定したりできるようにする（小3）。
- 時間について理解できるようにする（小3）。

1 長さ

　長さを知るためには、基準となるものが必要です。有力者の「腕の長さ」とか、「歩幅」とかを基準にするなど、いろいろな試みがなされてきましたが、多くの人が共通して長い期間使える基準を決めるのは難しいことでした。歴史的な強国が誕生し、その国内の長さの基準が決められても、強国が衰退すると別の基準が使われるようになり、社会生活に混乱をもたらしていました。

■「1m」の誕生

　大航海時代を経て地球規模の交流が発達すると、長さの単位がまちまちであることが大きな問題となってきました。この問題の解決に最も熱心に取り組んだのは、フランスでした。フランスでは、普遍的に受け入れられる基本的な長さの単位を設定するに当たり、フランス科学アカデミーが1792年から子午線の精密な測定を行っています。パリを起点に、北はフランスのダンケルク、南はスペインのバルセロナまでの計測を行い、それをもとに、「パリを通過する北極点と赤道をつなぐ子午線長の1 000万分

図1 メートル原器

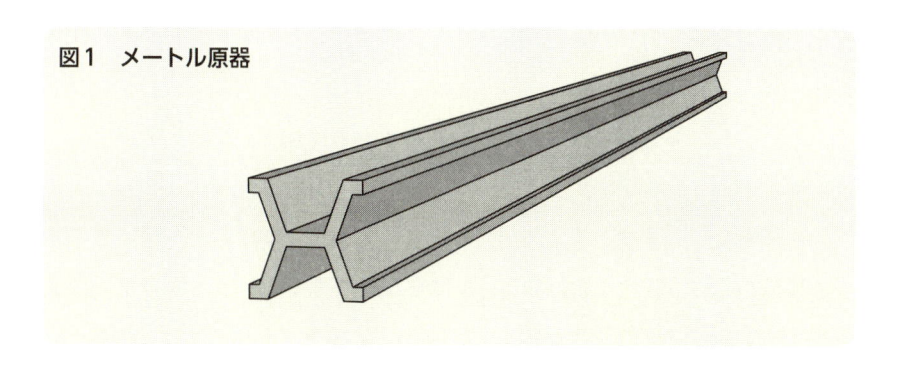

の1」を1メートル (m) と定め、白金で作られた板状のメートル原器を製作しました。当時は、フランス革命とその後の混乱のさ中にあり、旧来の慣れ親しんだ寸法から、新しい長さの単位であるメートル (m) には、すぐには切り替わらなかったのですが、フランス政府の広報活動や、産業革命後の科学の発展と社会の変化が統一基準を求めていたことからメートルが広まっていきました。

■ メートル原器

地球科学が発展すると、地球の地殻表面は単純な正球または楕円球ではないことが分かってきました。しかし、ふたたび地球を測って基準値を得ようとすると費用と時間がかかり、また、その再現性も疑問視されたことから、1869年に「メートル原器で示されている長さを1m」と定義することにしました。既存のメートル原器を基準に30本の新しい原器が製作されました。新しいメートル原器には、白金90%とイリジウム10%の合金が用いられ、氷が融解する温度環境下で原器に刻まれた2本の目盛りの間を1mの基準としました (全長102 cmで「X」字型の断面:図1)。

1889年の国際度量衡総会では、30本のうち最も正確と判断されたNo.6原器を正式な国際メートル原器と認定してこれを保管し、他の原器はいくつかの国へ配布されました。日本がメートル条約に加入したのは1885年と世界の動きから遅れておらず、1890年にフランスから「日本国メートル原器 (No.22)」が送られています。このメートル原器は、中央度量衡器検定所 (現・

産業技術総合研究所）で保管され、これが日本の長さの基準として使われました。

しかし、あらゆる物質は経時変化を起こすことに加え、盗難や破損という危険性がゼロではありません。このため、1960年の国際度量衡総会では、メートル原器を長さの基準とすることをやめ、クリプトン86元素が真空中で発する橙色の光の波長の1 650 763.73倍を1mとするという、物理現象による長さの定義に改めました。

$$1\,\mathrm{m} = 1\,650\,763.73\,\lambda\,\mathrm{Kr}\,(ラムダクリプトン)。$$

■ 現在の「1m」の基準

その後、セシウム原子時計が発明され、正確な「秒」が決められたことから、1983年には、光の速さをもとに、1mは"光が299 792 458分の1秒（約3億分の1秒）で到達する距離"と再定義され、現在に到っています。光を基準としたのは、特殊相対性理論によって光源の動きや方向に関わりなく、どんな波長（振動数）でも一定、かつ不変という原理が判明したからです。

2 大きさと重さ

大きさや重さを知るためには、基準となるものが必要です。長さの基準と同じく、世界的な統一基準作りに熱心だったのはフランスです。長さの基準mが決まれば、面積の基準はmの2乗（平方メートル、m^2）、体積の基準はmの3乗（立方メートル、m^3）などと、大きさの基準が決まります。体積の基準が決まれば、その中いっぱいに入るものの重さで、重さの基準が決まります。重さの基準は、扱いやすいということから、水や水銀など、常温で液体である物質が使われました。

■「1kg」の誕生

キログラムkgの当初の定義は「水1リットル（ = 0.1m × 0.1m × 0.1m = $10^{-3}\,\mathrm{m}^3$）の質量」です。水$1\,\mathrm{m}^3$の重さ = 1000kg = 1トンになります。1795年の定義では、「大気圧下で氷の溶けつつある温度（0℃）における水」

図2 キログラム原器

図3 キログラム原器の収納容器

でしたが、その後、水の体積は温度依存することが分かったことから、「最大密度(= 4℃)における蒸留水1リットル)の質量」と定義されました。

■ キログラム原器

しかし、水の密度は気圧という空気の重さに影響されることから、重さの基準としては矛盾が生じます。このため、キログラムの定義にあわせた白金製の原器が作製され、国際メートル原器を認定した1889年の国際度量衡総会でキログラムの定義に使用されることが決定しました。国際キログラム原器は直径・高さともに約39 mmの円柱形、プラチナ(白金)90％、イリジウム10％からなる合金製の金属塊(図2)で、3重の気密容器で保護された状態でフランスで保管されています(図3)。国際キログラム原器をもとに当初40個の複製が作られて各国に配布・保管され、約40年ごとに国際キログラム原器と比較することになりました。日本へは、メートル原器と同じく、1889年に複製6番が原器として配布されました。中央度量衡器検定所で保管され、これを「日本国キログラム原器」としてキログラムの基準に使用しました。また、30番と39番も副原器として日本に配布され、39番は1947年に韓国に譲渡されています。

■ 現在の「1 kg」についての検討

国際キログラム原器の質量は、表面吸着などの影響により年々増加しており、それを除去する作業も行われていますが、現在 6×10^{-8} 倍の誤差があ

るとされています。このため、現行の国際キログラム原器による定義の精度は8桁程度です。

あらゆる物質は経時変化を起こすことに加え、盗難や破損という危険性がゼロではないことから、いろいろな基準は、人工物の基準から、普遍的な物理量に基づく定義に改められています。しかし、重さの基準作りは難しく、1970年代から検討されてきましたが、キログラム原器による基準を廃止し、新しい定義を設けることが決議されたのは2011年10月の国際度量衡総会においてです。しかし、2011年当時でも具体的な方法が決まっているわけではなく、今後4〜8年かけて決定するとされています。新しい定義として有力なのは、日本やアメリカ、イギリス、ドイツなどが共同して研究を進めている方法です。

それは、不純物を含まない単結晶を作りやすいケイ素（Si）を用いて、この結晶に含まれる原子の数を正確に数え上げ、一定数をもって1kgとする方法です。2011年当時、この方法での精度は8桁と、現行の定義による精度とほぼ同じで、あと1桁精度が高ければ、キログラムの定義を原子質量標準に置き換えることができました。重さの定義には、この方法の他にも、非常に精密な天秤を作り、電磁力を使って定義する方法などがアメリカやイギリスで研究されています。

3 時間

■ 旅人算

小学校でよく出てくる問題に旅人算があります。時間と道のりには図4の関係があります。速さは道のりを時間で割ったもので、道のりは速さと時間を掛けたものです。追いかけて追いつく、接近して出会ったりする問題を旅人算といいます（図5）。60m/分で歩いているAと40m/分で歩いているBが接近して出会う場合、2人が接近する速さは2人の速さの和となります。2人は1分間に100m接近することからAとBが300m離れていれば、

3 分で出会うことになります。

また、追いつく場合は、2 人は速さの差で接近します。A は B に、1 分間に 20 m 接近することから 60 m 離れていれば 3 分で追いつくことになります。方程式を使ったほうが簡単に解けますが、小学校では方程式を使わずに、旅人算のような大人でも頭を使う問題を多く解いています。方程式を使う場合は、分からないものを変数として式を作り、計算を進めていけば答えが出ます。

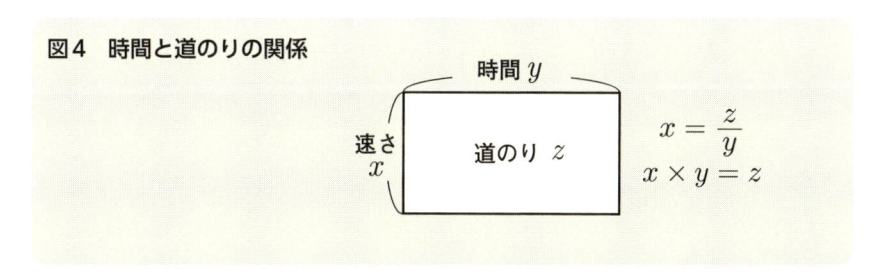

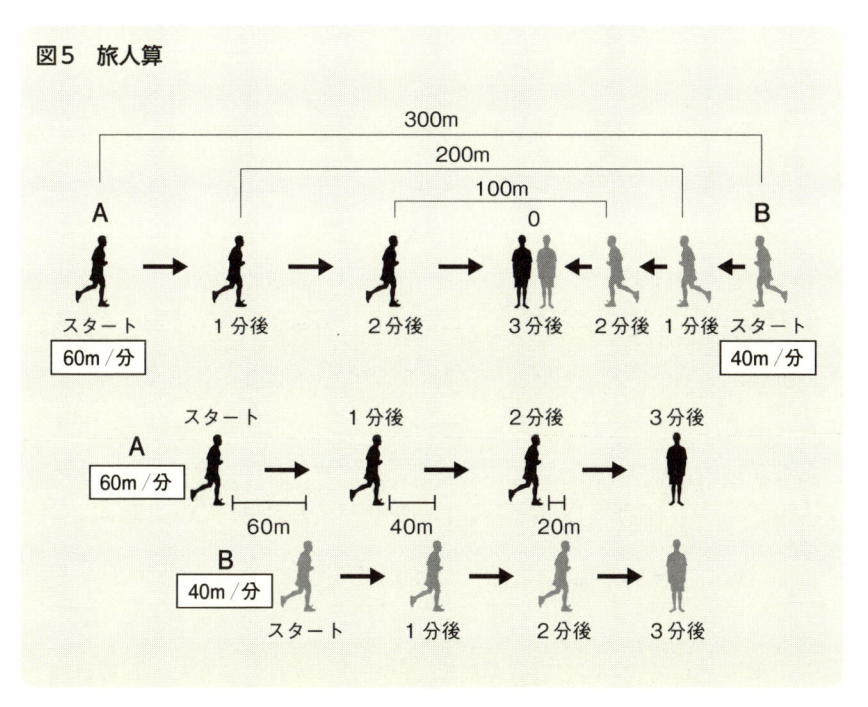

図4　時間と道のりの関係

速さ x　道のり z　時間 y

$$x = \frac{z}{y}$$
$$x \times y = z$$

図5　旅人算

300m 離れた A と B が互いに接近する場合、A が出発してから B と出会うまでの距離を $r(m)$、出会った時間を t 分後とすると、
A の進む距離：$r = 60 \times t$　　B の進む距離：$40 \times t = 300 - r$ より
$$40 \times t = 300 - 60 \times t$$
$(40 + 60) \times t = 300$　よって　$t = 3$(分)

60m 離れた A が、出発してから B に追いつくまでの距離を r、追いついた時間を t とすると、
A の進む距離：$r = 60 \times t$
(B の進む距離) $+ 60\,(m) =$ (A の進む距離) であるから、
$$40 \times t + 60 = r \quad \text{したがって}$$
$$60 \times t = 40 \times t + 60$$
$(60 - 40) \times t = 60$　より　$t = 3$(分)

■「時」を測る

　私たちが時間の長短を数値として扱うようになったのは、時計が広く使われるようになってからのことです。時間の流れの長短を知るためには、ものの長さを測るのと同様に、時を測る基準が必要です。そのため、繰り返し起こる自然現象をその基準として使いました。まず昼夜の交替する 1 日を最も初歩的な時間単位として考え、太陽の高度や方位などからさらに 1 日が区切れることをみつけました。太陽の高度や方位が、場所や季節によって変わることが分かると日時計を作りました。そして、曇や雨の日でも使える水時計や砂時計といった、一定の時間を刻むことができる機械や装置を作り、時間の流れを測ってきました。

　世界中の時計が、正確に、しかも長期間にわたって一定不変の正しい時間を示すためには、理想的な周期運動を示すものを自然界でみつける必要があります。そこで最初に選ばれたのは、地球自転を使った「自転時」です。しかし、地球表面には海があり、太陽や月の引力による潮汐作用があるため、これらが摩擦として働いて、100 年間に 1000 分の 1 秒ずつ自転の周期が長く

なっています。このため、地球が太陽の周りを回る公転から定義された「公転時」が使われました（1日の8万6400分の1を1秒、その後、1年の3155万6925.9747分の1を1秒）。

■ 現在の「時」の基準

20世紀に入り、原子が吸収したり放出する電磁波の振動数が、その原子に固有であり一定不変の値を示すことが分かってきました、こうしてできたのが原子時計で、現在は、セシウム原子が持つ、固有振動数91億2963万1770ヘルツの時間間隔を1秒とするセシウム原子時計が使われています。これは、1967年の国際度量衡総会で決定されたものです。

■ 世界共通の時刻

人や物が世界中を短時間で移動するようになると，地球上のどこにいるかによって時刻が異なることが不便になり，共通の時刻を作ろうとする動きが出てきます。1885年の国際子午線会議では、①グリニッジ天文台（当時）にある大子午儀の中心を通る子午線を経度および時刻計測のための本初子午線

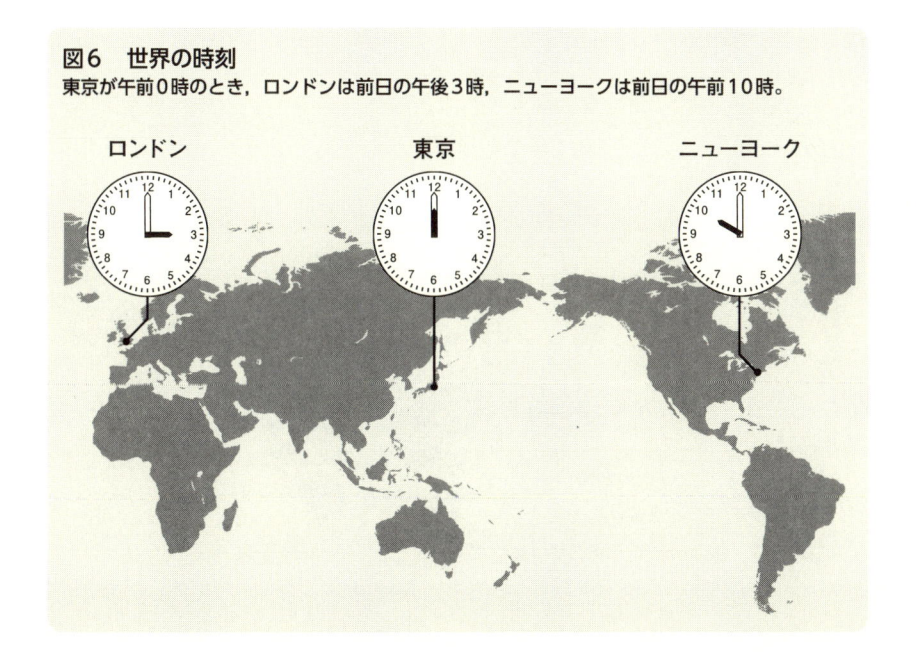

図6　世界の時刻
東京が午前0時のとき，ロンドンは前日の午後3時，ニューヨークは前日の午前10時。

とすること、②経度は本初子午線から東西方向に 180 度数え、東と東経（正の経度）、西を西経（負の経度）とすること、③国際便宜のため世界日（本初子午線に関する平均太陽日）を導入することなどが決められています。

この世界日が後の世界時につながっています。そして、現在使われている時刻は、1958 年 1 月 1 日の世界時 0 時を、原子時計 0 時としてスタートした時刻と定義されています（図6）。

■ **地球の時間と私たちの時間**

時間が長いと全く違うふるまいをするものがあります。例えば、地球内部にあるマントルは、長い時間でみると液体、短い時間でみると固体としてふるまいます。

20 世紀の初めに、ドイツのウエゲナーは、世界地図をみて「アフリカ大陸と南アメリカ大陸の海岸線の形がよく似ている」ことに気がつきました。形が似ているだけでなく、ジグソーパズルのようにくっつけると、その接する両側では、地質構造が似ている岩石などがあり、似た種類の動植物が生息していることが分かりました（図7）。このことから、2 億年前には、「パンゲア大陸」という巨大な大陸が 1 つだけ存在して、これが分裂をしながら移動して、現在の大陸分布となったと考えたのです。しかし、大陸を動かす巨大な力がどこからくるか、誰にも考えが及ばなかったことから、ウェゲナーの

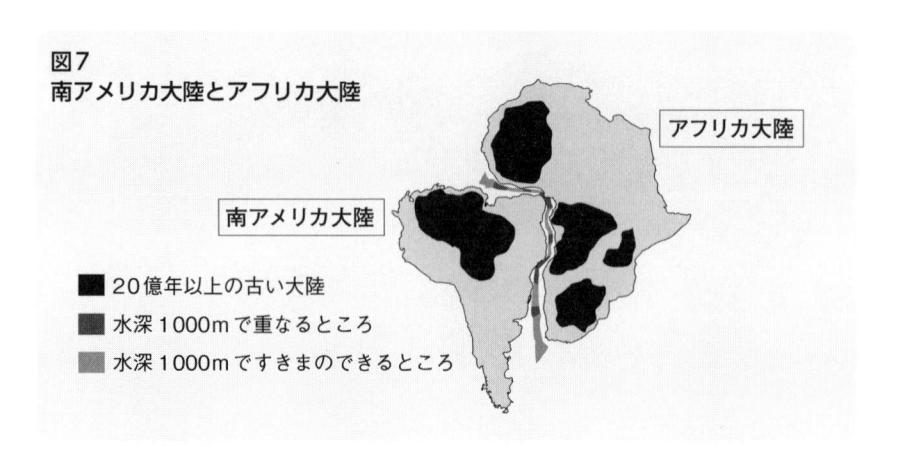

図7
南アメリカ大陸とアフリカ大陸

■ 20 億年以上の古い大陸
■ 水深 1000m で重なるところ
■ 水深 1000m ですきまのできるところ

図8 マントル対流

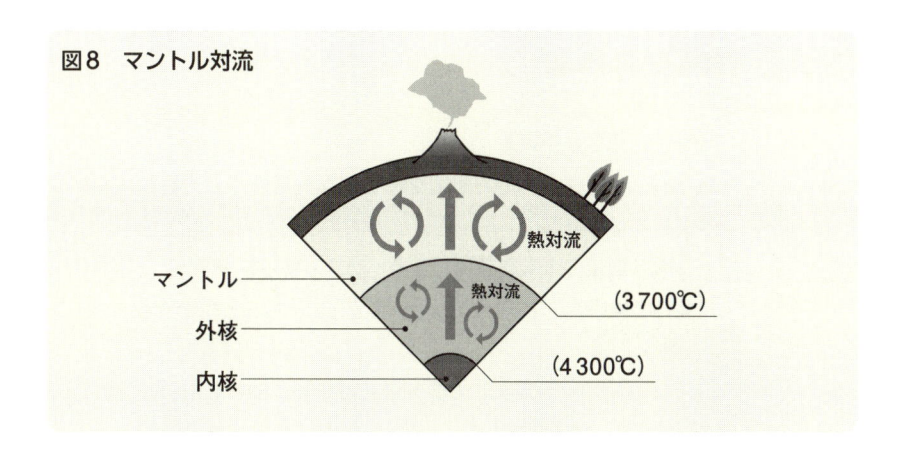

大陸移動説はいったん否定されます。しかし50年後、大陸を動かす力が地殻の下にあるマントルの熱対流であるとい考えが生まれ、ウェゲナーの説が復活しました。地球の全体積の80%を越える部分がマントルで、その下部には主として鉄でできている核（内核と外核）があり、核内の放射性物質の崩壊により熱が放出されています。核はマントル側でも3700℃あり、この熱がマントルに伝えられ、長い時間でみると対流によって熱が地表付近に運ばれます（**図8**）。地球の表面は、12枚のプレートという板状の岩盤で覆われ（プレートの数え方には多少の差があります）、そのプレートがマントルの熱対流によって移動し、プレートどうしが衝突しています。

日本は、北アメリカプレート、太平洋プレート、フィリピン海プレート、ユーラシアプレートの4つのプレートの境界付近にある地震や火山が多い国で、日本海溝、伊豆・小笠原海溝、南海トラフでは、ときどき巨大地震が発生します。

マントルという極端な例で説明しましたが、数学的なものの見方は、感覚的ではなく、現象を数値ではっきりとらえ、客観的にものごとを考え真実に迫る手助けになると思います。

5.2 微分と積分

学校で習う内容
- 微分法、積分法の基礎として極限の概念を理解し、それを数列や関数値の極限の考察に活用できるようにする（数学Ⅲ）。
- 具体的な事象の考察を通して微分・積分の考えを理解し、それを用いて関数の値の変化を調べることや面積を求めることができるようにする（数学Ⅱ）。
- いろいろな関数についての微分法を理解し、それを用いて関数値の増減やグラフの凹凸などを考察し、微分法の有用性を認識するとともに、具体的な事象の考察に活用できるようにする（数学Ⅲ）。
- いろいろな関数についての積分法を理解し、その有用性を認識するとともに、図形の求積などに活用できるようにする（数学Ⅲ）。

I 極限

　項が限りなく続く数列である無限数列 $\{a_n\}$ で、n が限りなく大きくなるにつれ a_n が一定の値 α に限りなく近づくとき、数列 $\{a_n\}$ は α に収束するといい、α を数列 $\{a_n\}$ の極限値といいます。無限大を表す記号は、8 を横にした形の「∞」（無限大と読む）です。

　$n \to \infty$ のとき、$a_n \to \alpha$、または、

$$\lim_{n \to \infty} a_n = \alpha$$

と書きます。

　$\lim$ は、「リミット」と読みます。極限という意味の $\lim$ をもとにした記号です。「数列 $\{a_n\}$ の n を ∞ に極限まで近づけると α になる」という文章をそのまま表現したものです。ここで、$\{a_n\}$ が α に収束するということは、$|a_n - \alpha| \to 0$ と同じことです。

■ 数列の収束と発散

　数列 $\{a_n\}$ が収束しないとき、$\{a_n\}$ は正の無限大に発散するか、負の無限

大に発散するか、振動します。数列 $\{a_n\}$ において、n が限りなく大きくなるにつれ、a_n が限りなく大きくなるとき、数列 a_n は、正の無限大に発散するといいます。

$n \to \infty$ のとき、$a_n \to \infty$、または、
$$\lim_{n \to \infty} a_n = \infty$$
と書きます。

a_n の符号が負で、絶対値が限りなく大きくなるとき、数列 a_n は、負の無限大に発散するといいます。$\lim_{n \to \infty} a_n = -\infty$ と書きます。

数列 $a_n = (-1)^{n-1}$ は、1 と -1 を繰り返す数列ですが、n を限りなく大きくしても、収束しませんし、発散もしません。このような数列は振動するといい、$\lim_{n \to \infty} a_n$ の値は存在しません。

収束する数列の極限値については、数式と同じように、加減乗除が成り立ちます。ただし、$\lim_{n \to \infty} a_n = \infty$、$\lim_{n \to \infty} b_n = \infty$ のときは注意が必要です。$\lim_{n \to \infty}(a_n + b_n) = \infty$、$\lim_{n \to \infty}(a_n b_n) = \infty$ ですが、$\lim_{n \to \infty}(a_n - b_n)$、$\lim_{n \to \infty}\left(\dfrac{a_n}{b_n}\right)$ については、極限値を求めることができる場合があります。

例えば、$a_n = \sqrt{n^2 + n}$、$b_n = n$ のとき、$\lim_{n \to \infty} a_n = \infty$、$\lim_{n \to \infty} b_n = \infty$ ですが、

$$\begin{aligned}\lim_{n \to \infty}(a_n - b_n) &= \lim_{n \to \infty}\left(\sqrt{n^2 + n} - n\right) \\ &= \lim_{n \to \infty}\frac{(\sqrt{n^2 + n} - n)(\sqrt{n^2 + n} + n)}{\sqrt{n^2 + n} + n} \quad \text{分子と分母に}(\sqrt{n^2+n}+n)\text{を掛ける} \\ &= \lim_{n \to \infty}\frac{(n^2 + n) - n^2}{\sqrt{n^2 + n} + n} = \lim_{n \to \infty}\frac{n}{\sqrt{n^2 + n} + n} \\ &= \lim_{n \to \infty}\frac{n}{n\sqrt{1 + \dfrac{1}{n}} + n} \quad \text{分子と分母を}n\text{で割る}\end{aligned}$$

$$= \lim_{n \to \infty} \frac{1}{\sqrt{1 + \frac{1}{n}} + 1} \longleftarrow n \to \infty \text{ のとき} \frac{1}{n} \to 0$$

$$= \frac{1}{2}$$

となります。

■ 極限値の大小

数列の極限値の大小関係については、数列 a_n、b_n がそれぞれ、α、β に収束するとき、$a_n \leqq b_n$ ならば、$\alpha \leqq \beta$ が成り立ちます。このとき、$a_n < b_n$ であっても、$\alpha = \beta$ が成り立つことがあります(図9)。

また、数列 a_n、b_n、c_n について、$a_n \leqq b_n \leqq c_n$ が成り立つなら、$\lim_{n \to \infty} a_n = \alpha$、$\lim_{n \to \infty} c_n = \alpha$ のとき、

$$\lim_{n \to \infty} b_n = \alpha$$

となります。挟み撃ちの原理です。

例えば、$-1 \leqq \sin n\theta \leqq 1$ より、

$$\lim_{n \to \infty} \frac{(-1)}{n} = 0、\lim_{n \to \infty} \frac{(1)}{n} = 0 \text{ から、} \lim_{n \to \infty} \frac{(\sin n\theta)}{n} = 0$$

図9 極限値の大小関係の例

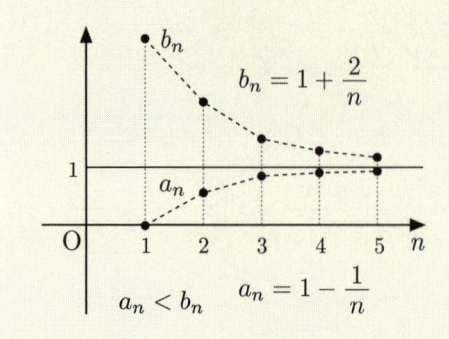

$b_n = 1 + \frac{2}{n}$

$a_n = 1 - \frac{1}{n}$

$a_n < b_n$ だが
$\lim_{n \to \infty} a_n = \lim_{n \to \infty} b_n = 1$

$a_n < b_n$

が成り立ちます。

項が限りなく続く等比数列（無限等比数列）$\{a_n\} = r^n$において、その極限値は、$r > 1$のとき、$\lim_{n \to \infty}(r^n) = \infty$、

$r = 1$のとき、$\lim_{n \to \infty}(r^n) = 1$、$|r| < 1$のとき、$\lim_{n \to \infty}(r^n) = 0$と0なります。しかし、$r = -1$のとき、$\lim_{n \to \infty}(r^n)$は振動し、極限値は存在しません。

■ 部分和

無限数列$\{a_n\}$が与えられたとき、$a_1 + a_2 + \cdots a_n + \cdots$のような無限項の和を無限級数といい、記号Σ（シグマ）を使って表すと、$\sum_{n=1}^{\infty} a_n$と記します。このうち、n項までの和$(a_1 + a_2 + \cdots + a_n)$を部分和といい、$S_n = \sum_{k=1}^{n} a_k$と記します。

初項$a(a \neq 0)$、公比rの無限等比数列$\{a_n\} = ar^{n-1}$から作られた無限級数の部分和S_nは、

$$S_n = \sum_{k=1}^{n} ar^{k-1} = a + ar + ar^2 + \cdots + ar^{n-1}$$

で表され、$r = 1$の場合

$$S_n = a + a + a + \cdots + a = na$$

となり、$n \to \infty$のときS_nは発散します。

$r \neq 1$の場合は、

$S_n = \sum_{k=1}^{n} ar^{k-1} = \dfrac{a(1-r^n)}{1-r}$となりますので（「3.5.1項：数列」参照）、

$|r| < 1$のとき、$\lim_{n \to \infty} S_n = \lim_{n \to \infty} \dfrac{a(1-r^n)}{1-r} = \dfrac{a}{1-r}$に収束します。

$r = -1$のとき、$\lim_{n \to \infty} S_n$は振動し、極限値は存在しません。

$|r| > 1$のとき、$\lim_{n \to \infty} S_n$は発散します。

5章 量と測定

■ 循環小数

循環小数は、無限等比級数の和の公式を使うと簡単に分数にすることができます。例えば、$0.5\dot{7}\dot{7} = 0.5757575757\cdots = 0.57 + 0.57 \times 0.01 + 0.57 \times 0.01 \times 0.01\cdots$ より、初項 0.57、公比 0.01 の無限等比級数の和 S_n ですので、前項の

$$S_n = \lim_{n\to\infty} \frac{a(1-r^n)}{1-r} = \frac{a}{1-r}$$ を使い、

$$S_n = \frac{0.57}{1-0.01} = \frac{0.57}{0.99} = \frac{57}{99} = \frac{19}{33}$$ となります。

■ 極限値

関数 $f(x)$ において、x が a と異なる値をとりながら、限りなく a に近づくとき、$f(x)$ が一定の値 α になれば、α を $f(x)$ の極限値といいます。

$x \to a$ のとき $f(x) \to \alpha$ 　または $\lim_{x\to a} f(x) = \alpha$ です。

また、x が a より大きな値をとって限りなく右側から近づくと β になり、a より小さな値をとって限りなく左側から近づくと γ になるとします。

$$\lim_{x\to a+0} f(x) = \beta, \quad \lim_{x\to a-0} f(x) = \gamma$$

このとき、$a = 0$ であれば、$x \to 0+0$ ではなく $x \to +0$、$x \to 0-0$ ではなく $x \to -0$ と書きます。関数の中には、**図10** のように

図10 大きい方からの接近と小さい方からの接近で値が違う例

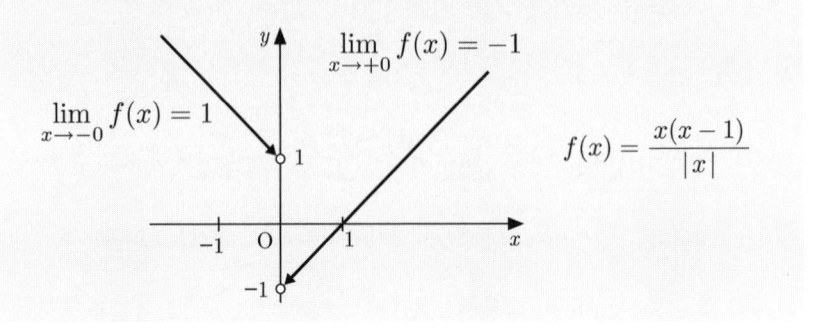

$$\lim_{x\to+0} f(x) = -1$$

$$\lim_{x\to-0} f(x) = 1$$

$$f(x) = \frac{x(x-1)}{|x|}$$

$$\lim_{x \to +0} f(x) = -1、\lim_{x \to -0} f(x) = 1$$

と、両者が異なる場合があります。異なる場合は、a における極限値が存在しないことになります。極限値が存在するということは、

$$\lim_{x \to a+0} f(x) = \lim_{x \to a-0} f(x) = \alpha \text{ ということです。}$$

■ 関数の連続と不連続

関数 $f(x)$ がある範囲の x の値 a に対して、$\lim_{x \to a} f(x)$ が存在して $f(a)$ に等しいとき、関数 $f(x)$ は $x = a$ において連続といい、連続でないときは不連続といいます。**図11** で、①は連続、②は不連続です。

関数 $f(x)$ がある区間 $[a, b]$ において、点 $(a, f(a))$ と、点 $(b, f(b))$ の間で連続しているときは、その区間で最大値、および、最小値を持ちます。$f(a)$ と $f(b)$ が異符号であるとき、方程式 $f(x) = 0$ は、a と b の間に、少なくとも1つの実数解を持ちます (**図12**)。

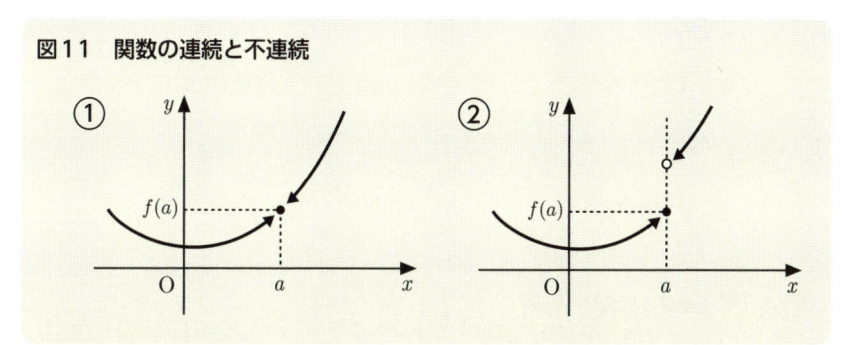

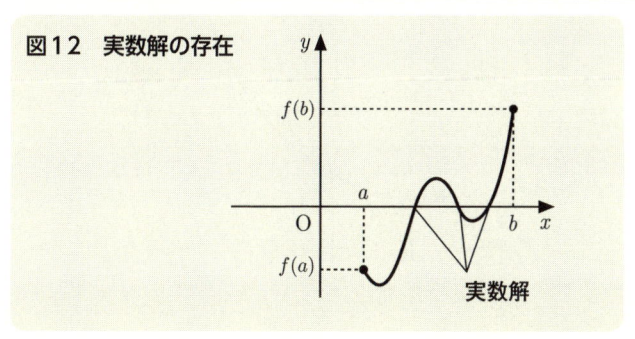

図11 関数の連続と不連続

図12 実数解の存在

関数の極限値には、次のような四則の性質があります。

$\lim_{x \to a} f(x) = \alpha$、$\lim_{x \to a} g(x) = \beta$ のとき、

① $\lim_{x \to a} kf(x) = k\alpha$　　　ただし、k は定数

② $\lim_{x \to a} (f(x) + g(x)) = \alpha + \beta$

　$\lim_{x \to a} (f(x) - g(x)) = \alpha - \beta$

③ $\lim_{x \to a} (f(x) \times g(x)) = \alpha\beta$

④ $\lim_{x \to a} \left(\dfrac{f(x)}{g(x)} \right) = \dfrac{\alpha}{\beta}$　　　ただし $\beta \neq 0$

2 微分・積分の考え

■ 平均変化量

関数 $y = f(x)$ において、x が a から b まで変わるとき、x の変化量 $b - a$ と、y の値の変化量 $f(b) - f(a)$ との比の値を平均変化量といいます。
$b = a + h$ とすると次のようになります（**図13**）。

$$\text{平均変化量} = \frac{f(b) - f(a)}{b - a} = \frac{f(a+h) - f(a)}{h}$$

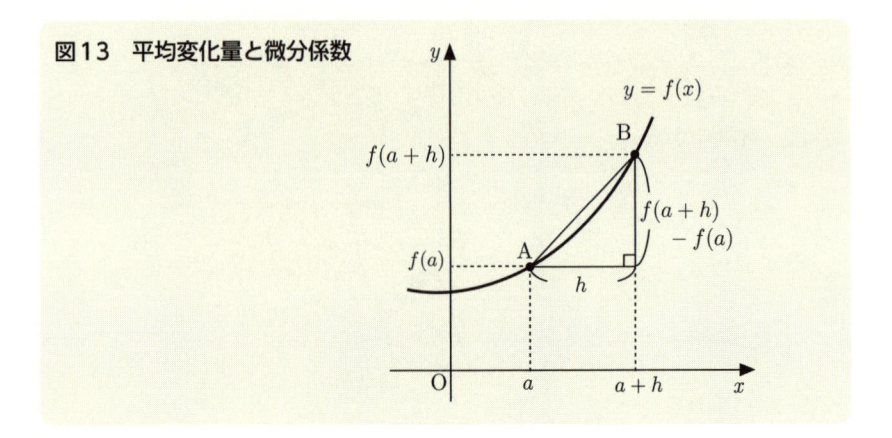

図13　平均変化量と微分係数

図14 微分係数

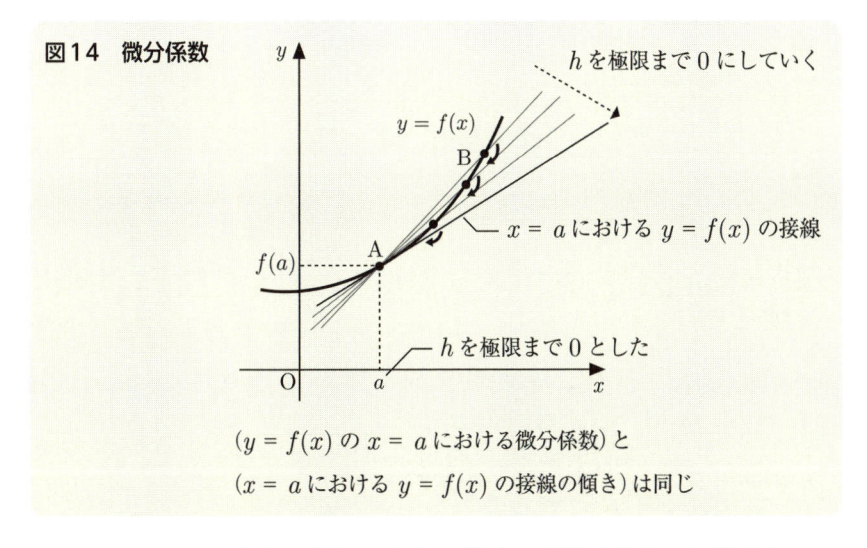

(図: $y=f(x)$ のグラフ、点A $(a, f(a))$ と点B、$x=a$ における接線AT、h を極限まで0にしていく様子)

$(y = f(x)$ の $x = a$ における微分係数) と
$(x = a$ における $y = f(x)$ の接線の傾き) は同じ

x が a から $a+h$ まで変わるとき、$f(x)$ の平均変化量の極限値を $y = f(x)$ の $x = a$ における微分係数といい、$f'(a)$ と表します。

$$f'(a) = \lim_{h \to 0} \frac{f(a+h) - f(a)}{h}$$

x 座標がそれぞれ a、$a+h$ である2点 A、B をグラフ上にとると、$\dfrac{f(a+h) - f(a)}{h}$ は、直線 AB の傾きを表しています。グラフ上で h を限りなく0に近づけると、点 B はグラフ上を動いて限りなく A に近づきます。このとき直線 AB は、点 A を通り、傾きが $f(a)'$ の直線 AT に近づきます (**図14**)。この直線 AT を点 A における曲線 $y = f(x)$ の接線といい、点 A を接点といいます。

■ 導関数

一般に、関数 $y = f(x)$ があり、x のおのおのの値 a に微分係数を対応させることができる関数 $f'(x)$ を、$f(x)$ の導関数といいます。一般に y', $f'(x)$、$\dfrac{df(x)}{dx}$、$\dfrac{dy}{dx}$ などと書きます。

$$f'(x) = \frac{df(x)}{dx} = \lim_{h \to 0} \frac{f(x+h) - f(x)}{h}$$

5章 量と測定

x の関数 $f(x)$ から導関数 $f'(x)$ を求めることを、$f(x)$ を微分するといいます。

一定の値だけを取る関数を定数関数といい、$f(x) = c$（定数）を微分すると、

$$f'(x) = \lim_{h \to 0} \frac{c-c}{h} = \lim_{h \to 0} \frac{0}{h} = \lim_{h \to 0} 0 = 0$$

となります。

また、

$f(x) = x$ では、$f'(x) = \lim_{h \to 0} \dfrac{(x+h)-(x)}{h} = 1$

$f(x) = x^2$ では、
$$\begin{aligned}
f'(x) &= \lim_{h \to 0} \frac{(x+h)^2 - x^2}{h} \\
&= \lim_{h \to 0} \frac{x^2 + 2hx + h^2 - x^2}{h} \\
&= \lim_{h \to 0} \frac{h(2x+h)}{h} \\
&= \lim_{h \to 0} (2x+h) = 2x
\end{aligned}$$

$f(x) = x^3$ では、
$$\begin{aligned}
f'(x) &= \lim_{h \to 0} \frac{(x+h)^3 - x^3}{h} \\
&= \lim_{h \to 0} \frac{x^3 + 3hx^2 + 3h^2 x + h^3 - x^3}{h} \\
&= \lim_{h \to 0} \frac{h(3x^2 + 3hx + h^2)}{h} \\
&= \lim_{h \to 0} (3x^2 + 3hx + h^2) = 3x^2
\end{aligned}$$

⋮

となります。

このように、関数 $f(x) = x^n$ の導関数は $f'(x) = nx^{n-1}$ となります。

■ 多項式の微分

導関数には、図15のような公式がありますので、多項式の微分は、各項ごとに行い、その結果を加えることで求められます。

図15　導関数の公式

$(C)' = 0 \quad C\text{ は定数} \qquad \{f(x) + g(x)\}' = f'(x) + g'(x)$

$\{kf(x)\}' = kf'(x) \qquad \{f(x) - g(x)\}' = f'(x) - g'(x)$

$\qquad\qquad\qquad\qquad\qquad (x^n)' = nx^{n-1}$

$$y = 5x^3 + 8x^2 - 4x + 6 \text{なら、}$$
$$y' = 5 \times (3x^2) + 8 \times (2x) - 4 \times 1 + 6 \times 0$$
$$= 15x^2 + 16x - 4$$

となります。

■ 関数の積の微分

微分可能な 2 つの関数 $f(x)$、$g(x)$ の積として表される関数 $f(x)\,g(x)$ は微分可能で、その導関数は、$\{f(x)g(x)\}' = f'(x)g(x) + f(x)g'(x)$ となります (**図16**)。

■ 関数の商の微分

また、$g(x) \neq 0$ のとき、微分可能な 2 つの関数 $f(x)$、$g(x)$ の商として表される関数 $\dfrac{f(x)}{g(x)}$ の導関数は、$f(x)$ と $\dfrac{1}{g(x)}$ の積の導関数と同じです。$\dfrac{1}{g(x)}$ の導関数は、$\left\{\dfrac{1}{g(x)}\right\}' = -\dfrac{g'(x)}{\{g(x)\}^2}$ となります (**図17**) ので、$\dfrac{f(x)}{g(x)}$ の導関数は、$\left\{\dfrac{f(x)}{g(x)}\right\}' = -\dfrac{f'(x)g(x) - f(x)g'(x)}{\{g(x)\}^2}$ となります。

■ 合成関数の微分

関数 $y = f(u)$ と関数 $u = g(x)$ が微分可能なら、合成関数 $y = f(g(x))$ も微分可能であり、次の公式が成り立ちます。

$$\frac{dy}{dx} = \frac{dy}{du} \cdot \frac{du}{dx}$$

$\dfrac{dy}{du}$ は、関数 $y = f(u)$ を u を変数として微分したもので、$\dfrac{dy}{du} = f'(u)$

$\dfrac{du}{dx}$ は、関数 $u = g(x)$ を x を変数として微分したもので、$\dfrac{du}{dx} = g'(x)$

であり、合成関数の微分法の公式は次のようになります。

$$\{f(g(x))\}' = f'(g(x))g'(x)$$

図16　積の微分

$y = f(x)g(x)$ とおく。

x の増分を $\Delta x = h$ とすると、これに対する y の増分 Δy は

$\Delta y = f(x+h)g(x+h) - f(x)g(x)$ ……導関数の定義より

　　　あえて入れる

$= f(x+h)g(x+h) \underline{- f(x)g(x+h) + f(x)g(x+h)} - f(x)g(x)$

$= \{f(x+h) - f(x)\}g(x+h) + f(x)\{g(x+h) - g(x)\}$

$\dfrac{\Delta y}{\Delta x} = \dfrac{f(x+h) - f(x)}{h} \cdot g(x+h) + f(x) \cdot \dfrac{g(x+h) - g(x)}{h}$

「・」は「×（かける）」の意味。

$\{f(x)g(x)\}' = \lim\limits_{\Delta x \to 0} \dfrac{\Delta y}{\Delta x}$

　　　　　　$f(x)$ の導関数　　　　これはほぼ $g(x)$

$= \lim\limits_{h \to 0} \dfrac{f(x+h) - f(x)}{h} \cdot \lim\limits_{h \to 0} g(x+h)$

$\qquad\qquad + f(x) \cdot \lim\limits_{h \to 0} \dfrac{g(x+h) - g(x)}{h}$

　　　　　　　　　　　　　$g(x)$ の導関数

$= f'(x)g(x) + f(x)g'(x)$

例えば、$y = (x^2 - 4x + 3)^5$ の微分は、$g(x) = x^2 - 4x + 3$ とおくと、

$$
\begin{aligned}
y' &= \{(x^2 - 4x + 3)^5\}' = 5(x^2 - 4x + 3)^4 (x^2 - 4x + 3)' \\
&= 5\underbrace{(x^2 - 4x + 3)^4}_{g(x)} \underbrace{(2x - 4)}_{g'(x)}
\end{aligned}
$$

となります。

図17　商の微分

関数 $y = \dfrac{1}{g(x)}$ の導関数

x の増分を $\Delta x = h$ とすると、これに対する y の増分 Δy は

$$\Delta y = \frac{1}{g(x+h)} - \frac{1}{g(x)} = \frac{g(x) - g(x+h)}{g(x+h)g(x)} \quad \text{……通分する}$$

$$\frac{\Delta y}{\Delta x} = -\frac{1}{g(x+h)g(x)} \cdot \frac{g(x+h) - g(x)}{h}$$

$$
\begin{aligned}
y' &= \lim_{\Delta x \to 0} \frac{\Delta y}{\Delta x} = \lim_{h \to 0} \left\{ -\frac{1}{\underbrace{g(x+h)g(x)}_{\text{これはほぼ } g(x)}} \cdot \underbrace{\frac{g(x+h) - g(x)}{h}}_{g(x) \text{ の導関数}} \right\} \\
&= -\frac{g'(x)}{\{g(x)\}^2}
\end{aligned}
$$

関数 $y = \dfrac{f(x)}{g(x)}$ について、積の導関数の公式を用いれば

$$
\begin{aligned}
\left\{ \frac{f(x)}{g(x)} \right\}' &= \left\{ f(x) \cdot \frac{1}{g(x)} \right\}' = f'(x) \cdot \frac{1}{g(x)} + f(x) \cdot \left\{ \frac{1}{g(x)} \right\}' \\
&= \frac{f'(x)}{g(x)} + f(x) \cdot \frac{-g'(x)}{\{g(x)\}^2} \quad \text{……通分する} \\
&= \frac{f'(x)g(x) - f(x)g'(x)}{\{g(x)\}^2}
\end{aligned}
$$

■ 合成関数の応用例

微分可能な関数 $f(x)$ が逆関数 $f^{-1}(x)$ を持つとき、$f^{-1}(x)$ の導関数は、$x = f(y)$ より、両辺を x で微分して、合成関数の微分法を使うと、

$$\frac{dx}{dx} = 1 = \frac{df(y)}{dx} = \underbrace{\frac{df(y)}{dy}}_{x = f(y) \text{ より}} \cdot \frac{dy}{dx} = \underbrace{\frac{dx}{dy}} \cdot \frac{dy}{dx}$$

となります。$1 = \dfrac{dx}{dy} \cdot \dfrac{dy}{dx}$ から、次の公式が得られます。

$$\frac{dy}{dx} = \frac{1}{\dfrac{dx}{dy}} \quad \text{ただし、} dx \neq 0$$

少し前に、関数 $f(x) = x^n$ の導関数は $f'(x) = nx^{n-1}$ と説明しましたが、n は整数でなくても成り立ちます。有理数 r は分数で表せますから、$r = \dfrac{m}{n}$ とし、$y = x^r = x^{\frac{m}{n}}$ とすると、両辺を n 乗した $y^n = x^m$ を x で微分すれば、

$$\frac{dy^n}{dx} = \underbrace{\frac{dy^n}{dy} \cdot \frac{dy}{dx}}_{\text{合成関数の微分法より}} = ny^{n-1}\frac{dy}{dx} = \frac{dx^m}{dx} = mx^{m-1}$$

となります。

$ny^{n-1}\dfrac{dy}{dx} = mx^{m-1}$ より、

$$\begin{aligned}
\frac{dy}{dx} &= \frac{mx^{m-1}}{ny^{n-1}} = \frac{m}{n} \cdot \frac{x^{m-1}}{\underbrace{(x^{\frac{m}{n}})^{n-1}}_{y = x^{\frac{m}{n}} \text{ より}}} = \frac{m}{n} \cdot \frac{x^{m-1}}{x^{m-\frac{m}{n}}} \\
&= \frac{m}{n} x^{m-1-(m-\frac{m}{n})} \\
&= \underbrace{\frac{m}{n}} \cdot x^{\frac{m}{n}-1} = r \cdot x^{r-1} \quad \xleftarrow{\quad r = \frac{m}{n} \text{ より}}
\end{aligned}$$

となるからです。次節では、n が無理数である場合を含め、実数であれば成り立つ公式であることを説明します。関数をべき乗の項の和にすると、このように微分が簡単に計算できます。

3 微分法

いろいろな関数の導関数を考えてみます。

■ 三角関数の導関数

三角関数の導関数は、「3.4.1 項：三角関数」表 4 をもとに、三角関数の積を和・差に直す公式（図18）、あるいは、この公式で $\alpha + \beta = A$、$\alpha - \beta = B$ とした和・差を積に直す公式を使います（図19）。正弦関数（sin）、余弦関数（cos）は、－1と1の間を繰り返す関数ですので、

$\lim_{n \to \infty} \sin(n)$、$\lim_{n \to \infty} \cos(n)$ は存在しません。

また、正接関数（tan）は、$\lim_{n \to \frac{\pi}{2}-0} \tan(n) = \infty$、$\lim_{n \to \frac{\pi}{2}+0} \tan(n) = -\infty$

です（図20）。しかし、導関数は存在します。これには、$\lim_{n \to 0} \dfrac{\sin(n)}{n} = 1$

という関係を使います。

この関係は、図21 において、△OAB、おうぎ形 OAB、△OAT の面積を考えることで導くことができます。$0 < \theta < \dfrac{\pi}{2}$ とし、半径 1 の円周上に ∠AOB $= \theta$ なる 2 点 A、B をとると、△OAB $= \dfrac{1}{2} \times 1 \times \sin\theta$、おうぎ形 OAB $= \dfrac{1}{2} \times 1^2 \times \theta$、△OAT $= \dfrac{1}{2} \times 1 \times \tan\theta$ という面積の大小から、

$$\dfrac{1}{2} \times 1 \times \sin\theta < \dfrac{1}{2} \times 1^2 \times \theta < \dfrac{1}{2} \times 1 \times \tan\theta$$

があきらかに成り立ちます。これから、$\sin\theta < \theta < \tan\theta$ となります。$\sin\theta > 0$ で各辺を割ると、

$$1 < \dfrac{\theta}{\sin\theta} < \boxed{\dfrac{1}{\cos\theta}} \longleftarrow \dfrac{\tan\theta}{\sin\theta} = \dfrac{1}{\sin\theta} \cdot \dfrac{\sin\theta}{\cos\theta} \text{ より}$$

図18　三角関数の積を和・差に直す公式

第 3 章表 4 にある複数の公式を加えたり、引くことでこれらの式が求まる。

① $\sin\alpha\cos\beta = \dfrac{1}{2}\{\sin(\alpha+\beta)+\sin(\alpha-\beta)\}$

② $\cos\alpha\sin\beta = \dfrac{1}{2}\{\sin(\alpha+\beta)-\sin(\alpha-\beta)\}$

③ $\cos\alpha\cos\beta = \dfrac{1}{2}\{\cos(\alpha+\beta)+\cos(\alpha-\beta)\}$

④ $\sin\alpha\sin\beta = \dfrac{1}{2}\{\cos(\alpha+\beta)-\cos(\alpha-\beta)\}$

図19　三角関数の和・差を積に直す公式

①〜④で、$\alpha+\beta=A$、$\alpha-\beta=B$ とおくと、
$\alpha=\dfrac{A+B}{2}$、$\beta=\dfrac{A-B}{2}$ より

⑤ $\sin A+\sin B = 2\sin\dfrac{A+B}{2}\cos\dfrac{A-B}{2}$

⑥ $\sin A-\sin B = 2\cos\dfrac{A+B}{2}\sin\dfrac{A-B}{2}$

⑦ $\cos A+\cos B = 2\cos\dfrac{A+B}{2}\cos\dfrac{A-B}{2}$

⑧ $\cos A-\cos B = -2\sin\dfrac{A+B}{2}\sin\dfrac{A-B}{2}$

図20　正接関数の値の変化

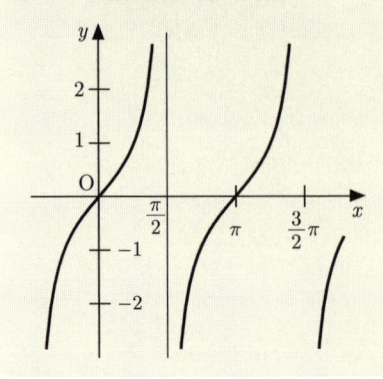

図21　三角関数の極限値の計算補助図

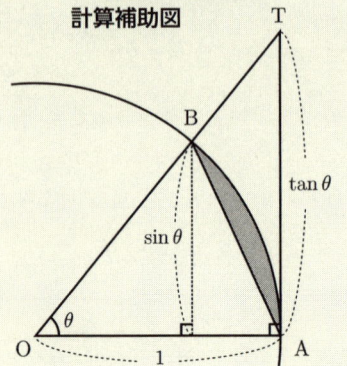

という関係になります。これを逆数にすると等号の向きが変わり、$1 > \dfrac{\sin\theta}{\theta}$ $> \cos\theta$ となります。$\theta \to 0$ のとき、$\cos\theta \to 1$ ですので、$\lim\limits_{\theta \to 0} \dfrac{\sin\theta}{\theta}$ は 1 と 1 で挟まれます。したがって、$\lim\limits_{\theta \to 0} \dfrac{\sin\theta}{\theta} = 1$ です（不等号が常に成り立っている場合でも、極限をとると等号が加わる場合があります）。

$\sin x$ の導関数は、

$$(\sin x)' = \lim_{h \to 0} \frac{\sin(x+h) - \sin(x)}{h}$$

図19 ⑥の式より、

$$\sin(x+h) - \sin(x) = 2\cos\left(\frac{x+h+x}{2}\right)\sin\left(\frac{x+h-x}{2}\right)$$
$$= 2\cos\left(x + \frac{h}{2}\right)\sin\left(\frac{h}{2}\right)$$

よって、

$$(\sin x)' = \lim_{h \to 0} \frac{2\cos\left(x + \dfrac{h}{2}\right)\sin\left(\dfrac{h}{2}\right)}{h}$$
$$= \lim_{h \to 0} \cos\left(x + \frac{h}{2}\right) \times \lim_{h \to 0} \frac{\sin\left(\dfrac{h}{2}\right)}{\dfrac{h}{2}}$$

$\lim\limits_{\theta \to 0} \dfrac{\sin\theta}{\theta} = 1$ より、

$$(\sin x)' = \cos(x) \times 1$$
$$= \cos(x)$$

同様に計算して、$(\cos\theta)' = -\sin\theta$、$(\tan\theta)' = \dfrac{1}{\cos^2\theta}$ となります。

■ 指数関数と対数関数

指数関数と対数関数は、**図22** のように図示できる関数です。$x = 1$ のとき、対数関数 $\log_a x$ の微分係数は、

$$\lim_{h \to 0} \frac{\log_a(1+h) - \log_a(1)}{h}$$ ← $a^0 = 1$ なので $\log_a 1 = 0$

$$= \lim_{h \to 0} \frac{1}{h} \log_a(1+h)$$

$$= \lim_{h \to 0} \log_a(1+h)^{\frac{1}{h}} = \lim_{h \to 0} \log_a e$$

「3.4.3項：対数関数」の
ネイピア数 e の定義より
$e = \lim_{h \to 0}(1+h)^{\frac{1}{h}}$

図22　指数関数・対数関数の極限値

①②は指数関数、③④は対数関数

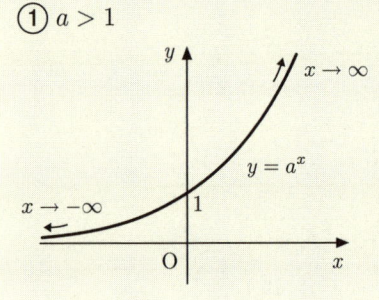

① $a > 1$

$\lim_{x \to \infty} a^x = \infty$
$\lim_{x \to -\infty} a^x = 0$

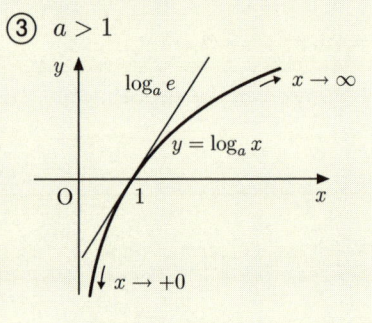

③ $a > 1$

$\lim_{x \to \infty} \log_a x = \infty$
$\lim_{x \to +0} \log_a x = -\infty$

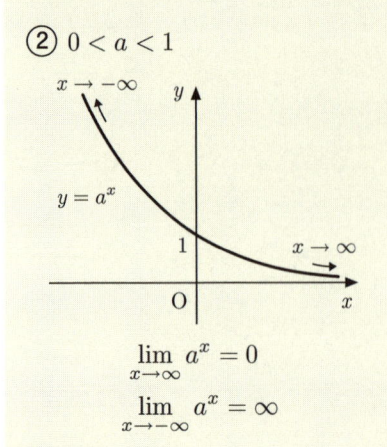

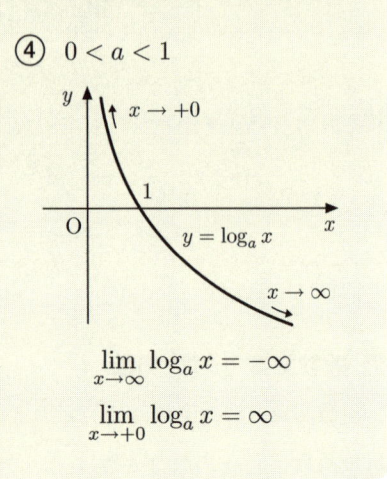

② $0 < a < 1$

$\lim_{x \to \infty} a^x = 0$
$\lim_{x \to -\infty} a^x = \infty$

④ $0 < a < 1$

$\lim_{x \to \infty} \log_a x = -\infty$
$\lim_{x \to +0} \log_a x = \infty$

となります。e はネイピア数といい、$e = 2.718281\cdots$ となる無理数ですが、この数を底とする指数を考えると、微分係数は 1 となりますので、微分の計算が楽になります。

このため、微分を考えるときには、底が e である対数、つまり、自然対数を使います。特に断らない限り、log と書けば自然対数を表します。

$$\log x = \log_e x \quad \log e = \log_e e = 1 \quad \log_a x = \frac{\log x}{\log a}$$

$$(\log x)' = \lim_{\Delta x \to 0} \frac{\log(x + \Delta x) - \log x}{\Delta x}$$

$\log m - \log n = \log\left(\dfrac{m}{n}\right)$ より

$$\begin{aligned}(\log x)' &= \lim_{\Delta x \to 0} \frac{1}{\Delta x} \times \log\left(\frac{x + \Delta x}{x}\right) \\ &= \lim_{\Delta x \to 0} \frac{1}{\Delta x} \times \log\left(1 + \frac{\Delta x}{x}\right)\end{aligned}$$

$h = \dfrac{\Delta x}{x}$ とおくと、$\Delta x \to 0$ であれば、$h \to 0$ です。したがって、

$$(\log x)' = \lim_{h \to 0} \frac{\log(1+h)}{hx} = \frac{1}{x} \times \lim_{h \to 0} \frac{\log(1+h)}{h} = \frac{1}{x}$$

└─ $\Delta x = hx$　　　　└─ 先の計算よりイコール1

自然対数でない一般対数では、$(\log_a x)' = \dfrac{(\log x)'}{\log a} = \dfrac{1}{x \log a}$ です。

またネイピア数 e は、$\dfrac{d}{dx}e^x = e^x$ を満たす数であるともいえます。

■ 対数微分法

関数 $y = f(x)$ を微分可能な関数とすると、$f(x) \neq 0$ の場合、$\log|y|$（対数関数 $f(x) = \log_a x$ は $x > 0$ を条件とする（「3.4.3 項：対数関数」参照）ので絶対値をつける）も微分可能であり、合成関数の微分法で計算できます。

$$(\log|y|)' = \frac{d\log|y|}{dy} \times \frac{dy}{dx} = \frac{1}{y} \times y' = \frac{y'}{y}$$

この式を使うと、いろいろな関数の微分が簡単に計算できます。これを対数微分法といいます。例えば、x^α の導関数について、前節では分数の形で表すことができる数 (有理数) まで説明しましたが、対数微分法を使うと、無限小数を含む実数全体で成り立つ公式であることが証明できます。α が実数のときでも、$y = x^\alpha$ は、$\log y = \alpha \log x$ となりますから、両辺を微分すると、$\frac{y'}{y} = \frac{\alpha}{x}$ より、$y' = \frac{\alpha y}{x} = \frac{\alpha x^\alpha}{x} = \alpha x^{\alpha-1}$ が成り立ちます。

■ 接線の方程式

曲線 $y = f(x)$ 上の点 $(a, f(a))$ における接線の傾きは、$x = a$ における微分係数 $f'(a)$ に等しいことから、接線の方程式は次のようになります。

$$y - f(a) = f'(a)(x - a)$$

■ 区間における増減

実数 a、b に対し、$a < x < b$ または $x < a$ のような不等式を満たす実数 x の範囲を区間といいます。関数 $f(x)$ について、ある区間における増減は、接線の傾きで決まりますが、この傾きは微分係数ですので、**図23** のようになります。a のときだけ微分係数が 0 で、その前後で 0 でないとき、$f(x)$ は極大か極小になります (**図24**)。$y = f(x)$ は、$f'(a) = 0$ となる $x = a$ を境にして $f'(a)$ が正から負に変われば $f(a)$ は極大値、$f'(a)$ が負から正に変われば $f(a)$ は極小値となります。

■ 第 2 次導関数

関数 $f(x)$ の導関数 $f'(x)$ が微分可能であるとき、$f'(x)$ の導関数を $f(x)$ の第 2 次導関数といいます。y''、$\frac{d^2 f(x)}{dx^2}$ などと表します。$f''(x)$ が微分可能であるとき、$f''(x)$ の導関数を $f(x)$ の第 3 次導関数といい、y''' などと記します。$f(x)$ を n 回微分することによって得られる関数を第 n 次導関数といい、n が 2 以上のものを高次導関数といいます。曲線の凹凸は、第 2

5.2 微分と積分

図23 関数の増加と減少

ある区間で常に

$f'(x) > 0$ ならば
$f(x)$ はその区間で増加
接線は右上がり

$f'(x) < 0$ ならば
$f(x)$ はその区間で減少
接線は右下がり

$f'(x) = 0$ ならば
$f(x)$ はその区間で定数

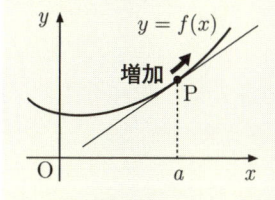

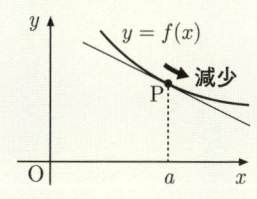

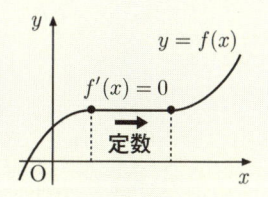

図24 関数の極大と極小

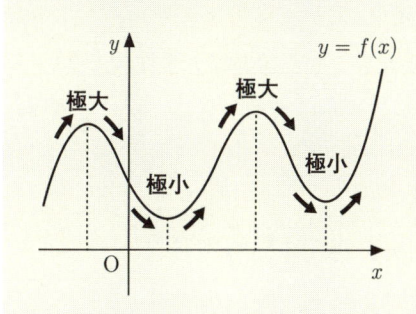

$f'(a) = 0$ となる $x = a$ を境にして
$f'(x)$ が正から負に変われば、
　　　$f(a)$ は極大値
$f'(x)$ が負から正に変われば、
　　　$f(a)$ は極小値

図25 曲線の凹凸の判定

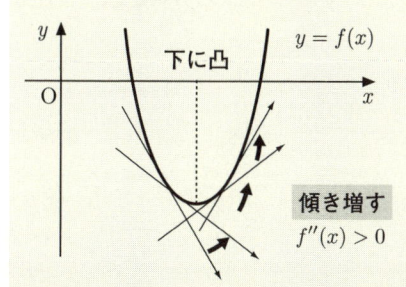

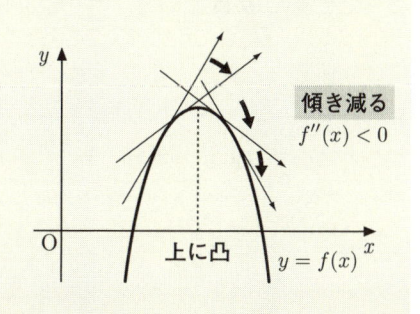

下に凸
傾き増す
$f''(x) > 0$

傾き減る
$f''(x) < 0$
上に凸

次導関数の正負と関係がありますので(図25)、図を使わなくても、$f'(x) = 0$、$f''(x) > 0$ となるときは極小値、$f'(x) = 0$、$f''(x) < 0$ となるときは極大値と分かります。

平面上を運動する点 $P(x, y)$ があり、時刻を t とし、$x = f(t)$、$y = g(t)$ で表されるとき、速度は単位時間の移動距離ですので、点 P の x 方向の速度 v_x、y 方向の速度 v_y、速度の大きさ v とすると、

$$v_x = \frac{dx}{dt}, \quad v_y = \frac{dy}{dt}, \quad v = \sqrt{\left(\frac{dx}{dt}\right)^2 + \left(\frac{dy}{dt}\right)^2}$$

これは位置 P の第1次導関数です。加速度 α は単位時間の速度変化ですので、これは位置 P の第2次導関数です。

$$\alpha_x = \frac{d^2x}{dt^2}, \quad \alpha_y = \frac{d^2y}{dt^2}, \quad \alpha = \sqrt{\left(\frac{d^2x}{dt^2}\right)^2 + \left(\frac{d^2y}{dt^2}\right)^2}$$

このように、平面上の曲線が、ある変数 t などによって $x = f(t)$、$y = g(t)$ のような形で表現されるとき、これをその曲線の媒介変数表示といい、t を媒介変数といいます。媒介変数で表された関数の微分は、次のようになります。

$$\frac{dy}{dx} = \boxed{\frac{\frac{dy}{dt}}{\frac{dx}{dt}}} = \frac{g'(t)}{f'(t)}$$

$y = g(t)$ より $\frac{dy}{dt} = g'(t)$

分子と分母を t で微分する

■ 微分法による近似値

微分係数の定義 $f'(a) = \lim_{h \to 0} \frac{f(a+h) - f(a)}{h}$ より、

h が十分小さければ、$f'(a) \fallingdotseq \frac{f(a+h) - f(a)}{h}$ が成り立ちます。すなわち、$f(a+h) \fallingdotseq f(a) + f'(a)h$ となります。複雑な関数であっても、$f(a)$ が分かれば a の近くの $f(a+h)$ の値を微分法によって簡便に近似値として求めることができます。

4 　積分法

■ **原始関数**

ある区間で定義された関数 $f(x)$ に対して、微分すると $f(x)$ になる関数 $F(x)$ を $f(x)$ の原始関数といい、$F'(x) = f(x)$ の関係があります。
$F(x)$ が原始関数であるとすると、$G(x) = F(x) + $ (定数) も原始関数です。関数 $f(x)$ の原始関数をまとめて、$\int f(x)dx$ と表し、$f(x)$ の不定積分といいます。

$$\int f(x)dx = F(x) + C \quad (C は定数)$$

不定積分を求めることを $f(x)$ について積分するといいます。不定積分を求めることは、微分することの逆ですので、いろいろな導関数の公式に対して不定積分のいろいろな公式が得られます。

$$x' = 1 \text{ より、} \int 1 dx = x + C$$

$$(x^2)' = 2x \text{ より、} \int x dx = \frac{x^2}{2} + C$$

となり、一般的には、

$$n \neq -1 \text{ のとき } \int x^n dx = \frac{x^{n+1}}{n+1} + C$$

となります。また、$(\log|x|)' = \dfrac{1}{x}$ から、

$$\int x^{-1} dx = \int \frac{1}{x} dx = \log|x| + C$$

となります。また、三角関数や指数関数の微分の公式から、三角関数や指数関数の不定積分は**図26**のようになります。そして、不定積分には、**図27**のような関係が成り立っています。

5章 量と測定

図26 三角関数、指数関数の不定積分

$$\int \sin x \, dx = -\cos x + C \qquad \int \cos x \, dx = \sin x + C$$

$$\int \frac{1}{\cos^2 x} dx = \tan x + C \qquad \int \frac{1}{\sin^2 x} dx = \frac{1}{\tan x} x + C$$

$$\int e^x \, dx = e^x + C \qquad \int a^x \, dx = \frac{a^x}{\log a} + C$$

図27 定数倍、和、差の不定積分

$$\int k f(x) dx = k \int f(x) dx \qquad k \text{ は定数}$$

$$\int \{f(x) + g(x)\} dx = \int f(x) dx + \int g(x) dx$$

$$\int \{f(x) - g(x)\} dx = \int f(x) dx - \int g(x) dx$$

■ 置換積分法と部分積分法

高校の数学Ⅲでは、いろいろな関数についての微分や積分が説明してありますが、その多くは、複雑な微分方程式や積分方程式をできるだけ簡単にして解きやすくするためのものです。ここでは、置換積分法と部分積分法だけを紹介します。かえって難しそうですが、場合によっては、非常に簡単な計算になることがあります。

$F(x) = \int f(x) dx$ のとき、$x = g(t)$ ならば、

$F(x) = F(g(t))$ と t の関数となり、これを t で微分すると、

$$\frac{dF(x)}{dt} = \frac{dF(x)}{dx} \cdot \frac{dx}{dt} = f(x) \cdot g'(t) = f(g(t)) \cdot g'(t)$$

となり、これを積分すると、$F(x) = \int f(g(t)) \cdot g'(t) dt$ となります。これを置換積分法といいます。

また、積の微分 $\{f(x)g(x)\}' = f'(x)g(x) + f(x)g'(x)$ で、両辺を x で積分すると、

$$\int \{f(x)g(x)\}' dx = f(x)g(x) = \int f'(x)g(x)dx + \int f(x)g'(x)dx$$

となりますが、これにより部分積分法の公式を求めることができます。

$$\int f(x)g'(x)dx = f(x)g(x) - \int f'(x)g(x)dx$$

■ **定積分**

関数 $f(x)$ の原始関数の1つを $F(x)$ とするとき、差 $F(b) - F(a)$ を、$f(x)$ の a から b までの定積分といい、

$$\int_a^b f(x)dx = \Big[F(x)\Big]_a^b = F(b) - F(a)$$

と書きます。定積分についても、不定積分と同じ公式が成り立ちます(**図28**)。

■ **定積分を微分するともとの方程式に**

また、定義より、**図29**のような性質があります。

a が定数のとき、関数 $f(t)$ の a から x までの定積分は x の関数です。

$$\int_a^x f(t)dx = \Big[F(t)\Big]_a^x = F(x) - F(a)$$

これを x で微分すると、$\dfrac{d}{dx}\int_a^x f(t)dt = f(x)$ となります。定積分して微分すると、もとの方程式になります。

図28
定数倍、和、差の定積分

$$\int_a^b kf(x)dx = k\int_a^b f(x)dx \quad k \text{ は定数}$$

$$\int_a^b \{f(x) + g(x)\}dx = \int_a^b f(x)dx + \int_a^b g(x)dx$$

$$\int_a^b \{f(x) - g(x)\}dx = \int_a^b f(x)dx - \int_a^b g(x)dx$$

図29　定積分の性質

$$\int_a^a f(x)dx = \left[F(x)\right]_a^a = 0$$

$$\int_a^b f(x)dx = \left[F(x)\right]_a^b = F(b) - F(a) = -\{F(a) - F(b)\}$$

$$= -\int_b^a f(x)dx$$

$$\int_a^c f(x)dx + \int_c^b f(x)dx = \left[F(x)\right]_a^c + \left[F(x)\right]_c^b$$

$$= F(c) - F(a) + F(b) - F(c)$$

$$= F(b) - F(a) = \left[F(x)\right]_a^b$$

$$= \int_a^b f(x)dx$$

■ 図形の面積と立体の体積

区間 $a \leq x \leq b$ において、$f(x) \geq 0$ とすると、曲線 $y = f(x)$ と x 軸および2直線 $x = a$、$x = b$ で囲まれた図形の面積 S は、$S = \displaystyle\int_a^b f(x)dx$ で表されます（図30）。

これは、x までの面積と $x + h$ までの面積の差を考えることで導かれます。$\Delta S = S(x + h) - S(x) = f(x) \times h$ より、$f(x) = \dfrac{S(x+h) - S(x)}{h}$ となります。h が十分小さいとき、この式は、$S(x)$ を微分すると $f(x)$ になることを示しています。

2曲線間の面積は、2つの曲線を図31のように引くことで求めることができます。このように、図形の面積は、この図形を表す関数を定積分することで求めることができます。

立体の体積の場合も考えは同じです。立体を薄く輪切りにし、その輪切り

の面積を積分で求め、その輪切りの面積を表す関数をさらに積分すると体積が求まります（図32）。

図30 図形の面積と定積分

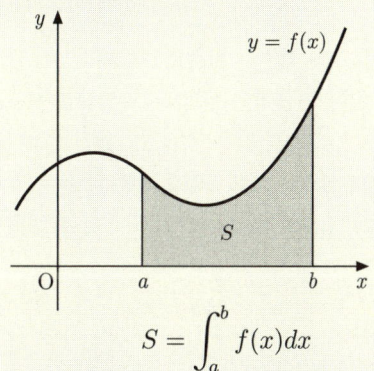

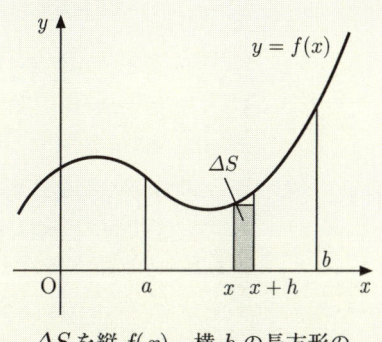

$$S = \int_a^b f(x)dx$$

ΔS を縦 $f(x)$、横 h の長方形の面積と考えると $\Delta S = f(x) \times h$

図31 2曲線間の面積

$$\begin{aligned} S &= \int_a^b f(x)dx - \int_a^b g(x)dx \\ &= \int_a^b \{f(x) - g(x)\}dx \end{aligned}$$

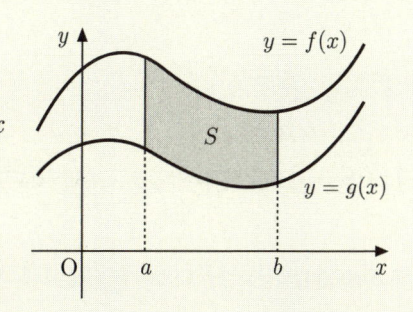

図32 積分を使った体積の求め方

区間 $[a, b]$ の立体の体積 V は、x における断面積 $S(x)$ を定積分することで求められる。

$$V = \int_a^b S(x)dx$$

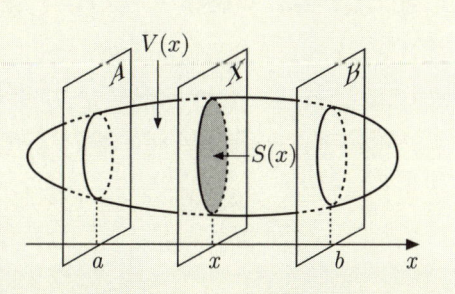

5章 量と測定

5.3 確率

学校で習う内容
- 具体的な事象についての観察や実験を通して、確率について理解する（中2）。
- 具体的な事象の考察などを通して、順列・組合せや確率について理解し、不確定な事象を数量的にとらえることの有用性を認識するとともに、事象を数学的に考察し処理できるようにする（数学A）。
- 確率の計算及び確率変数とその分布についての理解を深め、不確定な事象を数学的に考察する能力を伸ばすとともに、それらを活用できるようにする（数学C）。

I 場合の数と確率

　ある現象が全体の数に対してどれくらい起こるかという割合のことを確率といいます。必ず起こる確率を1とすると、
（Aが起こる確率）＋（Aが起こらない確率）＝1となりますので、
（Aが起こる確率）＝1－（Aが起こらない確率）です。このように確率を考えるとき、起こる確率を考えるだけででなく、起こらない確率を求めて1から引くという求め方もあります。日本人は、英語の「Probability」を和訳するのが難しかったせいか、明治から大正時代にかけて、「確率」や「概然」「公算」「確からしさ」「多分さ」などいろいろな訳が試みられました。

■ 宝くじが当たる確率

　「数字選択式宝くじ」は、一定のルールにしたがった任意の番号の組み合わせを指定した券を一定の金額（1口当たり200円など）で購入し、後で行われる抽選で番号が一致すれば当選金を受け取ることのできる宝くじのことです。3桁の数字を選択する「ナンバーズ3」、4桁の数字を選択する「ナンバーズ4」、1から31までの数字の中から5個を選択する「ミニロト」、1から43までの数字の中から、6個を選択する「ロト6」があります。

図33 「ナンバーズ3」の樹形図

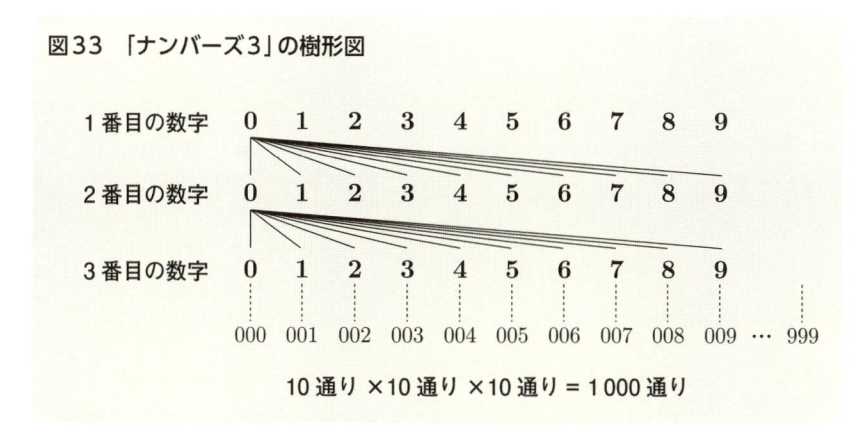

```
1番目の数字  0  1  2  3  4  5  6  7  8  9
2番目の数字  0  1  2  3  4  5  6  7  8  9
3番目の数字  0  1  2  3  4  5  6  7  8  9
            000 001 002 003 004 005 006 007 008 009 … 999
        10通り×10通り×10通り＝1000通り
```

「ナンバーズ3」(図33)では、数字を3つ選ぶ場合の数が、$10 \times 10 \times 10 = 1000$ 通りの組み合わせがありますから、1等が当選する確率は、1000分の1です。1枚200円ですから、毎回20万円を投資して1000通りの数字をすべて購入すれば、必ず当たります。ただし、事務経費と収益金(発売元の都道府県と政令指定都市の収入)を差し引いた分が支払い額となるため、平均すると当選金は20万円より低くなります。特別の閃きがあって少ない枚数でも当てられるとか、その数字を選んでいる人が極端に少ないときでないと、投資金より多い当選金は回収できません。

「ナンバーズ4」は、$10 \times 10 \times 10 \times 10 = 10\,000$ 通りの組み合わせがありますから、1等の当選確率は、10000分の1です。「ナンバーズ3」より当選確率が低いのですが、その分だけ当選金は高くなります。

「ミニロト」は、1から31までの31個の数字から、5個を選択するもので、図34の樹形図から、$31 \times 30 \times 29 \times 28 \times 27 = 20\,389\,320$ 通りとなりそうですが、そうはなりません。選んだ5個の数字が同じでも、図35のように120通りの場合があり、これらがダブって数えられていますので、$20\,389\,320 \div 120 = 169\,911$ 通りとなります。一般に、b 個から c 個選ぶ場合の組み合わせの数は、$_bC_c = \dfrac{b!}{(b-c)! \times c!}$ 通りとなります。
($b! = b \times (b-1) \times (b-2) \times \cdots \times 2 \times 1$)

「ミニロト」の場合は、

$$_{31}C_5 = \frac{31!}{(31-5)! \times 5!} = \frac{31!}{26! \times 5!}$$

$$= \frac{31 \times 30 \times 29 \times 28 \times 27 \times (26 \times 25 \times \cdots \times 2 \times 1)}{(26 \times 25 \times \cdots \times 2 \times 1) \times 5 \times 4 \times 3 \times 2 \times 1}$$

$$= \frac{31 \times 30 \times 29 \times 28 \times 27}{5 \times 4 \times 3 \times 2 \times 1} = 169\,911$$

です。

図34　「ミニロト」の樹形図

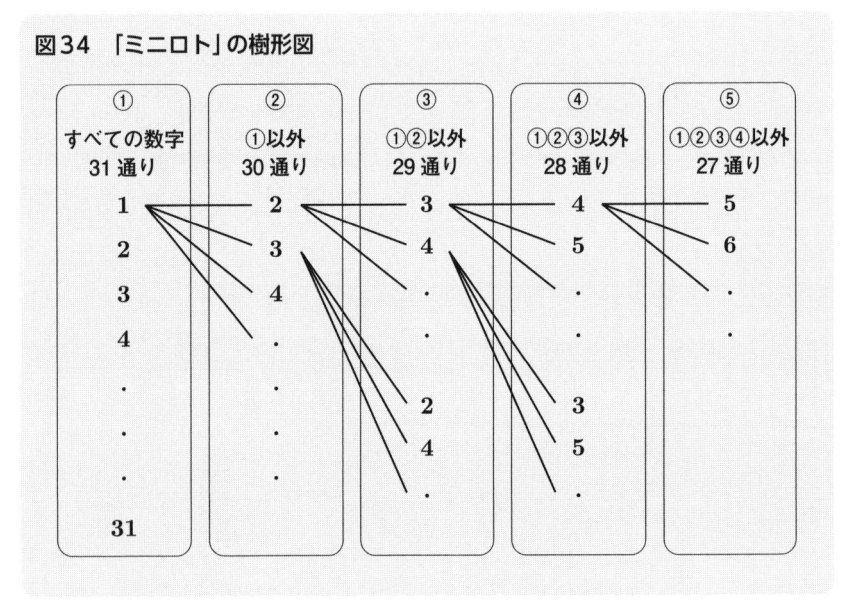

① すべての数字 31通り	② ①以外 30通り	③ ①②以外 29通り	④ ①②③以外 28通り	⑤ ①②③④以外 27通り
1	2	3	4	5
2	3	4	5	6
3	4	・	・	・
4	・	・	・	・
・	・	2	3	・
・	・	4	5	・
・		・		
31				

図35　数字が5つあるときの並び方

1	2	3	4	5
2	3	4	5	4
3	4	5	3	5
4	5		5	3
5				

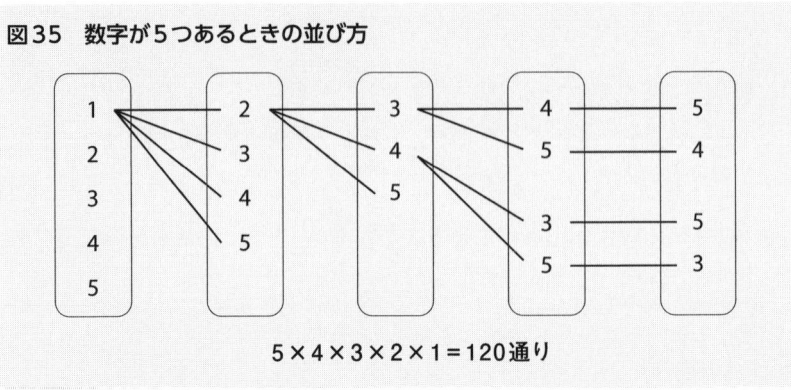

5 × 4 × 3 × 2 × 1 = 120通り

「ロト6」は、1から43までの43個の数字の中から6個を選択するもので、その組み合わせは、

$$_{43}C_6 = \frac{43!}{37! \times 6!} = \frac{43 \times 42 \times 41 \times 40 \times 39 \times 38}{6 \times 5 \times 4 \times 3 \times 2 \times 1} = 6\,096\,454 \text{ 通り}$$

です。

約610万通りですので、12億円払ってすべての番号を買えば1等（1億円：当選者がいない場合にはその賞金を次回の賞金に加えるというキャリーオーバーがあれば最高4億円）が必ず当たります。全部の番号を買っていますので、本数字のうち5個と一致し、残り1個がボーナス数字と一致する2等の6本（約1500万円×6＝約9000万円）、ボーナス数字が一致しない3等の216本（約50万円×216＝1億800万円）、本数字のうち4個が一致する4等の9990本（約9500円×9990＝約9500万円）、本数字のうち3個が一致する5等の155400本（1000円×155400＝1億5540万円）も当たりますが、キャリーオーバーがあっても7億5000万ほどで、12億円には届きません。

2 確率分布

ある事象がある確率をともなって起こる場合、その事象を確率変数、その事象とその事象が起こる確率の対応を示すものを確率分布といいます。宝くじの例でいうと、1000円の当たりくじや10000円の当たりくじを引くという事象が確率変数で、これらの確率変数とそれぞれが起こる確率を対応づけた表を確率分布表といいます。

■ **ヒットの確率分布**

また野球の例では、ある打者が4回の打席でヒットを打つ回数(4, 3, 2, 1, 0)とそれぞれの確率を確率分布で表すといったことができます。

例えば、100回打席に立って35本の安打を打った人の打率（安打を打数で割ったもの）は3割5分（＝ 0.35）ですが、1打席1打席に限れば安打を

打つか打たないか、2つに1つです。1塁打も2塁打もホームランも安打としては1です。しかし、回数を重ねると、3割を打つ打者と2割しか打てない打者が出ます。相手チームの投手は3割を打つ打者（確率の高い打者）には、2割を打つ打者（確率の低い打者）以上に警戒することになります。

3割5分の打者が、4回の打席で4本のヒットを打つ確率は、$0.35 \times 0.35 \times 0.35 \times 0.35 = 0.015$ ですが、1本もヒットを打たない確率は $(1 - 0.35) \times (1 - 0.35) \times (1 - 0.35) \times (1 - 0.35) = 0.65 \times 0.65 \times 0.65 \times 0.65 = 0.179$ しかありません。100試合のうち、82試合でヒットを打っていることになります。このように計算していくと、3割5分の打者が4回の打席でヒットを打つ回数の確率分布表は、(4本, 3本, 2本, 1本, 0本) = (0.015, 0.111, 0.311, 0.384, 0.179) となります。

■ 降水確率予報

「確率」が、数学の世界から一般生活に定着するまで広がったきっかけの1つが、降水確率予報です。気象庁は1980年から降水確率予報を発表していますが、この降水確率予報は、1つの地点に1mm以上の雨や雪といった降水の起こる確率を示すものです。数字の大小は、降るか降らないかの可能性を示すもので、時間の長さや雨や雪の強さを表現しているものではありません。

30％という降水確率予報が発表された場合、実際は降るか降らないかの0％か100％のどちらかです。しかし、30％の降水確率予報を数多く集めると、**図36**のように、ほぼ30％の確率で実際に降水があったことが分かります。

現在の予報技術では、降水確率予報が、いつも0％か100％に近い値を出せるところまではいっていませんが、どの程度の可能性で降水があるかということは分かります。降水確率予報の数字が大きければ大きいほど、降水の可能性が高いわけですから、この予報が100％に近いときは、いつも雨具を用意し、50％以下のときは雨によって非常に困るとき、例えば、晴れ着をきているとか、かぜを引いているときだけ、雨具を用意するといった使い方ができます。

5.3 確率

図36　降水確率予報の評価例

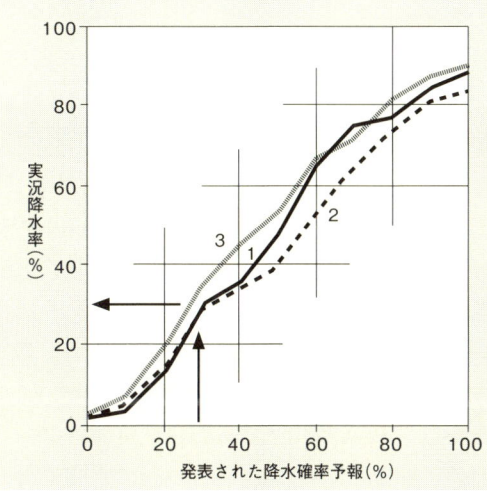

1：当日9〜15時の
　　降水確率予報（6時発表）

2：当日15〜21時の
　　降水確率予報（6時発表）

3：当日9〜21時の
　　降水確率予報（18時発表）

5.4 統計

学校で習う内容
- 図表示などを用いて集合についての基本的な事項を理解し、統合的にみることの有用性を認識し、論理的な思考力を伸ばすとともに、それらを命題などの考察に生かすことができるようにする（数学A）。
- 目的に応じて資料を収集し、それを表やグラフなどを用いて整理するとともに、資料の傾向を代表値を用いてとらえるなど、統計の考えを理解し、それを活用できるようにする（数学基礎）。
- 統計についての基本的な概念を理解し、身近な資料を表計算用のソフトウェアなどを利用して整理・分析し、資料の傾向を的確にとらえることができるようにする（数学B）。
- 簡単な数値計算のアルゴリズムを理解し、それを科学技術計算用のプログラミング言語などを利用して表現し、具体的な事象の考察に活用できるようにする（数学B）。
- 連続的な確率分布や統計的な推測について理解し、統計的な見方や考え方を豊かにするとともに、それらを統計的な推測に活用できるようにする（数学C）。

I 集合と論理

■ 集合と要素

　数学でいう集合とは、ある事柄の集まりのうち、定義が具体的に示されているものをいいます。集合を構成する事柄の1つひとつを要素といいます。例えば、「日本人」という集まりを考えたとき、日本人という定義がはっきりしていない場合（時と場合によって定義が変わる場合）は、数学の集合ではありません。「日本人：日本国に居住している人」、あるいは「日本人：日本国籍を持っている人」と定義をはっきりさせれば集まりは集合になります。そして、集合を構成する1人ひとりが要素になります。

　a が集合 A の要素であるとき、a は集合 A に属するといいます。記号では、$a \in A$ と表します。また、b が A の要素でないときは、$b \notin A$ と表します。

集合を表す方法には、$\{2, 4, 6, \cdots, 20\}$ のように、要素を書き表す方法と、$\{x|x$ は 2 以上 20 以下の 2 の倍数 $\}$ のように、条件を書き表す方法があります。

■ 部分集合と空集合

2 つの集合 A、B があり、要素 x が集合 A に含まれる $(x \in A)$ ならば、要素 x は集合 B にも必ず含まれる $(x \in B)$ とき、A は B の部分集合であるといいます (**図37**)。この場合、$\subset$ や $\supset$ という記号を用いて、「B は A を含む $(A \subset B)$」、あるいは、「A は B に含まれる $(B \supset A)$」と書きます。なお、A の部分集合には A 自身も含まれます $(A \subset A)$。また、「要素がなにもない」というのも 1 つの集合として考えられます。これを空集合 (ϕ) といい、すべての集合に含まれます $(\phi \subset A)$。

■ 積集合と全体集合

2 つの集合 A、B があるとき、それらの両方を満たす集合を A と B の積集合と呼び、$A \cap B$ と書きます (**図38**)。積集合は 2 つの集合の要素の共通部分です。一方、集合 A、B どちらかの条件を満たす集合を A と B の和集合と呼び、$A \cup B$ と書きます。和集合は 2 つの集合の全体を表します。

すべての要素を含む集合を全体集合といいます。全体集合 U の中で、集合 A に属さないものを U に関する A の補集合といいます。これを記号で $\bar{A}$、と表します (**図39**)。なお、全体集合はすべての要素を含んでいるので、全体集合の補集合は空集合 $(\bar{U} = \phi)$ です。

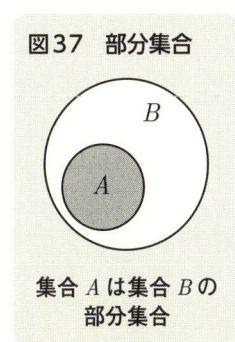

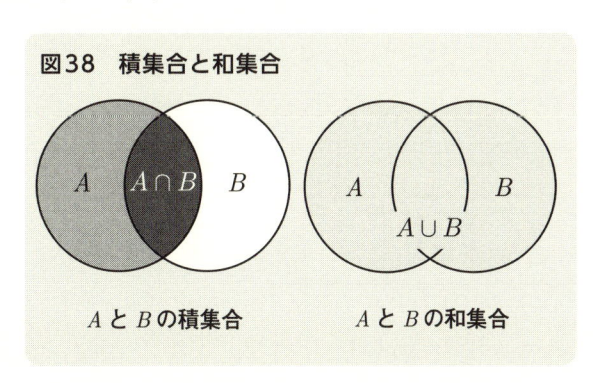

図37 部分集合
集合 A は集合 B の部分集合

図38 積集合と和集合
A と B の積集合
A と B の和集合

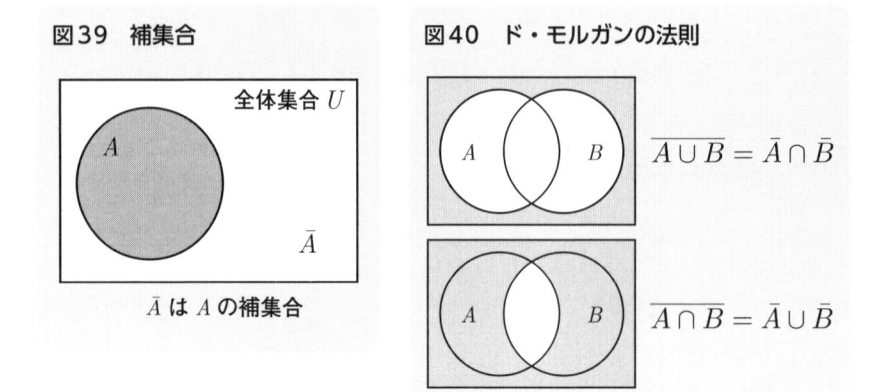

図39 補集合　　　　図40 ド・モルガンの法則

$\bar{A}$ は A の補集合

$$\overline{A \cup B} = \bar{A} \cap \bar{B}$$

$$\overline{A \cap B} = \bar{A} \cup \bar{B}$$

■ 命題の真偽と必要十分条件

積集合と和集合の間には、次のようなド・モルガンの法則がありますが、図40をみれば、この関係が成り立っていることが分かります。

　　　ド・モルガンの法則：$\overline{A \cup B} = \bar{A} \cap \bar{B}$、$\overline{A \cap B} = \bar{A} \cup \bar{B}$

数学的に正しいかどうかを明確に判断できる主張を命題といいます。判断に明確な基準がない場合は命題になりません。「A は日本人である」という主張は、日本人という定義がはっきりしていない場合は命題になりませんが、「A は日本に居住している人」という場合は命題になります。この命題が明確に正しいと証明されるとき、その命題は真であると呼びます。命題が真でないとき、命題は偽であるといいます。

ある命題 P が、"A ならば B である" というように述べられているとします。このとき、条件 A を命題 P の仮定、条件 B を P の結論といいます。このとき、$A \Rightarrow B$ のように表します。"B ならば A である $(B \Rightarrow A)$" というのが、命題 P の逆(図41)、"A でないならば B ではない $(\bar{A} \Rightarrow \bar{B})$" というのが、命題 P の裏、"B でないならば A ではない $(\bar{B} \Rightarrow \bar{A})$" というのが、命題 P の対偶です。

ある命題が真のとき、その命題の対偶は真、ある命題が偽のとき、その命題の対偶は偽となりますので、命題を直接考えなくても、その命題の対偶を考えれば真か偽かが分かります。このことを使ったのが、背理法です。背理

図41
命題の逆・裏・対偶

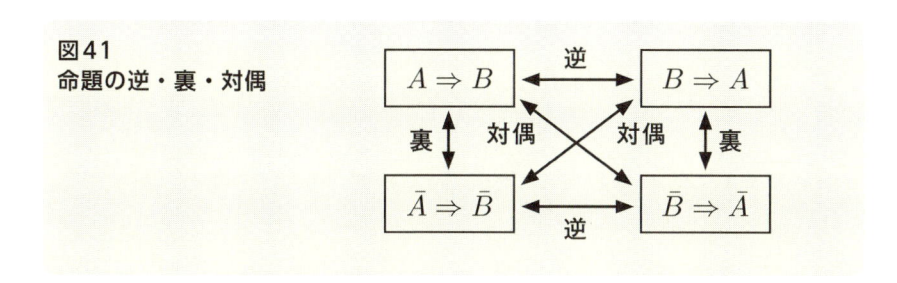

$A \Rightarrow B$ ⟷逆⟷ $B \Rightarrow A$

裏　対偶　対偶　裏

$\bar{A} \Rightarrow \bar{B}$ ⟷逆⟷ $\bar{B} \Rightarrow \bar{A}$

法は、ある命題の結論を否定して、その否定のもとで矛盾が起こることを述べることで、その命題が真であることを導出する方法です。例えば、「Aであることを証明せよ」という問題を解くときは「Aでないと仮定する」と書き出して、仮定したことと矛盾する部分を作って「矛盾するので A である」と証明する方法です。この方法では、反例を1つ挙げるだけで証明をすることができます。

また、"AならばBである"という命題が成り立つとき、AはBの十分条件、BはAの必要条件と呼びます。AはBの必要十分条件であるというのは、"AならばBである"、"BならばAである"の両方の命題が成り立つときです。このときAとBは同値であるといい、$A \Leftrightarrow B$と書きます。

2　統計処理

統計処理では、取り扱うデータに基本的な処理を施してデータ全体の傾向などを把握したのちに、詳細な分析を行います。計算機の普及が進み、今では多くの統計処理ソフトが簡単に入手できます。計算そのものが桁違いに速くなり、入力されたデータが適正かどうかのチェック機能も強化され、統計処理が効率的に行われるようになりました。

しかし、いろいろな方法の統計処理が簡単にできるようになった反面、利用目的により適切な統計処理の方法は何かという判断が求められています。昔は統計処理の計算そのものが大変で、いろいろな統計処理の方法が使えませんでした。

5章 量と測定

■ 階級と度数

表1は、ある学校の生徒10人の体重をまとめたものです。これを、表2のように、値をいくつかの区間に区切り全体の傾向を読み取りやすくすることがあります。その区間（ここでは体重）を階級、またその幅を階級の区間といい、階級の区間の中央にくる値をその区間の階級値といいます。各階級に該当する資料の個数（ここでは人数）を度数、表2のように各階級に度数を組み込んだ表を度数分布表といいます。それぞれの階級の度数を資料の個数で割った値をその階級の相対度数といい、各階級の相対度数の合計は1となります。同じ度数でも、それぞれの階級以下、または階級以上の度数をすべて加えた和を累積度数といいます（表3）。

表1 資料の例（ある学校の生徒10人の体重）

出席番号	1	2	3	4	5	6	7	8	9	10
体重(kg)	60.3	57.9	65.4	56.1	53.6	62.7	70.0	55.8	67.1	63.1

体重の小さい順に並べ替え　　　　　　平均値は61.2kg

出席番号	5	8	4	2	1	6	10	3	9	7
体重(kg)	53.6	55.8	56.1	57.9	60.3	62.7	63.1	65.4	67.1	70.0

中央値はこの2値の平均（61.5kg）

表2 度数分布表の例　　最頻値

階級	52.0〜55.0	55.0〜58.0	58.0〜61.0	61.0〜64.0	64.0〜67.0	67.0〜70.0	70.0〜73.0
階級値(kg)	53.5	(56.5)	59.5	62.5	65.5	68.5	71.5
度数	1	3	1	2	1	1	1
相対度数	0.1	0.3	0.1	0.2	0.1	0.1	0.1

表3 累積度数表の例

階級	55.0未満	58.0	61.0	64.0	67.0	70.0	73.0
累積度数	1	4	5	7	8	9	10

資料全体の特徴を 1 つの数字に表すことにより分かりやすくできます。このような値を資料の代表値といい、平均値、中央値などがあります。

■ 平均値

資料におけるおのおのの値の総和を、資料の個数で割ったものを平均値といいます(図42)。表 1 の場合は 61.2 kg となります。また、度数分布表からも、平均値の近似値を求めることができます。このときは、各階級に属する資料

図42 平均値の計算

n 個の資料 $x_1, x_2, \cdots, x_n$ の平均値 $\bar{x}$ は、

$$\bar{x} = \frac{x_1 + x_2 + \cdots + x_n}{n}$$

表1 では $\dfrac{60.3 + 57.9 + \cdots + 63.1}{10} = 61.2\,(\mathrm{kg})$

度数分布表で階級値を $x_1, x_2, \cdots, x_n$ とし、それに対応する度数を $f_1, f_2, \cdots, f_n$ とすると、度数分布表から得られる平均値の近似値 $\overline{x'}$ は、

$$\overline{x'} = \frac{x_1 f_1 + x_2 f_2 + \cdots + x_n f_n}{n}$$

表2 では $\dfrac{53.1 \times 1 + 56.5 \times 3 + \cdots + 71.5 \times 1}{10} = 61.3\,(\mathrm{kg})$

図43 仮平均の計算

$$\begin{aligned}
\text{平均} &= \text{仮平均} + c \\
&= \frac{(x_1 - c) \times f_1 + (x_2 - c) \times f_2 + \cdots + (x_n - c) \times f_n}{n}
\end{aligned}$$

表2 では、

$$\frac{(53.5 - 50.0) \times 1 + (56.5 - 50.0) \times 3 + \cdots + (71.5 - 50.0)}{10} + 50.0$$

$= 11.3 + 50.0 = 61.3\,(\mathrm{kg})$

の値は、その階級値に等しいと考えて計算します。表1の場合は61.3 kgとなります。なお、計算を簡単にするため、階級値からある数 c を引いて計算した仮平均に c を加えて平均を求める方法もあります（図43）。

■ **中央値**

資料を大きさの順に並べたとき、中央の順位にくる数値をその資料の中央値またはメジアンといいます。資料が奇数個の場合は中央値が1つ決まりますが、偶数個の場合は中央に2つの値が並ぶので、その場合は2つの数値の平均を中央値とします。表1の場合は小さい順に並べたとき、5番目の60.3 kgと6番目の62.7の平均である61.5 kgが中央値です。多くの場合、平均値と中央値はほとんど同じ値になりますが、数が少ないとはいえ、極端に値が違う資料が含まれている場合は、平均値より中央値のほうが代表値としては適しています。

■ **最頻値（モード）**

度数分布表において度数が最大である階級値を最頻値（モード）といいます。表2では、最頻値は56.5 kgです。

代表値が同じであってもその分布が代表値近くに密集している場合と、密集していない場合があり、資料の散らばり具合を表すために、範囲、偏差などがあります。

■ **範囲**

資料が取る最大値から最小値を引いた値をその資料の範囲といいます。表1では、最大70.0 kgと、最小53.6 kgの差、16.4 kgが範囲です。

■ **四分位数**

資料を大きさの順に並べたとき、25％、50％、75％に当たる数値をその資料の四分位数といいます。特に下位から25％に当たる数値を第1四分位数、50％に当たる数値を第2四分位数（＝中央値）、75％に当たる数値を第3四分位数といいます。表1では、第1四分位数は56.1 kg、第3四分位数は65.4 kgとなります。

■ 四分位偏差

　第3四分位数と第1四分位数の差の半分のことを、その資料の四分位偏差といいます。表1では、56.1 kgと65.4 kgの差である9.3 kgの半分の4.65 kgが四分位偏差となります。

■ 偏差

　資料の値が、一定の値とどの位の差があるかということを示したのが偏差です(表4)。一定の値として50.0 kgをとると、偏差の平均値は1.2 kgとなります。多くの場合、一定の値を資料の平均値とします。このとき、偏差の平均値は常に0となります。

■ 分散と標準偏差

　データの散らばりを考えるのに、偏差の2乗の平均値(分散)や、分散の平方根(標準偏差)がよく使われます(図44)。表1の偏差および偏差の2乗は表4のようになりますので、分散 s^2 は26.038、標準偏差 s は5.103となります。また、分散の式は、図45のように、2乗の平均と平均の2乗の差となります。

　統計処理では、基本的な処理を行ってデータ全体の把握を行った後に、詳細に分析するために、データの種類に応じてさまざまな統計手法を使います。

■ 推定

　推定とは、正規分布など、数学的な関係が分かっている分布を利用し、サンプル調査から資料全体を推測することです。サンプルの平均や分散などから、資料全体の平均や分散などがどこからどこまで(下限と上限)の範囲内に収まるかを求めます。どの分布を利用するかで、推定は変わります。

■ 検定

　検定とは、正規分布などの数学的な関係が分かっている分布を利用し、2つのグループ間に違いがあるかどうかを検証することです。この違いを有意差といい、どのくらいの確率で有意差が得られるかという規準(有意水準)を決めて検定を行います。有意水準を超す場合は、同じ仲間ではないとします

図44　分散と標準偏差

分散　　$s^2 = \dfrac{(x_1 - \bar{x})^2 + (x_2 - \bar{x})^2 + \cdots + (x_n - \bar{x})^2}{n}$

標準偏差　$s = \sqrt{\dfrac{(x_1 - \bar{x})^2 + (x_2 - \bar{x})^2 + \cdots + (x_n - \bar{x})^2}{n}}$

図45　分散の式の変形

$$\begin{aligned}
s^2 &= \frac{1}{n}\{(x_1 - \bar{x})^2 + (x_2 - \bar{x})^2 + \cdots + (x_n - \bar{x})^2\} \\
&= \frac{1}{n}\left[\{(x_1)^2 + (x_2)^2 + \cdots + (x_n)^2\} - 2\bar{x}(x_1 + x_2 + \cdots + x_n) + n(\bar{x})^2\right] \\
&= \frac{1}{n}\{(x_1)^2 + (x_2)^2 + \cdots + (x_n)^2\} - \frac{1}{n} \times 2\bar{x}(x_1 + x_2 + \cdots + x_n) + \frac{1}{n} \times n(\bar{x})^2 \\
&= \frac{1}{n}\{(x_1)^2 + (x_2)^2 + \cdots + (x_n)^2\} - 2\bar{x} \times \frac{1}{n}(x_1 + x_2 + \cdots + x_n) + (\bar{x})^2 \\
&= \overline{x^2} - 2\bar{x} \times \bar{x} + (\bar{x})^2 \\
&= \overline{x^2} - (\bar{x})^2
\end{aligned}$$

したがって、$(x\text{の分散}) = (x^2\text{の平均}) - (x\text{の平均})^2$

表4　偏差と偏差の2乗の例

出席番号	1	2	3	4	5	6	7	8	9	10
体重(kg)	60.3	57.9	65.4	56.1	53.6	62.7	70.0	55.8	67.1	63.1
偏差	-0.9	-3.3	4.2	-5.1	-7.6	1.5	8.8	-5.4	5.9	1.9
偏差の2乗	0.81	10.89	17.64	26.01	57.76	2.25	77.44	29.16	34.81	3.61

が、同じ仲間なのに間違って仲間ではないとする危険性もあることから、有意水準を危険率といいます。危険率として、1%（0.01）や5%（0.05）を使うことが多いのですが、この値でなければならないということはありません。場合によって違います。

例えば、表1のグループに体重 80 kg の人が加わったとすると、平均である 61.2 kg と大きな差があり、この差は5%危険率でいう確率より大きいので有意、別のものという検定になります。このとき、65 kg の人がきたとすると、平均である 61.2 kg と差はありますが、この差は5%危険率でいう確率の範囲内ですので有意ではない（別のものではないと断言できない）ということになります。

■ 分散分布

分散分析は、検定に比べ、データを集める回数を増やしたり、複数の質的データと量的データを組み合わせたりして、より詳しく調査してグループ間の差を分析するもので、データによっていろいろな手法があります。

身長の統計という1つの状態の統計だけでなく、身長と体重のように、2種類の状態をみるのによく使うのが相関です。

■ 相関図

相関図は、2つの変量からなる資料を平面上に図示したもので、散布図ともいいます。表5の相関図は、図46のようになります。点の付近にある数字はその数値に該当する人の出席番号です。相関図において、図44のように、2つのデータの一方が増えるとき、もう一方も増える傾向にある場合、正の相関関係があるといいます。反対に、2つのデータの一方が増えるとき、もう一方が減る傾向にある場合を負の相関関係があるといいます。2つのデータの間に、正の相関関係も負の相関関係もない場合（相関関係なし）もあります。

表5　相関関係の例（ある学校の生徒10人の体重と身長）

出席番号	1	2	3	4	5	6	7	8	9	10
体重(kg)	60.3	57.9	65.4	56.1	53.6	62.7	70.0	55.8	67.1	63.1
身長(cm)	161.2	154.3	162.8	160.4	155.7	163.5	172.5	166.4	173.2	164.0

【体重と身長の相関係数：0.76】

図46 相関図

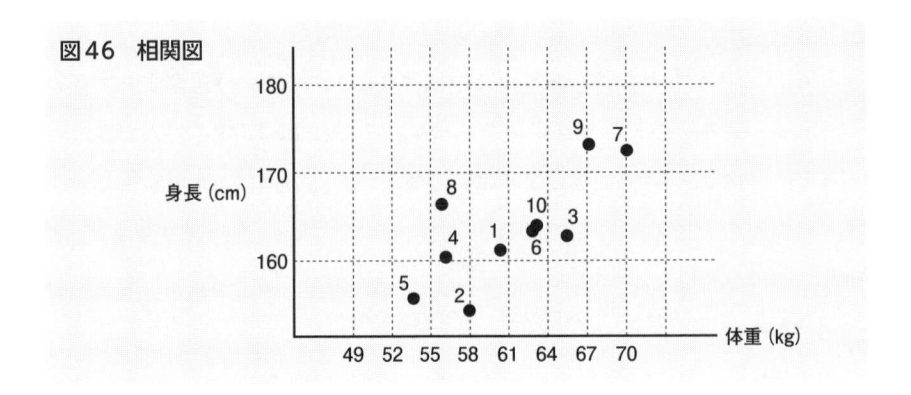

■ 相関係数

相関図だけでは、正の相関関係があるといっても、相関関係の程度が分かりませんので、2つのデータ x、y について n 個の組を考え、x の平均値と標準偏差、y の平均と標準偏差を求め、図47のように相関係数 r を求めます。相関係数 r は、一般に $-1 \leq r \leq 1$ が成り立ちます。相関係数 r の値が1に近いほど、正の相関が強くなり、相関係数 r の値が -1 に近いほど、負の相関が強くなります。相関係数 r の値が0に近いときは、相関は弱くなっています。表5の例では、相関係数 $r = 0.76$ となり、強い正の相関関係があることが分かります。

■ 多変量解析

多変量解析は収集されたデータを分析して、目的となる事柄に影響を及ぼしていると思われる要因の発見や、絡みあった要因をほぐして関係を明確にするもので、いろいろな方法があります。表5で、体重と身長の関係をみましたが、体重を住んでいる地域との関係、食時回数との関係、食事時間との関係、睡眠時間との関係、勉強時間との関係など、関係がありそうなものだけでなく、関係がなさそうなものまで含めて多くのこと（多変量）との関係を一度に解析し、関係の度合いが高いものを抽出する方法です。計算機は無駄であろうと思われることまで含めた膨大な計算を行い、関係があると思われていたことの中から、関係がはっきりしないものを除いたり、関係がない

図47　相関係数

2つのデータ x、y について、次の n 個の値があるとき、
$$(x_1, y_1), (x_2, y_2), \cdots, (x_n, y_n)$$
x の平均値を $\bar{x}$、y の平均値を $\bar{y}$、
x の標準偏差を S_x、y の標準偏差を S_y とすると

$$S_x = \sqrt{\frac{1}{n}\{(x_1-\bar{x})^2 + (x_2-\bar{x})^2 + \cdots + (x_n-\bar{x})^2\}}$$

$$S_y = \sqrt{\frac{1}{n}\{(y_1-\bar{y})^2 + (y_2-\bar{y})^2 + \cdots + (y_n-\bar{y})^2\}}$$

$$S_{xy} = \frac{1}{n}\{(x_1-\bar{x})(y_1-\bar{y}) + \cdots + (x_n-\bar{x})(y_n-\bar{y})\}$$

相関係数 $r = \dfrac{S_{xy}}{S_x \times S_y}$

$$= \frac{(x_1-\bar{x})(y_1-\bar{y}) + \cdots + (x_n-\bar{x})(y_n-\bar{y})}{\sqrt{\{(x_1-\bar{x})^2 + \cdots + (x_n-\bar{x})^2\} \times \{(y_1-\bar{y})^2 + \cdots + (y_n-\bar{y})^2\}}}$$

と思われていたことの中から有益な情報を抽出することができます。計算機の発達がなければできなかった方法です。

3　身近な統計

■ 正規分布

　確率論や統計学では、平均値付近にデータが多く分布している場合、正規分布（せいきぶんぷ）が用いられます。自然界の事象の中には正規分布にしたがうものが多くあります。特に、大標本の平均値の統計をよく表していますので、その分布を正規分布と仮定することが非常に多いのです。正規分布は、その平均を μ、標準偏差を σ（偏差を σ^2）とするとき、図48 のような形の関数で表

図48 正規分布の式

正規分布をする場合の出現度数確率

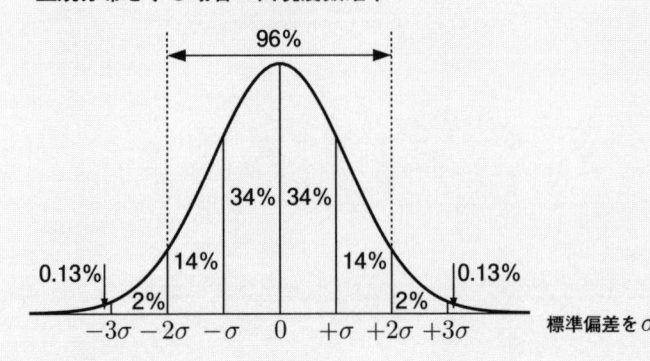

正規分布の式（確率密度関数）：$\dfrac{1}{\sqrt{2\pi}\sigma} \exp\left(-\dfrac{(x-\mu)^2}{2\sigma^2}\right)$

標準正規分布の式：$\dfrac{1}{\sqrt{2\pi}} \exp\left(-\dfrac{x^2}{2}\right)$

注：$\exp(x)$ は自然対数の底 e の x 乗(e^x)を表す。

されます。

　グラフ化すると、平均値を中心とした左右対称な釣鐘状の曲線となります。鐘の形に似ている事からベル・カーブ（鐘形曲線）とも呼ばれており、分散が大きいほど扁平になります。正規分布は、μ と σ の2つのパラメータのみで表せます。特に $\mu = 0$、$\sigma = 1$ のとき、この分布は標準正規分布と呼ばれます。現在は、計算機の能力が増し、正規分布だけでなく、複雑な分布でも直接、統計処理をすることが可能ですが、昔は、正規分布で近似し、標準化して集計した後に、あらかじめ作った標準正規分布の表を使って、分析を行っていました。

■ 平均値からのずれ

　確率変数 X が正規分布にしたがうとき、平均 μ からのずれが $\pm 1\sigma$ 以下の範囲に X が含まれる確率は 68.26%（図46）, $\pm 2\sigma$ 以下だと 95.44%,

さらに $\pm 3\sigma$ だと 99.74% となります。

統計的には、普通の気象現象はその 96% が平均値を中心とした標準偏差の 2 倍以内に入っており、平均値から標準偏差の何倍も離れるということはほとんどありません。しかし、1963 年（昭和 38 年）1 月に北陸地方を中心に「三八豪雪」と呼ばれる記録的な豪雪がありました。このときの東京の月平均気圧は、標準偏差の 5.6 倍も低くなっています（図49）。計算上は、何

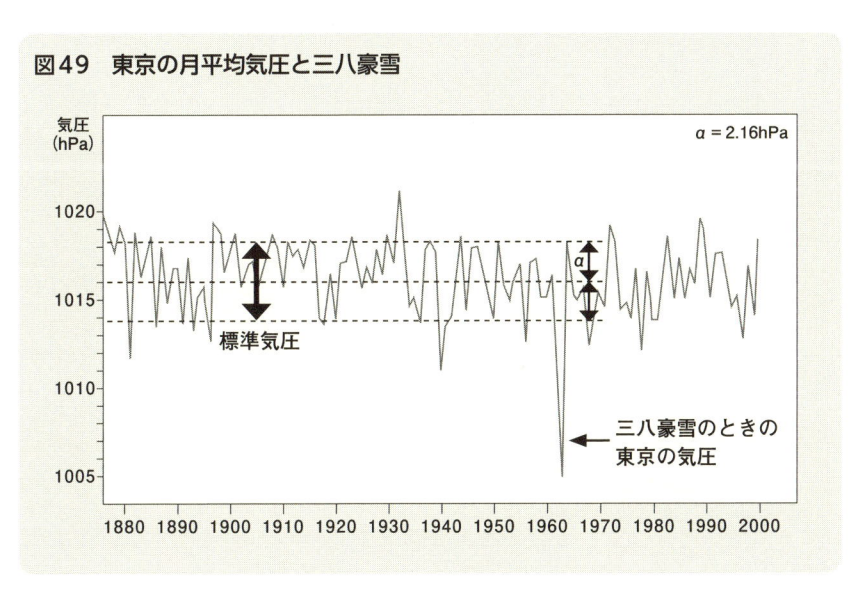

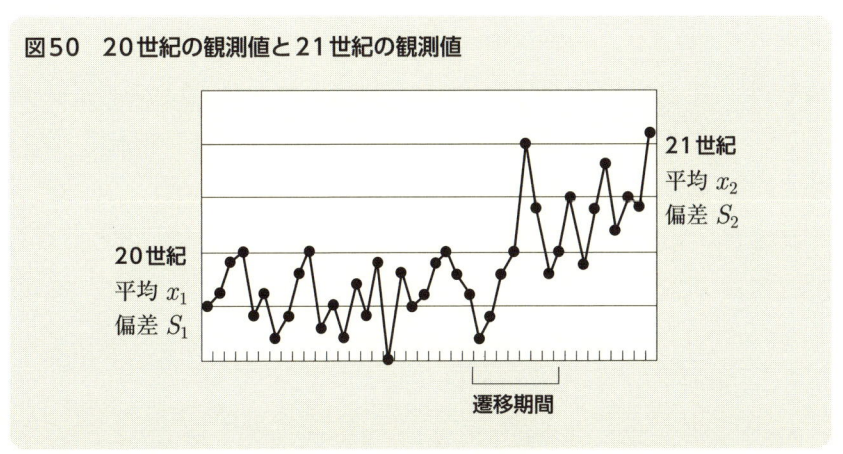

図49　東京の月平均気圧と三八豪雪

図50　20世紀の観測値と21世紀の観測値

万年に一回という低圧現象です。また、これまでは 1 時間雨量の平均記録 50mm に対して、55mm というようにわずかの更新が普通であったのですが、最近は、いきなり 100mm といった大幅な更新の例も出ていて、異常気象が多く発生しているということがよくいわれます。

しかし、20 世紀の気候からは考えられない値でも、21 世紀の気候は新しい平均と分散を持っており、現在はその遷移期間であるなら、それほど奇異な値ではないことになります（図 50）。ただし、そう判断するために必要な観測データはまだ不十分で、気候変動に対してさまざまな説が提唱されている段階です。

■ 入試で用いる偏差値

大学受験でよく使う偏差値は、試験での得点 x_i が全体の中でどれくらいの位置にあるかを表したもので、平均 $\bar{x}$ と標準偏差 S を用い、以下の式で計算します。

偏差値 $= \dfrac{10(x_i - \bar{x})}{S} + 50$

平均値が 50、標準偏差が 10 の場合には、得点がそのまま偏差値となります。平均値が 50、標準偏差が 10 となるように標本変数を規格化したということもできます。受験生全体の平均が同じ 50 点でも、受験生の出来不出来の差が大きいとき、例えば標準偏差が 20 点の場合、70 点をとっても偏差値 60 にしかなりません。同じ学力を持った人どうしが、別々のグループで試験を受け、同じ点数をとっても、グループによって平均や標準偏差が違いますので、偏差値は大きく変化します。また、偏差値の利用価値が高いのは、あくまで、試験での得点分布が正規分布に近い状態のときです。

試験での得点分布が正規分布とみなせる場合、40 から 60 の間に約 68.3％ が入り、偏差値 60 以上は全体の 15.866％、70 以上は全体の 2.275％、80 以上は、全体の 0.134 99％、90 以上は全体の 0.003 15％、偏差値 100 以上は、全体の 0.000 02％ となります。

日本の中学 3 年生の数が約 120 万人ですので、仮に 120 万人の試験が行

われ、その得点が正規分布だったとすると、偏差値 80 以上が約 1620 (= 120 万人 × 0.134 99％) 人いることになります。ただ実際の試験では、平均値から大きく離れた場合については正規分布に近似できないことが多い（満点の人や 0 点の人が正規分布に比べて多い）ことから、この推定とは違ってくるでしょう。偏差値はこのように、少しの変化で一喜一憂するほど絶対的なものではありません。

■ 台風の進路予想の誤差分布

気象庁では、昭和 57 年から、台風中心の進路予報をおうぎ形表示から予報円を用いた表示に変えています（**図51**）。おうぎ形表示と呼ばれる表示方法は、昭和 28 年頃から使われ始め、長い間親しまれてきたものですが、大きな欠点を持っていました。それは、予報誤差には、進行方向と進行速度の 2 種類があるのに対して、おうぎ形方式では、進行方向の誤差がまったくないかのような印象を与え、12 時間後、24 時間後の状態を表している 1 本の線を目安に、「台風はまだ来ないだろう」と判断させてしまうことがたびたびありました。そこで、進行方向と進行速度の両方の誤差を表現するために考えられたのが、予報円を用いた表示方法です。「両方の誤差を表現するなら、円ではなく楕円になりはしないか？」と疑問を持つ人がいるかもしれま

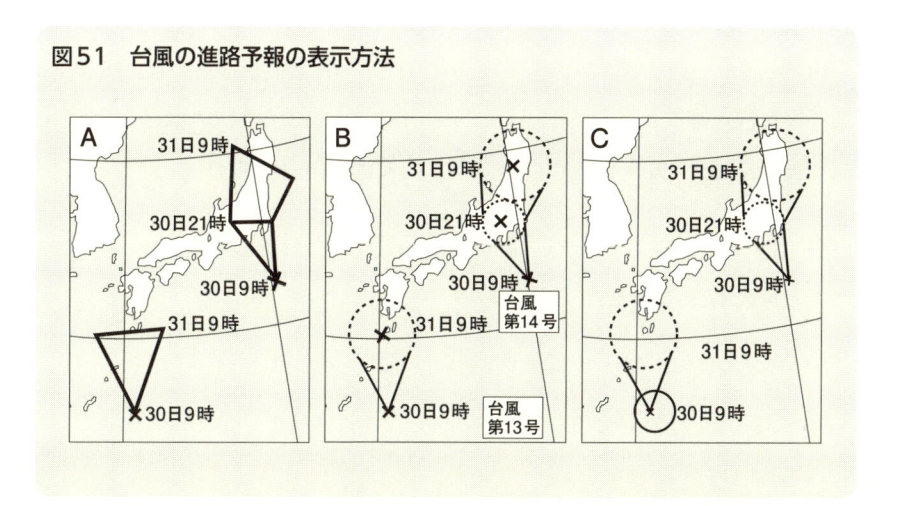

図51 台風の進路予報の表示方法

せんが、実際に多くの例で予報誤差を調べてみると、ほとんどの場合、両方の誤差がほぼ等しく、近似的に予想中心をとりまく円分布となっています(図52)。そこで、表示の簡明さ・情報伝達の分かりやすさなどを考え合わせると、実用的には、進行方向と進行速度の誤差が等しいと仮定したほうがよいということになり、予報円表示が採用されました。

　予報誤差に対応する円の描き方には 2 通りあり、(A) 円内に含まれる割合を一定とし、円の大小で示す方法と、(B) 一定の円内に入る割合を示す方法です (図 52)。予報円は前者の考え方です。予報円の半径は、予想される誤差に対応して決められます (円内に予報の 70%が入るように半径を決めていますので、標準偏差よりは若干大きめの値を半径としています)。

　予報円の大きさは、予想される誤差に対応していますので、予報精度が向上すれば小さくなります。予報円表示が始まった 1982 年は 24 時間先までの予報しかなく、そのときの平均誤差は 200 km でしたが、現在は約 100 km と半減しています (**図53**)。1982 年の 24 時間予報の精度は、現在の 48 時間予報の精度とほぼ同じです。同様に、48 時間予報が始まった頃の予報誤差は、現在の 4 日先までの予報誤差と同じです。このため、予報円表示が始まった頃の予報円に比べると、かなり小さな円となっています。

　統計を使うときには、あくまで今までに得られた観測値からの統計であり、はっきり言えることと言えないことがあります。統計は嘘をつかないのですが、統計に嘘をつかせることはできますので注意が必要です。

5.4 統計

図52 モデル的な誤差分布

		（A）円内に含まれる割合を一定とし、その円の大小で示す方法	（B）一定の大きさの円を決め、この円内に入る割合で示す方法
精度の悪い予報		半径が200km	円内には40%
精度の良い予報		半径が150km	円内には60%

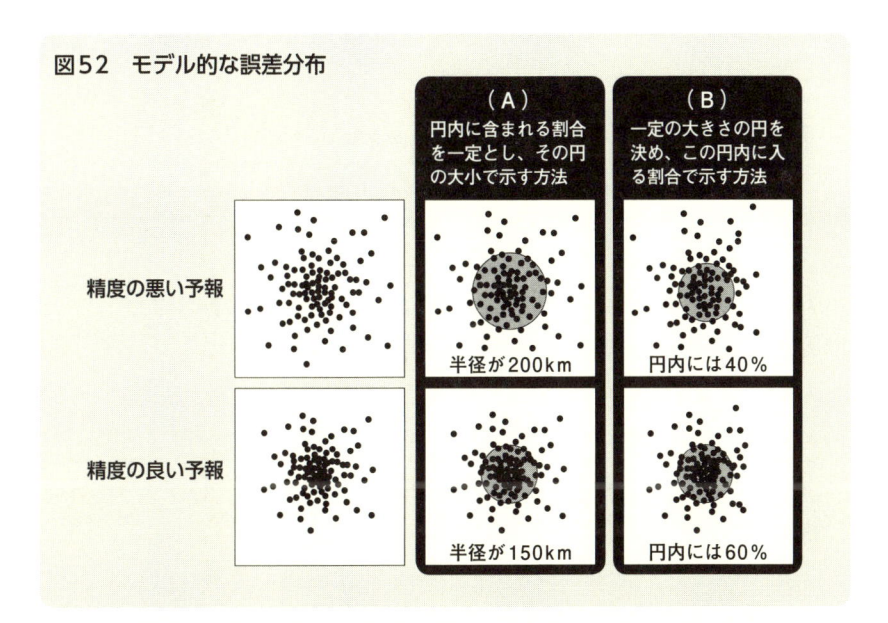

図53 台風の進路予報誤差の推移

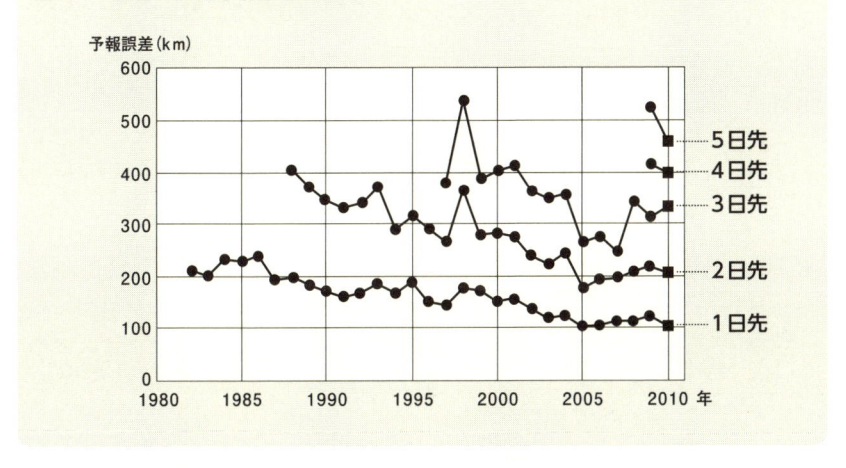

グラフ：予報誤差（km）、1980年〜2010年、1日先・2日先・3日先・4日先・5日先

参考文献

『日本大百科全書〈12〉』「数学の流れ」 1986年　小学館
『数詞ってなんだろう』 加藤良作 著　1996年　ダイヤモンド社
『気象予報士になりたい！』 真壁京子 著　2002年　講談社
『社会を変える驚きの数学』 合原一幸 編著　2008年　ウエッジ
『みんなとまなぶしょうがっこうさんすう（1ねん）』 2010年　学校図書
『みんなと学ぶ小学校算数（2年上、下）』 2010年　学校図書
『みんなと学ぶ小学校算数（3年上、下）』 2010年　学校図書
『みんなと学ぶ小学校算数（4年上、下）』 2010年　学校図書
『みんなと学ぶ小学校算数（5年上、下）』 2010年　学校図書
『みんなと学ぶ小学校算数（6年上、下）』 2010年　学校図書
『中学数学1』 2005年　教育出版
『中学数学2』 2005年　教育出版
『中学数学3』 2005年　教育出版
『数学Ⅰ』 2006年　東京書籍
『数学Ⅱ』 2007年　東京書籍
『数学Ⅲ』 2008年　東京書籍

索引

英字

cos（コサイン）	124, 221
e（ネイピア数）	137, 224
i（虚数）	90, 104, 112
lim（リミット）	208, 212
ln（ナチュラルログ）	137
log（ログ）	135, 223
sin（サイン）	124, 221
tan（タンジェント）	124, 221
π（パイ）	166, 182
Σ（シグマ）	211

あ

余り	56, 59, 102, 119
移項	109
一般項	138
異符号	82, 213
因数分解	102, 110
鋭角	155, 175
円周	155, 167, 191
円周角	155, 157, 177
円錐	161, 170, 173
おうぎ形	172, 173

か

解（かい）	95, 111, 112
外角	114
階級	244
外項の積	66
概数	44
外接円	177, 189
回転軸	163
回転体	162
外分	184
角度	26, 114, 153, 168
確率	234, 238, 247
確率分布	237
確率変数	237, 252
傾き	93, 186, 215, 226
仮定	113, 242
仮分数	61, 63
加法	46, 63, 99, 127, 196
既約	103
逆関数	120, 220
逆行列	145
逆数	64, 84, 100
行ベクトル	141
行列	140, 195
極限	208, 214
曲線	215, 226, 232
虚数	90, 104, 112
虚部	105
空集合	241
位取り	28
グラフ	73, 92, 98, 112, 120, 126, 134, 215
繰り上がり	70
繰り下がり	70
係数	97, 100, 117, 215, 250
係数行列	141
結合法則	47, 81, 144
弦	155
原始関数	229
原点	81, 110, 125, 195
減法	48, 63, 99, 134
弧	155, 168
交換法則	47, 81, 83, 85

公差	139
高次方程式	119
合成関数	120, 217, 220
交点	94, 98, 151, 187
合同	115, 156
恒等式	116
合同条件	115
公倍数	54, 62
公比	139
誤差	255
根号	86, 88, 104

さ

最小値	213, 246
最小公倍数	54, 62
最大公約数	60, 65
最大値	213, 246
錯角	114, 153
三角関数	123, 221, 230
三角錐	161, 170
三角柱	160, 170
三角比	176
三平方の定理	174
算用数字	53
次数	99, 117
指数関数	38, 132, 223, 230
指数表示	32
自然数	25, 37, 59, 138
自然対数	137, 225
実数	40, 105
実数解	112, 213
実部	105
四分位数	246
斜辺	88
重心	185
収束	208
十分条件	243

珠算	68
循環小数	40, 58, 212
純虚数	105
商	56, 61, 102, 119, 217
条件付きの等式	117
小数	38, 54, 59, 140
乗法	50, 54, 57, 63, 85, 100, 103
証明	113, 117, 243
常用対数	136
初項	138
除法	56, 59, 63, 85, 100, 103
振動	209
真分数	61
垂直	150, 187
垂直条件	187
数直線	81, 183
数列	138, 208
スカラー	193
図的解法	98
正規分布	251
正弦	124, 177, 221
整式	99, 116
整数	37, 54, 58
正接	124, 221
正の数	80, 93, 108, 119, 132
正方形	54, 60, 86, 150, 154, 160
積集合	241
接線	158, 189, 215, 226
絶対値	81, 110
接点	112, 158, 215
切片	93
零行列	144
漸化式	138
漸近線	134
全体集合	241
線対称	150, 157, 163

線分図	46
相加平均	76, 118
相関関係	249
相関係数	250
相関図	249
相似	158, 180
相乗平均	77, 118
相対度数	244
素数	59
算盤	14, 68

た

対角行列	145
対角成分	145
対偶	242
対称の中心	150
対数関数	134, 223
体積	169, 181, 232
対頂角	114, 116
代入法	107
代表値	245
帯分数	61, 63
互いに素	60
多角形	115, 154, 155
多項式	99, 216
旅人算	202
多変量解析	250
単位円	125
単位行列	145
単項式	99
置換積分法	230
中央値	76, 246
中心角	155, 168
中点	185
頂点	153, 161
長方形	54, 60, 149, 154, 161, 167
調和平均	77

直線	93, 148, 163, 186, 191, 215
直方体	161, 169
直角三角形	87, 123, 154, 157, 167, 174, 183
通分	62, 103
鶴亀算	107
底	132, 135, 137, 225
定数	91
定数項	99
定積分	231
点対称	150
底面	160, 169
ド・モルガンの法則	242
同位角	114, 153
導関数	215, 221, 229
動径	126
等差数列	139
等式	94, 106, 117
等比数列	139, 211
同符号	81
等分	27, 159
同類項	99
度数	244
鈍角	155, 175

な

内角	114, 156
内項の積	66
内分	183
ねずみ算	14

は

媒介変数	228
倍数	54
発散	208
反比例	91

比	64
ピタゴラスの定理	124, 174, 195
必要条件	243
必要十分条件	243
微分係数	215, 223, 226
百分率	75
標準偏差	247, 251
表面積	169, 181
比例	91, 104
比例式	118
比を簡単にする	65
複素行列	141
複素数	105
不定積分	229
不等号	107
不等式	107, 109, 192, 226
負の数	48, 80, 108
部分集合	241
部分積分法	230
部分和	211
分散	247
分数式	103
分配法則	51, 85, 144
平均値	76, 245, 252
平均変化量	214
平行	114, 153, 163, 189, 193
平方根	86
平方数	86
平面図形	113, 152, 180
ベクトル	193
ベル・カーブ（鐘型曲線）	252
ヘロンの公式	179
偏差	247
偏差値	254
放物線	104, 112
補集合	241

母線	163, 172

ま

末項	138
未知数	95, 96, 98
無限級数	211
無限小数	40, 44
無限数列	138, 208
無限大	208
無理数	40, 61, 87, 137
命題	242

や

約数	59
約分	62, 103
有意差	247
有意水準	247
有限小数	40, 61
有限数列	138
有理化	89
有理数	40
余弦	124, 177, 221

ら

ラジアン	132, 169
立方体	161
累乗根	133
累積度数	244
列ベクトル	141
連立方程式	98, 106, 112, 141

わ

和集合	241
割合	58, 75, 234

〈著者略歴〉

饒村　曜（にょうむら・よう）

1951年新潟県生まれ。1973年新潟大学理学部卒業。気象庁に入り、気象庁予報課予報官、企画課調査官を経て、1995年阪神大震災のときは神戸海洋気象台予報課長。その後、気象庁統計室補佐官、企画課技術開発調整官、海洋気象情報室長、和歌山地方気象台台長を経て、現在は著述業として独立。東京図書の高校地学の検定教科書にも参画。著書に「東日本大震災—日本を襲う地震と津波の真相」(近代消防社)、「お天気ニュースの読み方・使い方」(オーム社)ほか多数。

- 本書の内容に関する質問は、オーム社雑誌部「(書名を明記)」係宛，書状またはFAX(03-3293-6889)にてお願いします．お受けできる質問は本書で紹介した内容に限らせていただきます．なお，電話での質問にはお答えできませんので，あらかじめご了承ください．
- 万一，落丁・乱丁の場合は，送料当社負担でお取替えいたします．当社販売管理課宛お送りください．
- 本書の一部の複写複製を希望される場合は，本書扉裏を参照してください．

JCOPY ＜(社)出版者著作権管理機構 委託出版物＞

大人の算数・数学再学習 —— 小中高12年 ——

平成24年6月25日　第1版第1刷発行

著　　者　饒村　曜
発行者　竹生修己
発行所　株式会社　オーム社
　　　　郵便番号　101-8460
　　　　東京都千代田区神田錦町3-1
　　　　電話　03(3233)0641(代表)
　　　　URL　http://www.ohmsha.co.jp/

© 饒村 曜 2012

組版　マブチデザインオフィス　　印刷・製本　報光社
ISBN978-4-274-50391-7　Printed in Japan

数学関連書籍のご案内

リフレッシュ数学
―高校数学から大学数学へ―
大石 彰 著／A5判●224頁

受験数学のように計算し解を求めるだけではなく、数学的な理解と発想と専門的な数学への橋渡しができるようにまとめて解説。

算数・数学復習ドリル
松永三男 著／A5判●168頁

小学校で学んだ算数、中学校や高等学校で学んだ数学を、ワンポイントで解説するとともに例題を使ってやさしく説明。

理工系学生のための
高校数学ドリル
ニシザワ マサキ 著／A5判●224頁

高校で習う数学の中から、理工系の大学生が学ぶ線形代数、微分・積分など基礎となる問題を厳選した問題集。

理工系
電気電子数学再入門
重見健一 著／A5判●268頁

数学の理解力と計算力に不安を抱く理工系学生を対象とした書籍。問題の内容を式に表現する方法や、計算式の運用をわかりやすい解説。

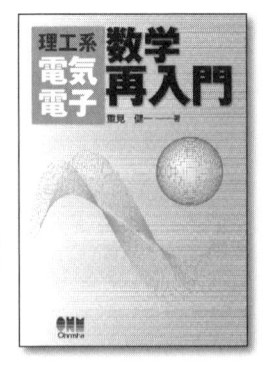

もっと詳しい情報をお届けできます．
○書店に商品がない場合または直接ご注文の場合は右記宛にご連絡ください．

ホームページ http://www.ohmsha.co.jp/
TEL／FAX TEL.03-3233-0643 FAX.03-3233-3440